高阶停歇机构设计原理

王洪欣　著

科学出版社
北京

内 容 简 介

高阶停歇机构的设计原理是机构设计理论中的重要分支之一，本书借助于复合函数中两个基本函数在同一时刻的一阶导数同时为零，导致复合函数的一至三阶导数在对应时刻为零的规律，令平面六杆组合机构的位移函数是该复合函数，平面六杆组合机构中的两个基本机构的位移函数对应两个基本函数，则输出构件在对应位置做直到三阶的停歇。应用这一数学原理，开创了从动件在极限位置做直到三阶停歇的机构设计的几何构造方法。该方法无需迭代计算，没有理论误差，无顺序与多解的判别，停歇区间相对更大。研究了高阶停歇机构的设计公式，采用 VB 编程，研制了这些机构的传动特征图。

本书可作为专业方向选修课的教材，也可作为从事机械压力机设计、物料传送装置设计、针织机、纺布机、编织机和包装机设计人员的参考书。

图书在版编目(CIP)数据

高阶停歇机构设计原理/王洪欣著. —北京：科学出版社，2015.10

ISBN 978-7-03-045883-4

Ⅰ. ①高… Ⅱ. ①王… Ⅲ. ①机构学 ②机械设计 Ⅳ. ①TH111②TH122

中国版本图书馆 CIP 数据核字(2015) 第 234393 号

责任编辑：惠 雪 曾佳佳／责任校对：郑金红

责任印制：徐晓晨／封面设计：许 瑞

科学出版社 出版

北京东黄城根北街 16 号

邮政编码：100717

http://www.sciencep.com

北京京华虎彩印刷有限公司 印刷

科学出版社发行 各地新华书店经销

*

2015 年 10 月第 一 版 开本：720 × 1000 B5

2015 年 10 月第一次印刷 印张：11 1/2

字数：230 000

定价：59.00 元

(如有印装质量问题，我社负责调换)

序

机器至少包含动力部件、传动机构与执行机构，至多再包含传感器与控制系统。机器中执行机构承担着面向对象的操作，由于操作的多样性，存在各种形式的操作任务，又由于需要提高机器的可靠性，降低机器的复杂性，所以，只要是使用机构能实现的操作就不会用控制系统加以实现，为此，机构的作用就显得格外重要。在生产实践中，存在一类高阶停歇机构的设计问题，该书提出了从动件在极限位置做直到三阶停歇的机构设计的几何构造方法，无需迭代计算，没有理论误差，无顺序与多解的判别，停歇区间相对更大，更容易被学习与掌握，为该类机构的设计提出了一种全新的理论与设计方法。该书分类研究了高阶停歇机构的设计过程与传动特征，展示了这些机构在一个周期内的运动学特征，为实际选用这些机构提供图形化、直观的参考。该书是对机械原理教材内容的扩展，可望启发工程技术人员开发出性能更好的高阶停歇机构，提高机器的停歇性能。

徐桂云
中国矿业大学
2015 年 9 月

前　言

机构从杠杆、斜面、滑轮、轮子的应用开始，逐渐发展到四个构件组成的平面四杆机构，这些机构在函数生成、轨迹再现、刚体导引问题方面可以近似地完成给定的任务，当给定的离散位置数多于设计变量时，只能采用数值方法进行精确求解。当要求机构产生的目标与任务要求的目标误差更小时，不得不采用平面六杆机构。平面六杆机构相对于平面四杆机构不仅可以更好地解决函数生成、轨迹再现与刚体导引方面的设计问题，而且可以解决近似等速比与高阶停歇机构方面的设计问题。现在，解决函数生成、轨迹再现与刚体导引方面的平面六杆机构设计问题基本都是采用数值方法，不仅求解困难，而且存在理论误差。本书作者曾经提出了近似等速比平面六杆机构设计的函数构造方法，即通过一对组合函数的一阶导数在给定的位置为要求的等速比，令该对组合函数的二、三阶导数在给定的位置为零，建立起机构的尺寸设计关系，这一关系为可直接求解，无需通过数值方法。关于高阶停歇机构方面的设计问题，当采用数值方法求解时，方程建立的本身就存在不小的困难，因为设计方程往往不是设计变量的简单函数，求出它们的导数很困难，后续的求解当然更困难，同时还存在着多解的识别与顺序问题的判别。为此，提出了高阶停歇机构设计的函数构造方法，即通过一对组合函数的一阶导数在极限位置为零，该对组合函数的二、三阶导数在对应位置也为零，建立起机构的尺寸设计关系，这一关系是可以直接求解的，无需通过数值方法，从而避免了求解非线性方程或方程组的困难。

函数构造方法不再去寻找连杆上的特殊点或行星轮上的特殊点，不再存在多解的识别与顺序问题的判别，不再需要控制机制的协助，仅仅采用机构构造与机构分析相结合的方法，使机构设计与机构分析同时展开，开创了一种全新的机构设计方法。所设计出的停歇机构具有更大的停歇区间。

为了全面地认识这些高阶停歇机构的传动特征，采用 VB 编程，研制了这些机构的传动特征图，以反映这些机构在一个周期内的运动学行为，为实际选用这些机构提供图形化、直观的参考。

高阶停歇机构的设计理论可以在机械压力机的设计、物料传送装置的设计、针织机、纺布机、编织机和包装机的设计上得到应用，从而改进这些机械的工作性能。本书共分 5 章，采用文字、图形、公式与曲线的形式，研究高阶停歇机构的设计方法与传动函数的曲线特征。

本书所进行的研究得到了江苏高校优势学科建设工程资助项目、江苏省矿山机电装备重点实验室（中国矿业大学）、江苏省矿山智能采掘装备协同创新中心的大力支持，作者在此表示衷心的感谢。

在本书的出版过程中，科学出版社的相关领导与编辑给予了大力的支持，并付出了辛勤的劳动，作者在此表示真挚的谢意。由于作者水平有限，不妥之处在所难免，恳请读者批评指正。

作　者
2015 年 9 月

目　　录

第 1 章　高阶停歇机构的设计原理

高阶停歇机构的设计原理是基于两个相关函数各自的一阶传动函数的零点与复合函数具有直到三阶零点的数学关系；当第一个相关函数的一阶与二阶传动函数的零点对应第二个相关函数的一阶传动函数的零点时，则复合函数具有直到五阶零点的数学关系。

1.1　复合函数的高阶导数

1.1.1　三个角位移函数之间的导数关系

设复合函数 $\theta = \theta[\delta(\varphi)]$表示一类平面或空间六杆机构中输入角位移到中间角位移再到输出角位移的零阶传动函数，其中 $\delta = \delta(\varphi)$表示输入端子机构的零阶传动函数，称为输入端子函数，实现输入角位移 φ 到中间角位移 δ 之间的位移变换；$\theta = \theta(\delta)$表示输出端子机构的零阶传动函数，称为输出端子函数，实现中间角位移 δ 到输出角位移 θ 之间的位移变换。再设 φ 对时间 t 的二阶及其以上各阶导数都为零。于是，对复合函数 $\theta = \theta[\delta(\varphi)]$求关于时间 t 的一至五阶导数，得 $\omega = \mathrm{d}\theta/\mathrm{d}t$、$\alpha = \mathrm{d}^2\theta/\mathrm{d}t^2$、$j = \mathrm{d}^3\theta/\mathrm{d}t^3$、$g = \mathrm{d}^4\theta/\mathrm{d}t^4$ 和 $p = \mathrm{d}^5\theta/\mathrm{d}t^5$ 分别为

$$\omega = \frac{\mathrm{d}\theta}{\mathrm{d}t} = \frac{\mathrm{d}\theta}{\mathrm{d}\delta}\cdot\frac{\mathrm{d}\delta}{\mathrm{d}\varphi}\cdot\frac{\mathrm{d}\varphi}{\mathrm{d}t} \tag{1.1}$$

$$\alpha = \frac{\mathrm{d}^2\theta}{\mathrm{d}t^2} = \left[\frac{\mathrm{d}^2\theta}{\mathrm{d}\delta^2}\left(\frac{\mathrm{d}\delta}{\mathrm{d}\varphi}\right)^2 + \frac{\mathrm{d}\theta}{\mathrm{d}\delta}\cdot\frac{\mathrm{d}^2\delta}{\mathrm{d}\varphi^2}\right]\left(\frac{\mathrm{d}\varphi}{\mathrm{d}t}\right)^2 \tag{1.2}$$

$$j = \frac{\mathrm{d}^3\theta}{\mathrm{d}t^3} = \left[\frac{\mathrm{d}^3\theta}{\mathrm{d}\delta^3}\left(\frac{\mathrm{d}\delta}{\mathrm{d}\varphi}\right)^3 + 3\frac{\mathrm{d}^2\theta}{\mathrm{d}\delta^2}\cdot\frac{\mathrm{d}^2\delta}{\mathrm{d}\varphi^2}\cdot\frac{\mathrm{d}\delta}{\mathrm{d}\varphi} + \frac{\mathrm{d}\theta}{\mathrm{d}\delta}\cdot\frac{\mathrm{d}^3\delta}{\mathrm{d}\varphi^3}\right]\left(\frac{\mathrm{d}\varphi}{\mathrm{d}t}\right)^3 \tag{1.3}$$

$$\begin{aligned} g = \frac{\mathrm{d}^4\theta}{\mathrm{d}t^4} = \Bigg[&\frac{\mathrm{d}^4\theta}{\mathrm{d}\delta^4}\left(\frac{\mathrm{d}\delta}{\mathrm{d}\varphi}\right)^4 + 6\frac{\mathrm{d}^3\theta}{\mathrm{d}\delta^3}\cdot\frac{\mathrm{d}^2\delta}{\mathrm{d}\varphi^2}\left(\frac{\mathrm{d}\delta}{\mathrm{d}\varphi}\right)^2 + 4\frac{\mathrm{d}^2\theta}{\mathrm{d}\delta^2}\cdot\frac{\mathrm{d}^3\delta}{\mathrm{d}\varphi^3}\cdot\frac{\mathrm{d}\delta}{\mathrm{d}\varphi} \\ &+3\frac{\mathrm{d}^2\theta}{\mathrm{d}\delta^2}\left(\frac{\mathrm{d}^2\delta}{\mathrm{d}\varphi^2}\right)^2 + \frac{\mathrm{d}\theta}{\mathrm{d}\delta}\cdot\frac{\mathrm{d}^4\delta}{\mathrm{d}\varphi^4}\Bigg]\left(\frac{\mathrm{d}\varphi}{\mathrm{d}t}\right)^4 \end{aligned} \tag{1.4}$$

$$p=\frac{\mathrm{d}^5\theta}{\mathrm{d}t^5}=\left[\frac{\mathrm{d}^5\theta}{\mathrm{d}\delta^5}\left(\frac{\mathrm{d}\delta}{\mathrm{d}\varphi}\right)^5+10\frac{\mathrm{d}^4\theta}{\mathrm{d}\delta^4}\left(\frac{\mathrm{d}\delta}{\mathrm{d}\varphi}\right)^3\frac{\mathrm{d}^2\delta}{\mathrm{d}\varphi^2}+15\frac{\mathrm{d}^3\theta}{\mathrm{d}\delta^3}\left(\frac{\mathrm{d}^2\delta}{\mathrm{d}\varphi^2}\right)^2\frac{\mathrm{d}\delta}{\mathrm{d}\varphi}\right.$$
$$+10\frac{\mathrm{d}^3\theta}{\mathrm{d}\delta^3}\cdot\frac{\mathrm{d}^3\delta}{\mathrm{d}\varphi^3}\left(\frac{\mathrm{d}\delta}{\mathrm{d}\varphi}\right)^2+5\frac{\mathrm{d}^2\theta}{\mathrm{d}\delta^2}\cdot\frac{\mathrm{d}^4\delta}{\mathrm{d}\varphi^4}\cdot\frac{\mathrm{d}\delta}{\mathrm{d}\varphi}+10\frac{\mathrm{d}^2\theta}{\mathrm{d}\delta^2}\cdot\frac{\mathrm{d}^3\delta}{\mathrm{d}\varphi^3}\cdot\frac{\mathrm{d}^2\delta}{\mathrm{d}\varphi^2}$$
$$\left.+\frac{\mathrm{d}\theta}{\mathrm{d}\delta}\cdot\frac{\mathrm{d}^5\delta}{\mathrm{d}\varphi^5}\right]\left(\frac{\mathrm{d}\varphi}{\mathrm{d}t}\right)^5 \tag{1.5}$$

1.1.2　角位移到角位移再到线位移之间的导数关系

设复合函数 $S = S[\delta(\varphi)]$表示从输入角位移到中间角位移再到输出线位移的一类组合机构的零阶传动函数，其中 $\delta = \delta(\varphi)$表示输入端子机构的零阶传动函数，实现输入角位移 φ 到中间角位移 δ 之间的变换；$S = S(\delta)$表示输出端子机构的零阶传动函数，实现中间角位移 δ 到输出线位移 S 之间的变换。再设 φ 对时间的二阶及其以上各阶导数都为零。则对 $S = S[\delta(\varphi)]$复合函数求关于时间 t 的一至五阶导数，得 $V = \mathrm{d}S/\mathrm{d}t$、$a = \mathrm{d}^2S/\mathrm{d}t^2$、$q = \mathrm{d}^3S/\mathrm{d}t^3$、$f = \mathrm{d}^4S/\mathrm{d}t^4$ 和 $h = \mathrm{d}^5S/\mathrm{d}t^5$ 分别为

$$V=\frac{\mathrm{d}S}{\mathrm{d}t}=\frac{\mathrm{d}S}{\mathrm{d}\delta}\cdot\frac{\mathrm{d}\delta}{\mathrm{d}\varphi}\cdot\frac{\mathrm{d}\varphi}{\mathrm{d}t} \tag{1.6}$$

$$a=\frac{\mathrm{d}^2S}{\mathrm{d}t^2}=\left[\frac{\mathrm{d}^2S}{\mathrm{d}\delta^2}\left(\frac{\mathrm{d}\delta}{\mathrm{d}\varphi}\right)^2+\frac{\mathrm{d}S}{\mathrm{d}\delta}\cdot\frac{\mathrm{d}^2\delta}{\mathrm{d}\varphi^2}\right]\left(\frac{\mathrm{d}\varphi}{\mathrm{d}t}\right)^2 \tag{1.7}$$

$$q=\frac{\mathrm{d}^3S}{\mathrm{d}t^3}=\left[\frac{\mathrm{d}^3S}{\mathrm{d}\delta^3}\left(\frac{\mathrm{d}\delta}{\mathrm{d}\varphi}\right)^3+3\frac{\mathrm{d}^2S}{\mathrm{d}\delta^2}\cdot\frac{\mathrm{d}^2\delta}{\mathrm{d}\varphi^2}\cdot\frac{\mathrm{d}\delta}{\mathrm{d}\varphi}+\frac{\mathrm{d}S}{\mathrm{d}\delta}\cdot\frac{\mathrm{d}^3\delta}{\mathrm{d}\varphi^3}\right]\left(\frac{\mathrm{d}\varphi}{\mathrm{d}t}\right)^3 \tag{1.8}$$

$$f=\frac{\mathrm{d}^4S}{\mathrm{d}t^4}=\left[\frac{\mathrm{d}^4S}{\mathrm{d}\delta^4}\left(\frac{\mathrm{d}\delta}{\mathrm{d}\varphi}\right)^4+6\frac{\mathrm{d}^3S}{\mathrm{d}\delta^3}\cdot\frac{\mathrm{d}^2\delta}{\mathrm{d}\varphi^2}\left(\frac{\mathrm{d}\delta}{\mathrm{d}\varphi}\right)^2+4\frac{\mathrm{d}^2S}{\mathrm{d}\delta^2}\cdot\frac{\mathrm{d}^3\delta}{\mathrm{d}\varphi^3}\cdot\frac{\mathrm{d}\delta}{\mathrm{d}\varphi}\right.$$
$$\left.+3\frac{\mathrm{d}^2S}{\mathrm{d}\delta^2}\left(\frac{\mathrm{d}^2\delta}{\mathrm{d}\varphi^2}\right)^2+\frac{\mathrm{d}S}{\mathrm{d}\delta}\cdot\frac{\mathrm{d}^4\delta}{\mathrm{d}\varphi^4}\right]\left(\frac{\mathrm{d}\varphi}{\mathrm{d}t}\right)^4 \tag{1.9}$$

$$h=\frac{\mathrm{d}^5S}{\mathrm{d}t^5}=\left[\frac{\mathrm{d}^5S}{\mathrm{d}\delta^5}\left(\frac{\mathrm{d}\delta}{\mathrm{d}\varphi}\right)^5+10\frac{\mathrm{d}^4S}{\mathrm{d}\delta^4}\left(\frac{\mathrm{d}\delta}{\mathrm{d}\varphi}\right)^3\frac{\mathrm{d}^2\delta}{\mathrm{d}\varphi^2}+15\frac{\mathrm{d}^3S}{\mathrm{d}\delta^3}\left(\frac{\mathrm{d}^2\delta}{\mathrm{d}\varphi^2}\right)^2\frac{\mathrm{d}\delta}{\mathrm{d}\varphi}\right.$$
$$+10\frac{\mathrm{d}^3S}{\mathrm{d}\delta^3}\cdot\frac{\mathrm{d}^3\delta}{\mathrm{d}\varphi^3}\left(\frac{\mathrm{d}\delta}{\mathrm{d}\varphi}\right)^2+5\frac{\mathrm{d}^2S}{\mathrm{d}\delta^2}\cdot\frac{\mathrm{d}^4\delta}{\mathrm{d}\varphi^4}\cdot\frac{\mathrm{d}\delta}{\mathrm{d}\varphi}+10\frac{\mathrm{d}^2S}{\mathrm{d}\delta^2}\cdot\frac{\mathrm{d}^3\delta}{\mathrm{d}\varphi^3}\cdot\frac{\mathrm{d}^2\delta}{\mathrm{d}\varphi^2}$$

$$+\frac{\mathrm{d}S}{\mathrm{d}\delta}\cdot\frac{\mathrm{d}^5\delta}{\mathrm{d}\varphi^5}\Bigg]\left(\frac{\mathrm{d}\varphi}{\mathrm{d}t}\right)^5 \tag{1.10}$$

1.1.3 角位移到线位移再到线位移之间的导数关系

设复合函数 $x = x[S(\varphi)]$表示从输入角位移到中间线位移再到输出线位移的一类组合机构的零阶传动函数，其中 $S = S(\varphi)$表示输入端子机构的零阶传动函数，实现输入角位移 φ 到中间线位移 S 之间的变换；$x = x(S)$表示输出端子机构的零阶传动函数，实现中间线位移 S 到输出线位移 x 之间的变换。再设 φ 对时间的二阶及其以上各阶导数都为零。则对复合函数 $x = x[S(\varphi)]$求关于时间 t 的一至五阶导数，得 $V = \mathrm{d}x/\mathrm{d}t$、$a = \mathrm{d}^2x/\mathrm{d}t^2$、$q = \mathrm{d}^3x/\mathrm{d}t^3$、$f = \mathrm{d}^4x/\mathrm{d}t^4$ 和 $h = \mathrm{d}^5x/\mathrm{d}t^5$ 分别为

$$V=\frac{\mathrm{d}x}{\mathrm{d}t}=\frac{\mathrm{d}x}{\mathrm{d}S}\cdot\frac{\mathrm{d}S}{\mathrm{d}\varphi}\cdot\frac{\mathrm{d}\varphi}{\mathrm{d}t} \tag{1.11}$$

$$a=\frac{\mathrm{d}^2x}{\mathrm{d}t^2}=\left[\frac{\mathrm{d}^2x}{\mathrm{d}S^2}\left(\frac{\mathrm{d}S}{\mathrm{d}\varphi}\right)^2+\frac{\mathrm{d}x}{\mathrm{d}S}\cdot\frac{\mathrm{d}^2S}{\mathrm{d}\varphi^2}\right]\left(\frac{\mathrm{d}\varphi}{\mathrm{d}t}\right)^2 \tag{1.12}$$

$$q=\frac{\mathrm{d}^3x}{\mathrm{d}t^3}=\left[\frac{\mathrm{d}^3x}{\mathrm{d}S^3}\left(\frac{\mathrm{d}S}{\mathrm{d}\varphi}\right)^3+3\frac{\mathrm{d}^2x}{\mathrm{d}S^2}\cdot\frac{\mathrm{d}^2S}{\mathrm{d}\varphi^2}\cdot\frac{\mathrm{d}S}{\mathrm{d}\varphi}+\frac{\mathrm{d}x}{\mathrm{d}S}\cdot\frac{\mathrm{d}^3S}{\mathrm{d}\varphi^3}\right]\left(\frac{\mathrm{d}\varphi}{\mathrm{d}t}\right)^3 \tag{1.13}$$

$$\begin{aligned}f=\frac{\mathrm{d}^4x}{\mathrm{d}t^4}=&\left[\frac{\mathrm{d}^4x}{\mathrm{d}S^4}\left(\frac{\mathrm{d}S}{\mathrm{d}\varphi}\right)^4+6\frac{\mathrm{d}^3x}{\mathrm{d}S^3}\cdot\frac{\mathrm{d}^2S}{\mathrm{d}\varphi^2}\left(\frac{\mathrm{d}S}{\mathrm{d}\varphi}\right)^2+4\frac{\mathrm{d}^2x}{\mathrm{d}S^2}\cdot\frac{\mathrm{d}^3S}{\mathrm{d}\varphi^3}\cdot\frac{\mathrm{d}S}{\mathrm{d}\varphi}\right.\\&\left.+3\frac{\mathrm{d}^2x}{\mathrm{d}S^2}\left(\frac{\mathrm{d}^2S}{\mathrm{d}\varphi^2}\right)^2+\frac{\mathrm{d}x}{\mathrm{d}S}\cdot\frac{\mathrm{d}^4S}{\mathrm{d}\varphi^4}\right]\left(\frac{\mathrm{d}\varphi}{\mathrm{d}t}\right)^4\end{aligned} \tag{1.14}$$

$$\begin{aligned}h=\frac{\mathrm{d}^5x}{\mathrm{d}t^5}=&\left[\frac{\mathrm{d}^5x}{\mathrm{d}S^4}\left(\frac{\mathrm{d}S}{\mathrm{d}\varphi}\right)^5+10\frac{\mathrm{d}^4x}{\mathrm{d}S^4}\left(\frac{\mathrm{d}S}{\mathrm{d}\varphi}\right)^3\frac{\mathrm{d}^2S}{\mathrm{d}\varphi^2}+15\frac{\mathrm{d}^3x}{\mathrm{d}S^3}\left(\frac{\mathrm{d}^2S}{\mathrm{d}\varphi^2}\right)^2\frac{\mathrm{d}S}{\mathrm{d}\varphi}\right.\\&+10\frac{\mathrm{d}^3x}{\mathrm{d}S^3}\cdot\frac{\mathrm{d}^3S}{\mathrm{d}\varphi^3}\left(\frac{\mathrm{d}S}{\mathrm{d}\varphi}\right)^2+5\frac{\mathrm{d}^2x}{\mathrm{d}S^2}\cdot\frac{\mathrm{d}^4S}{\mathrm{d}\varphi^4}\cdot\frac{\mathrm{d}S}{\mathrm{d}\varphi}+10\frac{\mathrm{d}^2x}{\mathrm{d}S^2}\cdot\frac{\mathrm{d}^3S}{\mathrm{d}\varphi^3}\cdot\frac{\mathrm{d}^2S}{\mathrm{d}\varphi^2}\\&\left.+\frac{\mathrm{d}x}{\mathrm{d}S}\cdot\frac{\mathrm{d}^5S}{\mathrm{d}\varphi^5}\right]\left(\frac{\mathrm{d}\varphi}{\mathrm{d}t}\right)^5\end{aligned} \tag{1.15}$$

1.2 复合函数高阶导数的零点与高阶停歇机构的设计原理

以上数学关系表明，只要复合函数的输入端子函数与输出端子函数的一阶导数在某个时刻同时等于零，则复合函数的一至三阶传动函数在对应时刻就同

时等于零。

假若复合函数中的输入端子函数的一阶与二阶导数在某个时刻同时等于零，输出端子函数的一阶导数在对应时刻等于零，则复合函数的一至五阶导数在对应时刻就同时等于零。

假若复合函数中的输入端子函数的一阶导数在某个时刻等于零，输出端子函数的一阶、二阶导数在对应时刻同时等于零，则复合函数的一至五阶传动函数在对应时刻就同时等于零。由于该条件所对应的高阶停歇机构的杆件数多于6 个，这样的机构在设计与应用上的优越性相对较差，所以，本书不作进一步的研究。

1.2.1 三个相关角位移之间的高阶停歇机构的设计原理

在实现三个相关角位移变换的组合机构中，设 $\theta=\theta[\delta(\varphi)]$表示三个相关角位移之间的函数关系，若 $\mathrm{d}\delta/\mathrm{d}\varphi$、$\mathrm{d}\theta/\mathrm{d}\delta$ 在同一时刻的值分别等于零，且对应于两个相关子机构的各自极限位置，则 $\mathrm{d}\theta/\mathrm{d}t$、$\mathrm{d}^2\theta/\mathrm{d}t^2$、$\mathrm{d}^3\theta/\mathrm{d}t^3$ 的值都为零，这表明，该类组合机构的输出构件在一个或两个极限位置具有直到三阶停歇的传动特征。

在实现三个相关角位移变换的组合机构中，设 $\theta=\theta[\delta(\varphi)]$表示三个相关角位移之间的函数关系，若 $\mathrm{d}\delta/\mathrm{d}\varphi$、$\mathrm{d}^2\delta/\mathrm{d}\varphi^2$ 和 $\mathrm{d}\theta/\mathrm{d}\delta$ 在同一时刻的值分别为零，且对应于两个相关子机构的各自极限位置，则 $\mathrm{d}\theta/\mathrm{d}t$、$\mathrm{d}^2\theta/\mathrm{d}t^2$、$\mathrm{d}^3\theta/\mathrm{d}t^3$、$\mathrm{d}^4\theta/\mathrm{d}t^4$ 和 $\mathrm{d}^5\theta/\mathrm{d}t^5$ 的值都为零，这表明，该类组合机构的输出构件在一个或两个极限位置具有直到五阶停歇的传动特征。

在实现三个相关角位移变换的组合机构中，设 $\theta=\theta[\delta(\varphi)]$表示三个相关角位移之间的函数关系，若 $\mathrm{d}\delta/\mathrm{d}\varphi$、$\mathrm{d}\theta/\mathrm{d}\delta$ 和 $\mathrm{d}^2\theta/\mathrm{d}\delta^2$ 在同一时刻的值都为零，且对应于两个相关子机构的各自极限位置，则 $\mathrm{d}\theta/\mathrm{d}t$、$\mathrm{d}^2\theta/\mathrm{d}t^2$、$\mathrm{d}^3\theta/\mathrm{d}t^3$、$\mathrm{d}^4\theta/\mathrm{d}t^4$ 和 $\mathrm{d}^5\theta/\mathrm{d}t^5$ 的值都为零，此条件表明，该类组合机构的输出构件在一个或两个极限位置具有直到五阶停歇的传动特征。

以上零阶传动函数的导数条件形成了三个相关角位移之间的关于高阶停歇机构的设计理论。

1.2.2 角位移到角位移再到线位移的高阶停歇机构的设计原理

在实现角位移到角位移再到线位移变换的组合机构中，设 $S=S[\delta(\varphi)]$表示三个相关位移之间的函数关系，若 $\mathrm{d}\delta/\mathrm{d}\varphi$、$\mathrm{d}S/\mathrm{d}\delta$ 在同一时刻的值都等于零，且对应于两个相关子机构的各自极限位置，则 $\mathrm{d}S/\mathrm{d}t$、$\mathrm{d}^2S/\mathrm{d}t^2$、$\mathrm{d}^3S/\mathrm{d}t^3$ 的值都为零，这表明，该类组合机构的输出构件在一个或两个极限位置具有直到三阶停歇的传动特征。

在实现角位移到角位移再到线位移变换的组合机构中，设 $S = S[\delta(\varphi)]$表示三个相关位移之间的函数关系，若 $\mathrm{d}\delta/\mathrm{d}\varphi$、$\mathrm{d}^2\delta/\mathrm{d}\varphi^2$ 和 $\mathrm{d}S/\mathrm{d}\delta$ 在同一时刻的值都为零，且对应于两个相关子机构的各自极限位置，则 $\mathrm{d}S/\mathrm{d}t$、$\mathrm{d}^2S/\mathrm{d}t^2$、$\mathrm{d}^3S/\mathrm{d}t^3$、$\mathrm{d}^4S/\mathrm{d}t^4$ 和 $\mathrm{d}^5S/\mathrm{d}t^5$ 的值都为零，此条件表明，该类组合机构的输出构件在一个或两个极限位置具有直到五阶停歇的传动特征。

在实现角位移到角位移再到线位移变换的组合机构中，设 $S = S[\delta(\varphi)]$表示三个相关位移之间的函数关系，若 $\mathrm{d}\delta/\mathrm{d}\varphi$、$\mathrm{d}S/\mathrm{d}\delta$ 和 $\mathrm{d}^2S/\mathrm{d}\delta^2$ 在同一时刻的值都为零，且对应于两个相关子机构的各自极限位置，则 $\mathrm{d}S/\mathrm{d}t$、$\mathrm{d}^2S/\mathrm{d}t^2$、$\mathrm{d}^3S/\mathrm{d}t^3$、$\mathrm{d}^4S/\mathrm{d}t^4$ 和 $\mathrm{d}^5S/\mathrm{d}t^5$ 的值都为零，这表明，该类组合机构的输出构件在一个或两个极限位置具有直到五阶停歇的传动特征。

1.2.3　角位移到线位移再到线位移的高阶停歇机构的设计原理

在实现角位移到线位移再到线位移变换的组合机构中，设 $x = x[S(\varphi)]$表示三个相关位移之间的函数关系，若 $\mathrm{d}S/\mathrm{d}\varphi$、$\mathrm{d}x/\mathrm{d}S$ 在同一时刻的值都等于零，且对应于两个相关子机构的各自极限位置，则 $\mathrm{d}x/\mathrm{d}t$、$\mathrm{d}^2x/\mathrm{d}t^2$、$\mathrm{d}^3x/\mathrm{d}t^3$ 的值都为零，这表明，该类组合机构的输出构件在一个或两个极限位置具有直到三阶停歇的传动特征。

在实现角位移到线位移再到线位移变换的组合机构中，设 $x = x[S(\varphi)]$表示三个相关位移之间的函数关系，若 $\mathrm{d}S/\mathrm{d}\varphi$、$\mathrm{d}^2S/\mathrm{d}\varphi^2$ 和 $\mathrm{d}x/\mathrm{d}S$ 在同一时刻的值都为零，且对应于两个相关子机构的各自极限位置，则 $\mathrm{d}x/\mathrm{d}t$、$\mathrm{d}^2x/\mathrm{d}t^2$、$\mathrm{d}^3x/\mathrm{d}t^3$、$\mathrm{d}^4x/\mathrm{d}t^4$ 和 $\mathrm{d}^5x/\mathrm{d}t^5$ 的值都为零，此条件表明，该类组合机构的输出构件在一个或两个极限位置具有直到五阶停歇的传动特征。

在实现角位移到线位移再到线位移变换的组合机构中，设 $x = x[S(\varphi)]$表示三个相关位移之间的函数关系，若 $\mathrm{d}S/\mathrm{d}\varphi$、$\mathrm{d}x/\mathrm{d}S$ 和 $\mathrm{d}^2x/\mathrm{d}S^2$ 在同一时刻的值都为零，且对应于两个相关子机构的各自极限位置，则 $\mathrm{d}x/\mathrm{d}t$、$\mathrm{d}^2x/\mathrm{d}t^2$、$\mathrm{d}^3x/\mathrm{d}t^3$、$\mathrm{d}^4x/\mathrm{d}t^4$ 和 $\mathrm{d}^5x/\mathrm{d}t^5$ 的值都为零，这表明，该类组合机构的输出构件在一个或两个极限位置具有直到五阶停歇的传动特征。

以上数学分析表明，只要串联的两个基本机构各自的一阶传动函数在某位置同时为零，则该组合机构的输出构件便具有直到三阶停歇的传动特征。假如输入端子机构在某位置具有直到三阶传动函数为零，输出端子机构为线性传动函数，则该组合机构的输出构件便具有直到三阶停歇的传动特征。倘若串联的两个子机构中输入端子机构在某位置的一阶、二阶导数同时等于零，输出端子机构在对应位置的一阶导数等于零，则该组合机构的输出构件便具有直到五阶停歇的传动特征。

依据这一设计原理，可以采用基本机构组合的方式，实现从动件在一个或两个极限位置做高阶停歇的三类组合机构的设计。即只要两个基本机构同时达到各自的极限位置，则该组合机构的输出构件便具有直到三阶停歇的第一类组合机构的设计。只要输入端子机构在某位置具有直到三阶导数等于零，输出端子机构为线性传递函数，则该组合机构的输出构件具有直到三阶停歇的第二类组合机构的设计。只要两个相关子机构输入端子机构在某位置具有一阶、二阶导数同时等于零，输出端子机构在对应位置的一阶导数等于零，则该组合机构的输出构件便具有直到五阶停歇的第三类组合机构的设计。

以上研究建立了复合函数高阶导数的零点与高阶停歇机构设计的对应关系，开创了关于高阶停歇机构设计的新方法。该理论只为高阶停歇机构的设计指明了方向，并不包含具体的高阶停歇机构，具体的高阶停歇机构只能在该理论的指导下作进一步的个别研究。

第 2 章　直到三阶停歇的平面机构设计与传动特征

三阶停歇是高阶停歇的基本形式,从动件在停歇位置停歇的时间相对较长。研究了两个相关的基本机构一阶传动函数的零点与输入输出之间的直到三阶传动函数为零的函数关系与几何构造,通过 21 种机构,展示了从动件在位移单端、位移双端和步进运动下做直到三阶停歇的机构设计方法以及这些机构的传动特征。

2.1　概　　述

设输入端基本机构的从动件存在两个一阶传动函数为零的位置，输出端基本机构的从动件存在一个或两个对应的一阶传动函数为零的位置，输入构件做匀速运动，则该组合机构的输出构件便在一个或两个对应位置上具有直到三阶停歇的传动特征。

首先研究 $\theta=\theta[\delta(\varphi)]$型的复合函数所对应的第一类平面组合机构,其次研究 $S=S[\delta(\varphi)]$型的复合函数所对应的第二类平面组合机构。

2.2　角位移到角位移型平面低副组合机构

2.2.1　Ⅰ型导杆双极位直到三阶停歇的平面六杆机构

1. Ⅰ型导杆双极位直到三阶停歇的平面六杆机构设计

图 2.1 为Ⅰ型导杆双极位直到三阶停歇的平面六杆机构。设杆 1 为主动件，杆长 $r_1=O_1A$，做匀速转动，杆 5 为从动件，做往复摆动，当杆 5 达到两个极限位置 O_5B_1、O_5B_2时，杆 5 与杆 3 的 O_3B_1、O_3B_2分别垂直。令机架 6 上 $O_1O_3=d_1$，$O_3O_5=d_2$，$O_3B=r_3$，则杆 3 的摆角 $\delta_b=2\arctan(r_1/\sqrt{d_1^2-r_1^2})$，杆 5 的摆角 $\theta_b=\pi-\delta_b$，r_3 与 d_2 的函数关系为 $r_3=d_2\cos(0.5\delta_b)$，对应 O_5B_1 的 $\varphi_s=\arctan(r_1/\sqrt{d_1^2-r_1^2})$。由此可见，该种机构的尺寸设计相当简单，它的传动

角恒等于 90°，这就意味着它具有较高的机械效率。

2. Ⅰ型导杆双极位直到三阶停歇的平面六杆机构传动函数

在图 2.1 中，设 φ、δ 和 θ 分别表示杆 1、3 和 5 的角位移，$O_3A=S_1$，$O_5B=S_5$。首先研究杆 1、2、3 和 6 组成的曲柄导杆机构的运动规律，其位置方程及其解分别为

$$r_1\cos\varphi-d_1=S_1\cos\delta \tag{2.1}$$

$$r_1\sin\varphi=S_1\sin\delta \tag{2.2}$$

$$S_1=\sqrt{(r_1\sin\varphi)^2+(r_1\cos\varphi-d_1)^2} \tag{2.3}$$

$$\delta=\arctan 2[r_1\sin\varphi/(r_1\cos\varphi-d_1)] \tag{2.4}$$

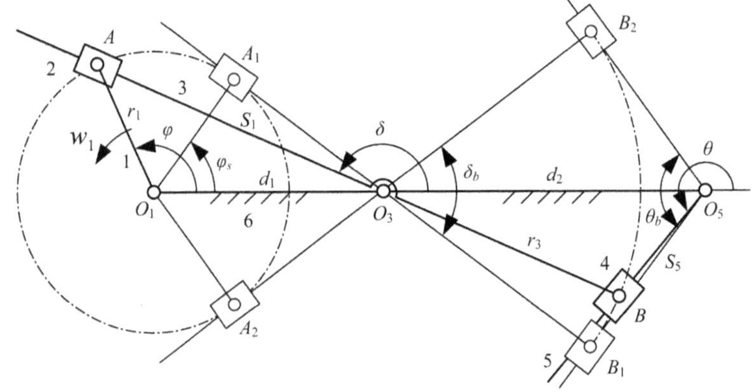

图 2.1 Ⅰ型导杆双极位直到三阶停歇的平面六杆机构

式(2.4)中，$\arctan 2(Y/X)$ 中的 2 表示双变量(Y, X)函数，$0\leqslant\arctan 2(Y/X)\leqslant 2\pi$；而 $\arctan(Y/X)$ 的值域为 $-\pi/2\leqslant\arctan(Y/X)\leqslant+\pi/2$。在 C++中，计算角度的双变量函数为 atan2(Y, X)；在 VB 中，可以通过自定义函数实现，VB 中的 Function 函数过程为

```
Function atn2(Y As Double, X As Double) As Double
       If X > 0 And Y > 0 Then atn2 = Atn(Y / X)
       If X > 0 And Y < 0 Then atn2 = Atn(Y / X) + 2 * 3.14159265
       If X < 0 Then atn2 = Atn(Y / X) + 3.14159265
End Function
```

对式(2.1)、式(2.2)求关于 φ 的一阶导数，得类速度方程以及类速度 $V_{L2}=\mathrm{d}S_1/\mathrm{d}\varphi$、类角速度 $\omega_{L3}=\mathrm{d}\delta/\mathrm{d}\varphi$ 分别为

$$-r_1\sin\varphi=(\mathrm{d}S_1/\mathrm{d}\varphi)\cos\delta-(\mathrm{d}\delta/\mathrm{d}\varphi)S_1\sin\delta \tag{2.5}$$

$$r_1\cos\varphi=(\mathrm{d}S_1/\mathrm{d}\varphi)\sin\delta+(\mathrm{d}\delta/\mathrm{d}\varphi)S_1\cos\delta \tag{2.6}$$

$$V_{L2} = r_1 \sin(\delta - \varphi) \tag{2.7}$$

$$\omega_{L3} = r_1 \cos(\delta - \varphi) / S_1 \tag{2.8}$$

对式(2.5)、式(2.6)求关于 φ 的一阶导数，得类加速度方程以及类加速度 $a_{L2} = \mathrm{d}^2 S_1/\mathrm{d}\varphi^2$、类角加速度 $\alpha_{L3} = \mathrm{d}^2\delta/\mathrm{d}\varphi^2$ 分别为

$$-r_1 \cos\varphi = \frac{\mathrm{d}^2 S_1}{\mathrm{d}\varphi^2}\cos\delta - 2\frac{\mathrm{d}S_1}{\mathrm{d}\varphi}\frac{\mathrm{d}\delta}{\mathrm{d}\varphi}\sin\delta - \frac{\mathrm{d}^2\delta}{\mathrm{d}\varphi^2}S_1\sin\delta - \left(\frac{\mathrm{d}\delta}{\mathrm{d}\varphi}\right)^2 S_1\cos\delta \tag{2.9}$$

$$-r_1 \sin\varphi = \frac{\mathrm{d}^2 S_1}{\mathrm{d}\varphi^2}\sin\delta + 2\frac{\mathrm{d}S_1}{\mathrm{d}\varphi}\frac{\mathrm{d}\delta}{\mathrm{d}\varphi}\cos\delta + \frac{\mathrm{d}^2\delta}{\mathrm{d}\varphi^2}S_1\cos\delta - \left(\frac{\mathrm{d}\delta}{\mathrm{d}\varphi}\right)^2 S_1\sin\delta \tag{2.10}$$

$$a_{L2} = \left(\frac{\mathrm{d}\delta}{\mathrm{d}\varphi}\right)^2 S_1 - r_1\cos(\delta - \varphi) \tag{2.11}$$

$$\alpha_{L3} = \left[r_1\sin(\delta-\varphi) - 2\frac{\mathrm{d}S_1}{\mathrm{d}\varphi}\frac{\mathrm{d}\delta}{\mathrm{d}\varphi}\right] / S_1 \tag{2.12}$$

对式(2.11)、式(2.12)求关于 φ 的一阶导数，得类加速度的一次变化率 $q_{L2} = \mathrm{d}^3 S_1/\mathrm{d}\varphi^3$、类角加速度的一次变化率 $j_{L3} = \mathrm{d}^3\delta/\mathrm{d}\varphi^3$ 分别为

$$q_{L2} = 2\frac{\mathrm{d}\delta}{\mathrm{d}\varphi}\frac{\mathrm{d}^2\delta}{\mathrm{d}\varphi^2}S_1 + \left(\frac{\mathrm{d}\delta}{\mathrm{d}\varphi}\right)^2\frac{\mathrm{d}S_1}{\mathrm{d}\varphi} + r_1\sin(\delta-\varphi)\left(\frac{\mathrm{d}\delta}{\mathrm{d}\varphi} - 1\right) \tag{2.13}$$

$$j_{L3} = \left[r_1\cos(\delta-\varphi)\left(\frac{\mathrm{d}\delta}{\mathrm{d}\varphi} - 1\right) - 2\frac{\mathrm{d}^2 S_1}{\mathrm{d}\varphi^2}\frac{\mathrm{d}\delta}{\mathrm{d}\varphi} - 3\frac{\mathrm{d}S_1}{\mathrm{d}\varphi}\frac{\mathrm{d}^2\delta}{\mathrm{d}\varphi^2}\right] / S_1 \tag{2.14}$$

对式(2.13)、式(2.14)求关于 φ 的一阶导数，得类加速度的二次变化率 $f_{L2} = \mathrm{d}^4 S_1/\mathrm{d}\varphi^4$、类角加速度的二次变化率 $g_{L3} = \mathrm{d}^4\delta/\mathrm{d}\varphi^4$ 分别为

$$\begin{aligned} f_{L2} = {} & 2\left(\frac{\mathrm{d}^2\delta}{\mathrm{d}\varphi^2}\right)^2 S_1 + 2\frac{\mathrm{d}\delta}{\mathrm{d}\varphi}\frac{\mathrm{d}^3\delta}{\mathrm{d}\varphi^3}S_1 + 4\frac{\mathrm{d}\delta}{\mathrm{d}\varphi}\frac{\mathrm{d}^2\delta}{\mathrm{d}\varphi^2}\frac{\mathrm{d}S_1}{\mathrm{d}\varphi} \\ & + \left(\frac{\mathrm{d}\delta}{\mathrm{d}\varphi}\right)^2\frac{\mathrm{d}^2 S_1}{\mathrm{d}\varphi^2} + r_1\cos(\delta-\varphi)\left(\frac{\mathrm{d}\delta}{\mathrm{d}\varphi} - 1\right)^2 + r_1\sin(\delta-\varphi)\frac{\mathrm{d}^2\delta}{\mathrm{d}\varphi^2} \end{aligned} \tag{2.15}$$

$$\begin{aligned} g_{L3} = {} & \left[-r_1\sin(\delta-\varphi)\left(\frac{\mathrm{d}\delta}{\mathrm{d}\varphi} - 1\right)^2 + r_1\cos(\delta-\varphi)\frac{\mathrm{d}^2\delta}{\mathrm{d}\varphi^2}\right. \\ & \left. -2\frac{\mathrm{d}^3 S_1}{\mathrm{d}\varphi^3}\frac{\mathrm{d}\delta}{\mathrm{d}\varphi} - 5\frac{\mathrm{d}^2 S_1}{\mathrm{d}\varphi^2}\frac{\mathrm{d}^2\delta}{\mathrm{d}\varphi^2} - 4\frac{\mathrm{d}S_1}{\mathrm{d}\varphi}\frac{\mathrm{d}^3\delta}{\mathrm{d}\varphi^3}\right] / S_1 \end{aligned} \tag{2.16}$$

其次研究杆 3、4、5 和 6 组成的摆动导杆机构的运动规律，其位置方程及其解分别为

$$d_2 + S_5\cos\theta = r_3\cos(\delta + \pi) = -r_3\cos\delta \tag{2.17}$$

$$S_5 \sin\theta = r_3 \sin(\delta+\pi) = -r_3 \sin\delta \tag{2.18}$$

由式(2.17)、式(2.18)得杆 5 的角位移 θ、滑块 4 相对于导杆 5 的位移 S_5 分别为

$$\theta = \arctan 2[(-r_3 \sin\delta)/(-r_3\cos\delta - d_2)] \tag{2.19}$$

$$S_5 = (-d_2 - r_3\cos\delta)/\cos\theta \tag{2.20}$$

对式(2.17)、式(2.18)求关于 δ 的一阶导数，得类速度方程及其类角速度 $\omega_{L5} = \mathrm{d}\theta/\mathrm{d}\delta$、类速度 $V_{L4} = \mathrm{d}S_5/\mathrm{d}\delta$ 分别为

$$(\mathrm{d}S_5/\mathrm{d}\delta)\cos\theta - S_5(\mathrm{d}\theta/\mathrm{d}\delta)\sin\theta = r_3\sin\delta \tag{2.21}$$

$$(\mathrm{d}S_5/\mathrm{d}\delta)\sin\theta + S_5(\mathrm{d}\theta/\mathrm{d}\delta)\cos\theta = -r_3\cos\delta \tag{2.22}$$

$$\omega_{L5} = -r_3\cos(\theta-\delta)/S_5 \tag{2.23}$$

$$V_{L4} = -r_3\sin(\theta-\delta) \tag{2.24}$$

对式(2.21)、式(2.22)求关于 δ 的一阶导数，得类加速度方程及其类角加速度 $\alpha_{L5} = \mathrm{d}^2\theta/\mathrm{d}\delta^2$、类加速度 $a_{L4} = \mathrm{d}^2S_5/\mathrm{d}\delta^2$ 分别为

$$\frac{\mathrm{d}^2S_5}{\mathrm{d}\delta^2}\cos\theta - 2\frac{\mathrm{d}S_5}{\mathrm{d}\delta}\frac{\mathrm{d}\theta}{\mathrm{d}\delta}\sin\theta - S_5\cos\theta\left(\frac{\mathrm{d}\theta}{\mathrm{d}\delta}\right)^2 - S_5\sin\theta\frac{\mathrm{d}^2\theta}{\mathrm{d}\delta^2} = r_3\cos\delta \tag{2.25}$$

$$\frac{\mathrm{d}^2S_5}{\mathrm{d}\delta^2}\sin\theta + 2\frac{\mathrm{d}S_5}{\mathrm{d}\delta}\frac{\mathrm{d}\theta}{\mathrm{d}\delta}\cos\theta - S_5\sin\theta\left(\frac{\mathrm{d}\theta}{\mathrm{d}\delta}\right)^2 + S_5\cos\theta\frac{\mathrm{d}^2\theta}{\mathrm{d}\delta^2} = r_3\sin\delta \tag{2.26}$$

$$\alpha_{L5} = -\left[r_3\sin(\theta-\delta) + 2\frac{\mathrm{d}S_5}{\mathrm{d}\delta}\frac{\mathrm{d}\theta}{\mathrm{d}\delta}\right]/S_5 \tag{2.27}$$

$$a_{L4} = S_5\left(\frac{\mathrm{d}\theta}{\mathrm{d}\delta}\right)^2 + r_3\cos(\theta-\delta) \tag{2.28}$$

对式(2.27)、式(2.28)求关于 δ 的一阶导数，得类角加速度的一次变化率 $j_{L5} = \mathrm{d}^3\theta/\mathrm{d}\delta^3$、类加速度的一次变化率 $q_{L4} = \mathrm{d}^3S_5/\mathrm{d}\delta^3$ 分别为

$$j_{L5} = -\left[r_3\cos(\theta-\delta)\left(\frac{\mathrm{d}\theta}{\mathrm{d}\delta}-1\right) + 2\frac{\mathrm{d}^2S_5}{\mathrm{d}\delta^2}\frac{\mathrm{d}\theta}{\mathrm{d}\delta} + 3\frac{\mathrm{d}S_5}{\mathrm{d}\delta}\frac{\mathrm{d}^2\theta}{\mathrm{d}\delta^2}\right]/S_5 \tag{2.29}$$

$$q_{L4} = \frac{\mathrm{d}S_5}{\mathrm{d}\delta}\left(\frac{\mathrm{d}\theta}{\mathrm{d}\delta}\right)^2 + 2S_5\frac{\mathrm{d}\theta}{\mathrm{d}\delta}\frac{\mathrm{d}^2\theta}{\mathrm{d}\delta^2} - r_3\sin(\theta-\delta)\left(\frac{\mathrm{d}\theta}{\mathrm{d}\delta}-1\right) \tag{2.30}$$

对式(2.29)、式(2.30)求关于 δ 的一阶导数，得类角加速度的二次变化率 $g_{L5} = \mathrm{d}^4\theta/\mathrm{d}\delta^4$、类加速度的二次变化率 $f_{L4} = \mathrm{d}^4S_5/\mathrm{d}\delta^4$ 分别为

$$g_{L5}=\left[r_3\sin(\theta-\delta)\left(\frac{d\theta}{d\delta}-1\right)^2-r_3\cos(\theta-\delta)\frac{d^2\theta}{d\delta^2}\right.$$
$$\left.-2\frac{d^3S_5}{d\delta^3}\frac{d\theta}{d\delta}-5\frac{d^2S_5}{d\delta^2}\frac{d^2\theta}{d\delta^2}-4\frac{dS_5}{d\delta}\frac{d^3\theta}{d\delta^3}\right]/S_5 \tag{2.31}$$

$$f_{L4}=\frac{d^2S_5}{d\delta^2}\left(\frac{d\theta}{d\delta}\right)^2+4\frac{dS_5}{d\delta}\frac{d\theta}{d\delta}\frac{d^2\theta}{d\delta^2}+2S_5\frac{d^2\theta}{d\delta^2}\frac{d^2\theta}{d\delta^2}+2S_5\frac{d\theta}{d\delta}\frac{d^3\theta}{d\delta^3}$$
$$-r_3\cos(\theta-\delta)\left(\frac{d\theta}{d\delta}-1\right)^2-r_3\sin(\theta-\delta)\frac{d^2\theta}{d\delta^2} \tag{2.32}$$

3. Ⅰ型导杆双极位直到三阶停歇的平面六杆机构传动特征

在图 2. 1 中，由式(2.8)、式(2.23)得 $d\delta/d\varphi$ 和 $d\theta/d\delta$ 在各自子机构的极限位置分别等于零，为此，由式(1.1) ~ 式(1.3)得 $d\theta/dt$、$d^2\theta/dt^2$ 和 $d^3\theta/dt^3$ 的值在对应位置都等于零，即该组合机构的输出构件在两个极限位置具有直到三阶停歇的传动特征。

在图 2. 1 中，设 $d_1 = 0.1$ m，$d_2 = 0.05$ m，$\theta_b = 2\pi/3$ rad= 120°，则 $\delta_b = \pi/3$ rad = 60°，$r_1 = d_1\sin(0.5\delta_b) = d_1\sin30° = 0.05$ m，　$r_3 = d_2\sin(0.5\theta_b) = d_2\sin60° = 0.0433$ m，$\omega_1 = d\varphi/dt = 1$。由式(1.1) ~ 式(1.4)及以上公式得该种机构输出构件的角位移 θ，角速度 $\omega_5 = d\theta/dt$，角加速度 $\alpha_5 = d^2\theta/dt^2$，角加速度的一、二次变化率 $j_5 = d^3\theta/dt^3$，$g_5 = d^4\theta/dt^4$ 关于 φ 的传动特征如图 2. 2 所示。

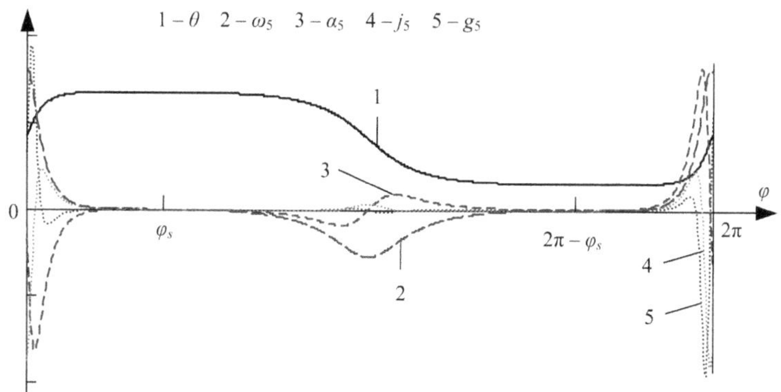

图 2.2　Ⅰ型导杆双极位直到三阶停歇的平面六杆机构传动特征

2.2.2　Ⅱ型导杆单极位直到三阶停歇的平面六杆机构

1. Ⅱ型导杆单极位直到三阶停歇的平面六杆机构设计

图 2. 3 为Ⅱ型导杆单极位直到三阶停歇的平面六杆机构。设杆 1 为主动件，

摆杆 5 为从动件，当摆杆 5 达到下极限位置时，摆杆 5 与杆 3 的 O_3B 段的下极限位置 O_3B_1 垂直，即 $O_3B_1\perp O_5B_1$。令 $O_1O_3=d_1$，$O_3C=d_2$，$O_5C=h$，$O_1A=r_1$，S_1 表示杆 3 上 O_3A 的长度，杆 3 上的 O_3B 段与 O_3A 段所夹的锐角为 α，杆 3 的摆角 $\delta_b=2\arctan(r_1/\sqrt{d_1^2-r_1^2})$，当已知 r_1、δ_b 时，$d_1=r_1/\sin(0.5\delta_b)$，对应 O_5B_1 的 $\varphi_s=\arctan(r_1/\sqrt{d_1^2-r_1^2})$。令 $L_6=O_3O_5$，β 表示杆 L_6 的方位角。当已知 δ_b、α、r_3 和 β 时，杆 3、4、5 和 6 组成的导杆机构的尺寸设计如下。

在图 2.3 中建立 xO_3y 坐标系，在 xO_3y 坐标系中，B_1、B_2 和 O_5 点的坐标分别为 $B_1[r_3\cos(-0.5\delta_b-\alpha), r_3\sin(-0.5\delta_b-\alpha)]$，$B_2[r_3\cos(0.5\delta_b-\alpha), r_3\sin(0.5\delta_b-\alpha)]$，$O_5(L_6\cos\beta, L_6\sin\beta)$。于是，直线 O_5B_1 的方程为

$$\begin{vmatrix} x & y & 1 \\ L_6\cos\beta & L_6\sin\beta & 1 \\ r_3\cos(-0.5\delta_b-\alpha) & r_3\sin(-0.5\delta_b-\alpha) & 1 \end{vmatrix}=0$$

$$-[(L_6\sin\beta+r_3\sin(0.5\delta_b+\alpha)]x+[(L_6\cos\beta-r_3\cos(0.5\delta_b+\alpha)]y$$
$$+L_6\cdot r_3\sin(0.5\delta_b+\alpha+\beta)=0$$

$$y=\frac{L_6\sin\beta+r_3\sin(0.5\delta_b+\alpha)}{L_6\cos\beta-r_3\cos(0.5\delta_b+\alpha)}x-\frac{L_6\cdot r_3\sin(0.5\delta_b+\alpha+\beta)}{L_6\cos\beta-r_3\cos(0.5\delta_b+\alpha)} \tag{2.33}$$

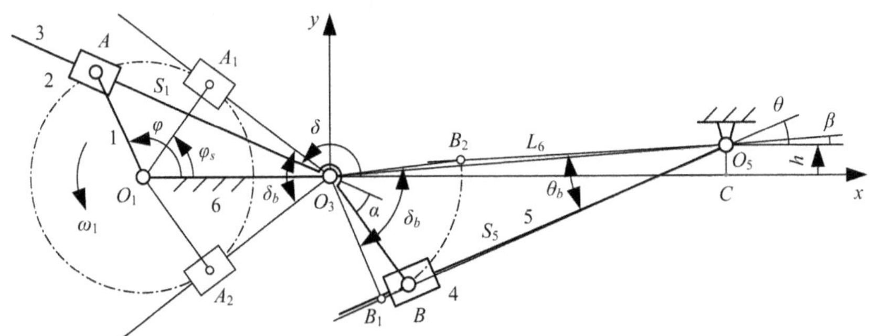

图 2.3　Ⅱ型导杆单极位直到三阶停歇的平面六杆机构

直线 O_5B_2 的方程为

$$\begin{vmatrix} x & y & 1 \\ L_6\cos\beta & L_6\sin\beta & 1 \\ r_3\cos(0.5\delta_b-\alpha) & r_3\sin(0.5\delta_b-\alpha) & 1 \end{vmatrix}=0$$

$$-[(L_6\sin\beta-r_3\sin(0.5\delta_b-\alpha)]x+[L_6\cos\beta-r_3\cos(0.5\delta_b-\alpha)]y$$
$$-L_6\cdot r_3\sin(0.5\delta_b-\alpha-\beta)=0$$

$$y=\frac{L_6\sin\beta-r_3\sin(0.5\delta_b-\alpha)}{L_6\cos\beta-r_3\cos(0.5\delta_b-\alpha)}x+\frac{L_6\cdot r_3\sin(0.5\delta_b-\alpha-\beta)}{L_6\cos\beta-r_3\cos(0.5\delta_b-\alpha)} \tag{2.34}$$

为此，摆杆 5 的摆角 θ_b 与两条直线方程的关系为

$$\begin{aligned}\tan(\pi-\theta_b)=&\{-[L_6\sin\beta+r_3\sin(0.5\delta_b+\alpha)][L_6\cos\beta-r_3\cos(0.5\delta_b-\alpha)]\\&+[L_6\sin\beta-r_3\sin(0.5\delta_b-\alpha)][L_6\cos\beta-r_3\cos(0.5\delta_b+\alpha)]\}/\\&\{[L_6\sin\beta+r_3\sin(0.5\delta_b+\alpha)][L_6\sin\beta-r_3\sin(0.5\delta_b-\alpha)]\\&+[L_6\cos\beta-r_3\cos(0.5\delta_b+\alpha)][L_6\cos\beta-r_3\cos(0.5\delta_b-\alpha)]\}\end{aligned} \tag{2.35}$$

由式(2.35)得 L_6 的设计式为

$$\begin{aligned}&\tan(\pi-\theta_b)L_6^2+r_3[\sin(\beta+0.5\delta_b+\alpha)-\sin(\beta-0.5\delta_b+\alpha)]L_6\\&-\tan(\pi-\theta_b)r_3[\cos(\beta-0.5\delta_b+\alpha)+\cos(\beta+0.5\delta_b+\alpha)]L_6\\&+[\cos\delta_b\tan(\pi-\theta_b)-\sin\delta_b]r_3^2=0\end{aligned}$$

定义 k_1、k_2、k_3 分别为

$$k_1=\tan(\pi-\theta_b)$$

$$\begin{aligned}k_2=&r_3[\sin(\beta+0.5\delta_b+\alpha)-\sin(\beta-0.5\delta_b+\alpha)]\\&-r_3\tan(\pi-\theta_b)[\cos(\beta-0.5\delta_b+\alpha)+\cos(\beta+0.5\delta_b+\alpha)]\end{aligned}$$

$$k_3=[\cos\delta_b\tan(\pi-\theta_b)-\sin\delta_b]r_3^2$$

于是，得 L_6 的简化设计式及其解 L_6 分别为

$$k_1L_6^2+k_2L_6+k_3=0$$

$$L_6=[-k_2-\sqrt{k_2^2-4k_1\cdot k_3}]/(2k_1) \tag{2.36}$$

由式(2.36)得知，当选择了合适的 β、r_3 之后，L_6 可以方便地求解出来。若已知机构的尺寸，则摆杆 5 的摆角 θ_b 为

$$\begin{aligned}\theta_b=\pi-\arctan2\{&[-L_6\cdot r_3\sin(\beta+0.5\delta_b+\alpha)+L_6\cdot r_3\sin(\beta-0.5\delta_b+\alpha)+r_3^2\sin\delta_b]/\\&[L_6^2-L_6\cdot r_3\cos(\beta-0.5\delta_b+\alpha)-L_6\cdot r_3\cos(\beta+0.5\delta_b+\alpha)+r_3^2\cos\delta_b]\}\end{aligned} \tag{2.37}$$

2. II 型导杆单极位直到三阶停歇的平面六杆机构传动函数

在图 2. 3 中，杆 1、2、3 和 6 组成的导杆机构的位置方程及其解如式(2.1) ~ 式(2.16)所示。

杆 3、4、5 和 6 组成的导杆机构的位置方程及其解 θ、S_5 分别为

$$r_3\cos(\delta+\pi-\alpha)+S_5\cos\theta=d_2 \tag{2.38}$$

$$r_3\sin(\delta+\pi-\alpha)+S_5\sin\theta=h \tag{2.39}$$

$$S_5=\sqrt{[d_2+r_3\cos(\delta-\alpha)]^2+[h+r_3\sin(\delta-\alpha)]^2} \tag{2.40}$$

$$\theta=\arctan2\{[h+r_3\sin(\delta-\alpha)]/[d_2+r_3\cos(\delta-\alpha)]\} \tag{2.41}$$

对式(2.38)、式(2.39)求关于 δ 的一阶导数，得类速度方程及其解 $\omega_{L5} = \mathrm{d}\theta/\mathrm{d}\delta$、$V_{L4} = \mathrm{d}S_5/\mathrm{d}\delta$ 分别为

$$r_3 \sin(\delta-\alpha)+(\mathrm{d}S_5/\mathrm{d}\delta)\cos\theta - S_5(\mathrm{d}\theta/\mathrm{d}\delta)\sin\theta = 0 \tag{2.42}$$

$$-r_3 \cos(\delta-\alpha)+(\mathrm{d}S_5/\mathrm{d}\delta)\sin\theta + S_5(\mathrm{d}\theta/\mathrm{d}\delta)\cos\theta = 0 \tag{2.43}$$

$$V_{L4} = r_3\sin[\theta-(\delta-\alpha)] \tag{2.44}$$

$$\omega_{L5} = r_3\cos[\theta-(\delta-\alpha)]/S_5 \tag{2.45}$$

对式(2.44)、式(2.45)求关于 δ 的一阶导数，得类加速度 $a_{L4} = \mathrm{d}^2S_5/\mathrm{d}\delta^2$、类角加速度 $\alpha_{L5} = \mathrm{d}^2\theta/\mathrm{d}\delta^2$ 分别为

$$a_{L4} = r_3(\mathrm{d}\theta/\mathrm{d}\delta-1)\cos[\theta-(\delta-\alpha)] \tag{2.46}$$

$$\alpha_{L5} = \left[-r_3\left(\frac{\mathrm{d}\theta}{\mathrm{d}\delta}-1\right)\sin(\theta-\delta+\alpha)-\frac{\mathrm{d}S_5}{\mathrm{d}\delta}\frac{\mathrm{d}\theta}{\mathrm{d}\delta}\right]/S_5 \tag{2.47}$$

对式(2.46)、式(2.47)求关于 δ 的一阶导数，得类加速度的一次变化率 $q_{L4} = \mathrm{d}^3S_5/\mathrm{d}\delta^3$、类角加速度的一次变化率 $j_{L5} = \mathrm{d}^3\theta/\mathrm{d}\delta^3$ 分别为

$$q_{L4} = r_3\frac{\mathrm{d}^2\theta}{\mathrm{d}\delta^2}\cos[\theta-(\delta-\alpha)]-r_3\left(\frac{\mathrm{d}\theta}{\mathrm{d}\delta}-1\right)^2\sin[\theta-(\delta-\alpha)] \tag{2.48}$$

$$\begin{aligned} j_{L5} = \Bigg[&-r_3\frac{\mathrm{d}^2\theta}{\mathrm{d}\delta^2}\sin(\theta-\delta+\alpha)-r_3\left(\frac{\mathrm{d}\theta}{\mathrm{d}\delta}-1\right)^2\cos(\theta-\delta+\alpha) \\ &-\frac{\mathrm{d}^2S_5}{\mathrm{d}\delta^2}\frac{\mathrm{d}\theta}{\mathrm{d}\delta}-2\frac{\mathrm{d}S_5}{\mathrm{d}\delta}\frac{\mathrm{d}^2\theta}{\mathrm{d}\delta^2}\Bigg]/S_5 \end{aligned} \tag{2.49}$$

对式(2.48)、式(2.49)求关于 δ 的一阶导数，得类加速度的二次变化率 $f_{L4} = \mathrm{d}^4S_5/\mathrm{d}\delta^4$、类角加速度的二次变化率 $g_{L5} = \mathrm{d}^4\theta/\mathrm{d}\delta^4$ 分别为

$$\begin{aligned} f_{L4} = &r_3\frac{\mathrm{d}^3\theta}{\mathrm{d}\delta^3}\cos[\theta-(\delta-\alpha)]-3r_3\left(\frac{\mathrm{d}\theta}{\mathrm{d}\delta}-1\right)\frac{\mathrm{d}^2\theta}{\mathrm{d}\delta^2}\sin[\theta-(\delta-\alpha)] \\ &-r_3\left(\frac{\mathrm{d}\theta}{\mathrm{d}\delta}-1\right)^3\cos[\theta-(\delta-\alpha)] \end{aligned} \tag{2.50}$$

$$\begin{aligned} g_{L5} = \Bigg[&-r_3\frac{\mathrm{d}^3\theta}{\mathrm{d}\delta^3}\sin(\theta-\delta+\alpha)-3r_3\left(\frac{\mathrm{d}\theta}{\mathrm{d}\delta}-1\right)\frac{\mathrm{d}^2\theta}{\mathrm{d}\delta^2}\cos(\theta-\delta+\alpha) \\ &+r_3\left(\frac{\mathrm{d}\theta}{\mathrm{d}\delta}-1\right)^3\sin(\theta-\delta+\alpha)-\frac{\mathrm{d}^3S_5}{\mathrm{d}\delta^3}\frac{\mathrm{d}\theta}{\mathrm{d}\delta}-3\frac{\mathrm{d}^2S_5}{\mathrm{d}\delta^2}\frac{\mathrm{d}^2\theta}{\mathrm{d}\delta^2}-3\frac{\mathrm{d}S_5}{\mathrm{d}\delta}\frac{\mathrm{d}^3\theta}{\mathrm{d}\delta^3}\Bigg]/S_5 \end{aligned} \tag{2.51}$$

当 $\delta-\varphi=\pm\pi/2$ 时，导杆 3 处于两个极限位置 O_3A_1、O_3A_2，此时导杆 3 的类角速度 $\omega_{L3} = \mathrm{d}\delta/\mathrm{d}\varphi = 0$。

当摆杆 5 处于下极限位置时，$O_3B_1 \perp O_5B_1$，摆杆 5 的类角速度 $\omega_{L5}=0$；当摆杆 5 在下极限位置时，导杆 3 也在极限位置，此时 $\mathrm{d}\delta/\mathrm{d}\varphi=0$、$\mathrm{d}\theta/\mathrm{d}\delta=0$，由式(1. 1) ~ 式(1.3)得 $\mathrm{d}\theta/\mathrm{d}t$、$\mathrm{d}^2\theta/\mathrm{d}t^2$ 和 $\mathrm{d}^3\theta/\mathrm{d}t^3$ 在此位置的值同时都等于零，为此，该组合机构的输出构件在下极限位置具有直到三阶停歇的传动特征。

3. Ⅱ型导杆单极位直到三阶停歇的平面六杆机构传动特征

在图 2. 3 中，设 $\theta_b=\pi/12\ \mathrm{rad}=15°$，$\delta_b=\pi/3\ \mathrm{rad}=60°$，$\alpha=\pi/9\ \mathrm{rad}=20°$，$\beta=\pi/9\ \mathrm{rad}=20°$，$r_1=0.04\ \mathrm{m}$，$r_3=0.04\ \mathrm{m}$，$\omega_1=\mathrm{d}\varphi/\mathrm{d}t=1$，则 $d_1=r_1/\sin(0.5\delta_b)=0.08\ \mathrm{m}$，由式(2.36)得 L_6 为

$$k_1=\tan(\pi-\theta_b)=\tan(\pi-\pi/12)=-0.267949$$

$$\begin{aligned}k_2&=r_3[\sin(\beta+0.5\delta_b+\alpha)-\sin(\beta-0.5\delta_b+\alpha)]\\&\quad-r_3\tan(\pi-\theta_b)[\cos(\beta-0.5\delta_b+\alpha)+\cos(\beta+0.5\delta_b+\alpha)]\\&=0.04[\sin(\pi/9+\pi/6+\pi/9)-\sin(\pi/9-\pi/6+\pi/9)]\\&\quad-0.04\tan(\pi-\pi/12)[\cos(\pi/9-\pi/6+\pi/9)+\cos(\pi/9+\pi/6+\pi/9)]\\&=0.04486\end{aligned}$$

$$\begin{aligned}k_3&=[\cos\delta_b\tan(\pi-\theta_b)-\sin\delta_b]r_3^2\\&=[\cos(\pi/3)\tan(\pi-\pi/12)-\sin(\pi/3)]0.04^2=-0.00160\end{aligned}$$

$$\begin{aligned}L_6&=[-k_2-\sqrt{k_2^2-4k_1\cdot k_3}]/(2k_1)\\&=[-0.04486-\sqrt{0.04486^2-4\times0.267949\times0.00160}]/(-2\times0.267949)\\&=0.1159\ \mathrm{m}\end{aligned}$$

由式(1.1) ~ 式(1.4)及以上公式得该种机构输出构件的角位移 θ，角速度 $\omega_5=\mathrm{d}\theta/\mathrm{d}t$，角加速度 $\alpha_5=\mathrm{d}^2\theta/\mathrm{d}t^2$，角加速度的一、二次变化率 $j_5=\mathrm{d}^3\theta/\mathrm{d}t^3$，$g_5=\mathrm{d}^4\theta/\mathrm{d}t^4$ 关于 φ 的传动特征如图 2. 4 所示。

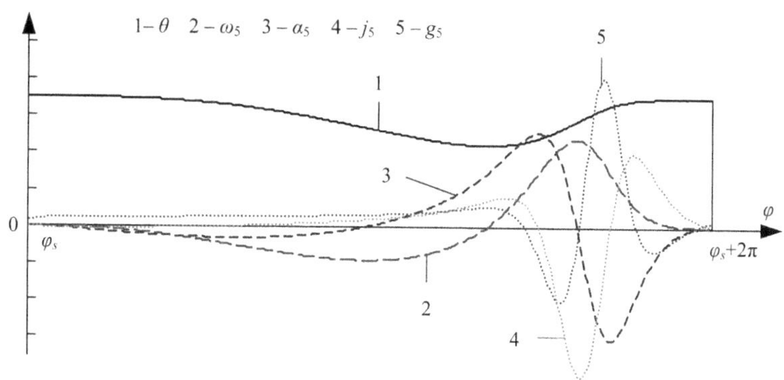

图 2.4　Ⅱ型导杆单极位直到三阶停歇的平面六杆机构传动特征

2.2.3　Ⅲ型导杆极限位置直到三阶停歇的平面六杆机构

1. Ⅲ型导杆极限位置直到三阶停歇的平面六杆机构设计

Ⅲ型导杆在极限位置具有直到三阶停歇的平面六杆机构分为输出构件在双极限位置具有直到三阶停歇与输出构件在单极限位置具有直到三阶停歇。图2.5(a)所示为输出构件在双极限位置具有直到三阶停歇的平面六杆机构。构件1、2、3和6组成输入端的曲柄摇块机构，摇块3的摆角为δ_b，当导杆2达到双极限位置O_3A_1、O_3A_2时，$\mathrm{d}\delta/\mathrm{d}\varphi=0$；构件3～6组成输出端的导杆机构，导杆5的摆角为$\theta_b$。设摇块3上的$O_3B\perp O_3A$（根据需要也可以是任意夹角），$B_1$、$B_2$为$B$点的两个极限位置，当导杆5的固定转动中心$C$满足$CB_1\perp O_3B_1$、$CB_2\perp O_3B_2$时，导杆5在极限位置$CB_1$、$CB_2$上的$\mathrm{d}\theta/\mathrm{d}\delta=0$，$\delta_b=\pi-\theta_b$。为此，该种机构的输出构件在双极限位置做直到三阶的停歇。

设$O_1A=a$，机架6上O_1O_3的杆长为d_1，令$m=a/d_1$，若要求实现的输出摆角为θ_b，由图2.5(a)得

$$\tan(\delta_b/2)=a/\sqrt{d_1^2-a^2}=m/\sqrt{1-m^2} \tag{2.52}$$

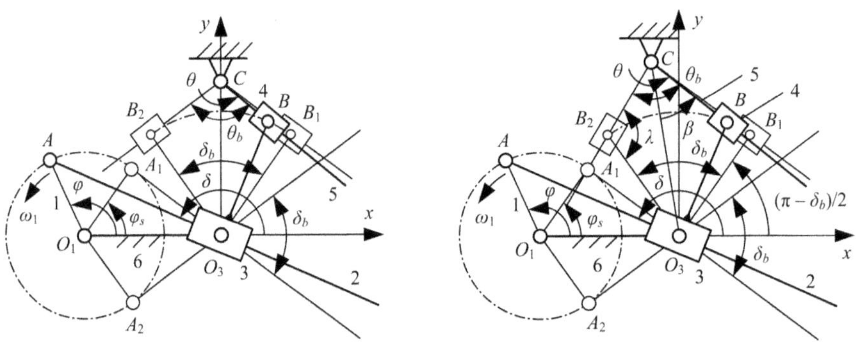

(a) 输出摆杆双极位直到三阶停歇　　(b) 输出摆杆单极位直到三阶停歇

图2.5　Ⅲ型导杆极限位置直到三阶停歇的平面六杆机构

将$\delta_b=\pi-\theta_b$代入式(2.52)得m的设计式为

$$m=\tan[(\pi-\theta_b)/2]/\sqrt{1+\tan^2[(\pi-\theta_b)/2]} \tag{2.53}$$

设机架6上O_3C的杆长d_2为选定的值，则摇块3上O_3B的杆长b_3为

$$b_3=d_2\sin(\theta_b/2) \tag{2.54}$$

可见，该类机构的尺寸设计十分简单。

图2.5(b)所示为输出构件在单极限位置具有直到三阶停歇的平面六杆机构。

C 点在过 B_1 点且垂直于 O_3B_1 的直线上，这样，CB_2 与 O_3B_2 不垂直。此时，导杆 5 只在极限位置 CB_1 上的 $\mathrm{d}\theta/\mathrm{d}\delta=0$，因而，该种机构的输出构件只在单极限位置做直到三阶的停歇。

若要求实现的输出摆角为 θ_b，设机架 6 上 O_3C 的杆长 d_2 为选定的值，取 $O_3B=b_3=kd_2$，k 为结构参数，在 Rt△O_3CB_1 中，令∠$O_3CB_1=\beta$，则 β 为

$$\beta=\arctan(k/\sqrt{1-k^2}) \tag{2.55}$$

在△O_3B_2C 中，令∠$O_3B_2C=\lambda$，由正弦定理 $\sin\lambda/d_2=\sin(\theta_b-\beta)/(kd_2)$ 得 λ 为

$$\lambda=\arctan 2\{[\sin(\theta_b-\beta)/[-\sqrt{k^2-\sin^2(\theta_b-\beta)}]\} \tag{2.56}$$

由式(2.55)、式(2.56)得 k 的取值范围为 $\sin(\theta_b-\beta)<k<1$。

于是，得摇块 3 的摆角 $\delta_b=3\pi/2-\theta_b-\lambda$。

在图 2.5(b)中，设曲柄 1 的杆长为 a，机架 6 上 O_1O_3 的杆长为 d_1，令 $m=a/d_1$，由式(2.53)得 m 的设计式为

$$m=\tan[(3\pi/2-\theta_b-\lambda)/2]/\sqrt{1+\tan^2[(3\pi/2-\theta_b-\lambda)/2]} \tag{2.57}$$

可见，该类机构的尺寸设计也相对简单。

以上两个机构的行程速比系数 $K=(180^\circ+\delta_b)/(180^\circ-\delta_b)$，压力角都等于零，具有相对高的机械效率。

2. Ⅲ型导杆极限位置直到三阶停歇的平面六杆机构传动函数

图 2.5(a)、图 2.5(b)中，杆 1、2、3 和 6 组成的导杆机构的位置方程及其解如式(2.1)～式(2.14)所示。

在图 2.5(a)中，令 $S_5=CB$，θ 为导杆 5 的角位移，则构件 3～6 组成的导杆机构位移方程及其解分别为

$$b_3\cos(\delta-\pi/2)+S_5\cos(\theta-\pi)=0 \tag{2.58}$$

$$b_3\sin(\delta-\pi/2)+S_5\sin(\theta-\pi)=d_2 \tag{2.59}$$

$$\theta=\arctan 2[(-d_2-b_3\cos\delta)/(b_3\sin\delta)] \tag{2.60}$$

$$S_5=\sqrt{(d_2+b_3\cos\delta)^2+(b_3\sin\delta)^2} \tag{2.61}$$

在图 2.5(b)中，O_3B_1 的方位角为$(\pi-\delta_b)/2$，B_1C 的方位角为 $\pi-\delta_b/2$，令 $B_1C=L_5$，L_5 为

$$L_5=d_2\sqrt{1-k^2} \tag{2.62}$$

C 点的坐标 x_C、y_C 分别为

$$\left.\begin{aligned}x_C &= b_3\sin(\delta_b/2) - L_5\cos(\delta_b/2)\\ y_C &= b_3\cos(\delta_b/2) + L_5\sin(\delta_b/2)\end{aligned}\right\} \tag{2.63}$$

令 S_5、θ 分别表示导杆 5 上 CB 的长度与角位移，则输出端导杆机构的位移方程及其解分别为

$$b_3\sin\delta - S_5\cos\theta = x_C \tag{2.64}$$

$$-b_3\cos\delta - S_5\sin\theta = y_C \tag{2.65}$$

$$\theta = \arctan 2[(-b_3\cos\delta - y_C)/(b_3\sin\delta - x_C)] \tag{2.66}$$

$$S_5 = \sqrt{(b_3\cos\delta + y_C)^2 + (b_3\sin\delta - x_C)^2} \tag{2.67}$$

3. Ⅲ型导杆极限位置直到三阶停歇的平面六杆机构传动特征

在图 2.5(a)中，设 $\theta_b = 2\pi/3$ rad= 120°，$d_1 = 0.2$ m，$d_2 = 0.25$ m，则 $\delta_b = \pi/3$ rad = 60°，$m = 0.5$，$a = 0.1$ mm，$b_3 = 0.216506$ m。

令 $\mathrm{d}\varphi/\mathrm{d}t = 1$，对式(2.58)、式(2.59)求关于 δ 的一至三阶导数，得 $\omega_{L5} = \mathrm{d}\theta/\mathrm{d}\delta$、$\alpha_{L5} = \mathrm{d}^2\theta/\mathrm{d}\delta^2$、$j_{L5} = \mathrm{d}^3\theta/\mathrm{d}\delta^3$，将它们代入式(1.1) ~ 式(1.3)中，得曲柄 1 在[0，2π]内匀速转动时，该种机构输出构件的角位移 θ、角速度 $\omega_5 = \mathrm{d}\theta/\mathrm{d}t$、角加速度 $\alpha_5 = \mathrm{d}^2\theta/\mathrm{d}t^2$、角加速度的一次变化率 $j_5 = \mathrm{d}^3\theta/\mathrm{d}t^3$ 关于 φ 的传动特征如图 2. 6 所示。

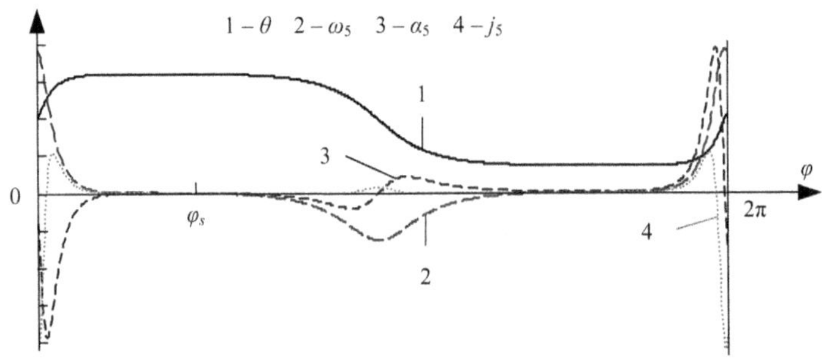

图 2.6　Ⅲ型导杆在双极位做直到三阶停歇的平面六杆机构传动特征

在图 2.5(b)中，设 $\theta_b = 5\pi/9$ rad = 100°，$d_1 = 0.2$ m，$d_2 = 0.25$ m，$k = 0.8$，则 $b_3 = 0.2$ mm，$\beta = 53.13°$，$\lambda = 114.181°$，$\delta_b = 55.819°$，$m = 0.468$，$a = 0.0936$ m。

令 $\mathrm{d}\varphi/\mathrm{d}t = 1$，对式(2.64)、式(2.65)求关于 δ 的一至三阶导数，得 $\omega_{L5} = \mathrm{d}\theta/\mathrm{d}\delta$、$\alpha_{L5} = \mathrm{d}^2\theta/\mathrm{d}\delta^2$、$j_{L5} = \mathrm{d}^3\theta/\mathrm{d}\delta^3$，将它们代入式(1.1) ~ 式(1.3)中，曲柄 1 在[φ_0, $\varphi_0 + 2\pi$]内匀速转动时，该种机构输出构件的角位移 θ、角速度 $\omega_5 = \mathrm{d}\theta/\mathrm{d}t$、角加速度 $\alpha_5 = \mathrm{d}^2\theta/\mathrm{d}t^2$、角加速度的一次变化率 $j_5 = \mathrm{d}^3\theta/\mathrm{d}t^3$ 关于 φ 的传动特征如图 2.7 所示，φ_s

为对应于导杆 5 在右极限位置时曲柄 1 的位置角，$\varphi_s = \pi/2 - \delta_b/2$。

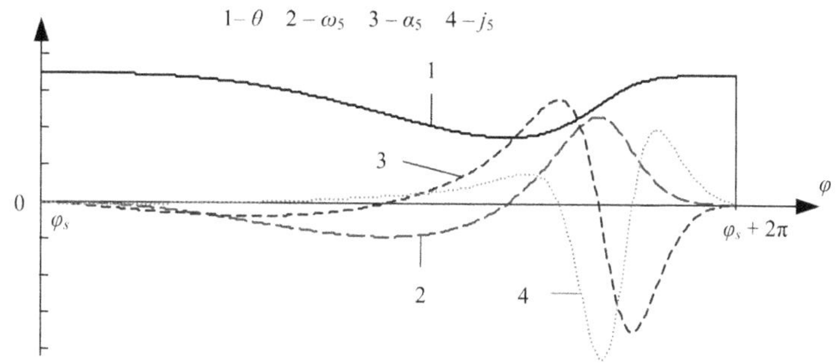

图 2.7　Ⅲ型导杆在单极位做直到三阶停歇的平面六杆机构传动特征

2.2.4　串联槽轮直到三阶停歇的平面四杆机构

1. 串联槽轮直到三阶停歇的平面四杆机构设计

图 2.8 为串联槽轮直到三阶停歇的平面四杆机构。设构件 1 为主动件，做匀速转动，构件 3 为从动件，做单向间歇运动。构件 1、槽轮 2 和机架 4 组成前端子机构；构件 2、槽轮 3 和机架 4 组成后端子机构。当构件 2、3 处于运动的起始位置时，销轴 A 在 A_1 点，销轴 B 在 B_1 点，$O_1A_1 \perp O_2A_1$，$O_2B_1 \perp O_3B_1$；处于运动的终止位置时，销轴 A 在 A_2 点，销轴 B 在 B_2 点，$O_1A_2 \perp O_2A_2$，$O_2B_2 \perp O_3B_2$。$O_1A = r_1$，角位移为 φ；S_1 表示槽轮 2 上 O_2A 的长度，角位移为 δ，$O_1O_2 = d_1$。令 $O_2B_1 = r_2$，S_2 表示槽轮 3 上 O_3B 的长度，角位移为 θ，$O_2O_3 = d_2$。主动件 1 驱动槽轮 2 的驱动区间为 $2\varphi_0$，$\varphi_0 = \arctan(\sqrt{d_1^2 - r_1^2}/r_1)$，初始驱动的角

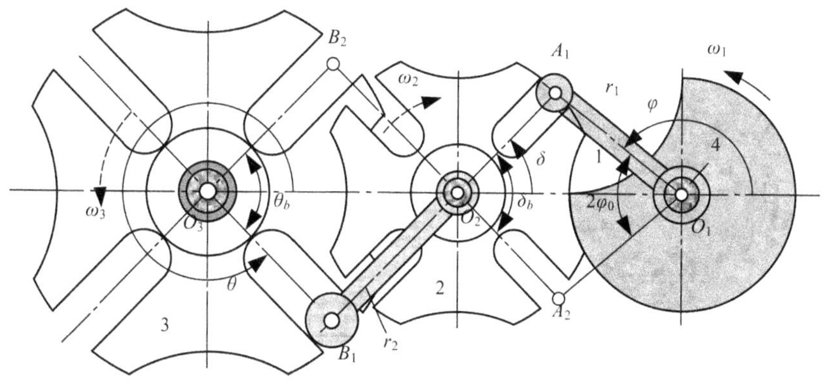

图 2.8　串联槽轮直到三阶停歇的平面四杆机构

位移为 $\pi-\varphi_0$，驱动终止的角位移为 $\pi+\varphi_0$。从动件 2 的摆角 $\delta_b=\pi-2\varphi_0=2\pi/z_2$，从动件 3 的摆角 $\theta_b=\pi-\delta_b=2\pi/z_3$，$z_2$、$z_3$ 分别为槽轮 2、3 的槽数。$d_1=r_1/\sin(\pi/z_2)$，$d_2=r_2/\sin(\pi/z_3)$。

2. 串联槽轮直到三阶停歇的平面四杆机构传动函数

串联槽轮机构的前端子机构的位置方程及其解分别为

$$r_1\cos\varphi+d_1=S_1\cos\delta \tag{2.68}$$

$$r_1\sin\varphi=S_1\sin\delta \tag{2.69}$$

$$\delta=\arctan 2[r_1\sin\varphi/(r_1\cos\varphi+d_1)] \tag{2.70}$$

$$S_1=\sqrt{r_1^2\sin^2\varphi+(r_1\cos\varphi+d_1)^2} \tag{2.71}$$

对式(2.68)、式(2.69)分别求关于 φ 的一阶导数，得类速度方程、类速度 $V_{L12}=\mathrm{d}S_1/\mathrm{d}\varphi$、$\omega_{L2}=\mathrm{d}\delta/\mathrm{d}\varphi$ 分别为

$$-r_1\sin\varphi=(\mathrm{d}S_1/\mathrm{d}\varphi)\cos\delta-(\mathrm{d}\delta/\mathrm{d}\varphi)S_1\sin\delta \tag{2.72}$$

$$r_1\cos\varphi=(\mathrm{d}S_1/\mathrm{d}\varphi)\sin\delta+(\mathrm{d}\delta/\mathrm{d}\varphi)S_1\cos\delta \tag{2.73}$$

$$V_{L12}=\mathrm{d}S_1/\mathrm{d}\varphi=r_1\sin(\delta-\varphi) \tag{2.74}$$

$$\omega_{L2}=\mathrm{d}\delta/\mathrm{d}\varphi=r_1\cos(\delta-\varphi)/S_1 \tag{2.75}$$

对式(2.72)、式(2.73)分别求关于 φ 的二阶导数，得类加速度方程、类加速度 $a_{L12}=\mathrm{d}^2S_1/\mathrm{d}\varphi^2$、$\alpha_{L2}=\mathrm{d}^2\delta/\mathrm{d}\varphi^2$ 分别为

$$-r_1\cos\varphi=\frac{\mathrm{d}^2S_1}{\mathrm{d}\varphi^2}\cos\delta-2\frac{\mathrm{d}S_1}{\mathrm{d}\varphi}\frac{\mathrm{d}\delta}{\mathrm{d}\varphi}\sin\delta-\frac{\mathrm{d}^2\delta}{\mathrm{d}\varphi^2}S_1\sin\delta-\left(\frac{\mathrm{d}\delta}{\mathrm{d}\varphi}\right)^2S_1\cos\delta \tag{2.76}$$

$$-r_1\sin\varphi=\frac{\mathrm{d}^2S_1}{\mathrm{d}\varphi^2}\sin\delta+2\frac{\mathrm{d}S_1}{\mathrm{d}\varphi}\frac{\mathrm{d}\delta}{\mathrm{d}\varphi}\cos\delta+\frac{\mathrm{d}^2\delta}{\mathrm{d}\varphi^2}S_1\cos\delta-\left(\frac{\mathrm{d}\delta}{\mathrm{d}\varphi}\right)^2S_1\sin\delta \tag{2.77}$$

$$a_{L12}=\left(\frac{\mathrm{d}\delta}{\mathrm{d}\varphi}\right)^2S_1-r_1\cos(\delta-\varphi) \tag{2.78}$$

$$\alpha_{L2}=\left[r_1\sin(\delta-\varphi)-2\frac{\mathrm{d}S_1}{\mathrm{d}\varphi}\frac{\mathrm{d}\delta}{\mathrm{d}\varphi}\right]/S_1 \tag{2.79}$$

对式(2.78)、式(2.79)分别求关于 φ 的一阶导数，得类加速度的一次变化率 $q_{L12}=\mathrm{d}^3S_1/\mathrm{d}\varphi^3$、$j_{L2}=\mathrm{d}^3\delta/\mathrm{d}\varphi^3$ 分别为

$$q_{L12}=2\frac{\mathrm{d}\delta}{\mathrm{d}\varphi}\frac{\mathrm{d}^2\delta}{\mathrm{d}\varphi^2}S_1+\left(\frac{\mathrm{d}\delta}{\mathrm{d}\varphi}\right)^2\frac{\mathrm{d}S_1}{\mathrm{d}\varphi}-r_1\sin(\delta-\varphi)\left(1-\frac{\mathrm{d}\delta}{\mathrm{d}\varphi}\right) \tag{2.80}$$

$$j_{L2}=\left[r_1\cos(\delta-\varphi)\left(\frac{d\delta}{d\varphi}-1\right)-2\frac{d^2S_1}{d\varphi^2}\frac{d\delta}{d\varphi}-3\frac{dS_1}{d\varphi}\frac{d^2\delta}{d\varphi^2}\right]/S_1 \tag{2.81}$$

串联槽轮机构的后端子机构的位置方程及其解分别为

$$d_2-r_2\cos\delta=S_2\cos\theta \tag{2.82}$$

$$-r_2\sin\delta=S_2\sin\theta \tag{2.83}$$

$$\theta=\arctan 2[-r_2\sin\delta/(d_2-r_2\cos\delta)] \tag{2.84}$$

$$S_2=\sqrt{r_2^2\sin^2\delta+(d_2-r_2\cos\delta)^2} \tag{2.85}$$

对式(2.82)、式(2.83)分别求关于 δ 的一阶导数，得类速度方程及其解 $V_{L32}=dS_2/d\delta$、$\omega_{L3}=d\theta/d\delta$ 分别为

$$r_2\sin\delta=(dS_2/d\delta)\cos\theta-(d\theta/d\delta)S_2\sin\theta \tag{2.86}$$

$$-r_2\cos\delta=(dS_2/d\delta)\sin\theta+(d\theta/d\delta)S_2\cos\theta \tag{2.87}$$

$$V_{L32}=-r_2\sin(\theta-\delta) \tag{2.88}$$

$$\omega_{L3}=-r_2\cos(\theta-\delta)/S_2 \tag{2.89}$$

对式(2.86)、式(2.87)分别求关于 δ 的一阶导数，得类加速度 $a_{L32}=d^2S_2/d\delta^2$、$\alpha_{L3}=d^2\theta/d\delta^2$ 分别为

$$r_2\cos\delta=\frac{d^2S_2}{d\delta^2}\cos\theta-2\frac{dS_2}{d\delta}\frac{d\theta}{d\delta}\sin\theta-\frac{d^2\theta}{d\delta^2}S_2\sin\theta-\left(\frac{d\theta}{d\delta}\right)^2 S_2\cos\theta \tag{2.90}$$

$$r_2\sin\delta=\frac{d^2S_2}{d\delta^2}\sin\theta+2\frac{dS_2}{d\delta}\frac{d\theta}{d\delta}\cos\theta+\frac{d^2\theta}{d\delta^2}S_2\cos\theta-\left(\frac{d\theta}{d\delta}\right)^2 S_2\sin\theta \tag{2.91}$$

$$a_{L32}=(d\theta/d\delta)^2S_2+r_2\cos(\theta-\delta) \tag{2.92}$$

$$\alpha_{L3}=[-r_2\sin(\theta-\delta)-2(dS_2/d\delta)(d\theta/d\delta)]/S_2 \tag{2.93}$$

对式(2.92)、式(2.93)分别求关于 δ 的一阶导数，得类加速度的一次变化率 $q_{L32}=d^3S_2/d\delta^3$、$j_{L3}=d^3\theta/d\delta^3$ 分别为

$$q_{L32}=2\frac{d\theta}{d\delta}\frac{d^2\theta}{d\delta^2}S_2+\left(\frac{d\theta}{d\delta}\right)^2\frac{dS_2}{d\delta}+r_2\sin(\theta-\delta)\left(1-\frac{d\theta}{d\delta}\right) \tag{2.94}$$

$$j_{L3}=\left[-r_2\cos(\theta-\delta)\left(\frac{d\theta}{d\delta}-1\right)-2\frac{d^2S_2}{d\delta^2}\frac{d\theta}{d\delta}-3\frac{dS_2}{d\delta}\frac{d^2\theta}{d\delta^2}\right]/S_2 \tag{2.95}$$

3. 串联槽轮直到三阶停歇的平面四杆机构传动特征

由于 $d\delta/d\varphi$、$d\theta/d\delta$ 在各自子机构的极限位置等于零，所以 $d\theta/dt$、$d^2\theta/dt^2$ 和 $d^3\theta/dt^3$ 的值在对应位置等于零，即该组合机构的输出构件在两个极限位置具有直到三阶停歇的传动特征。

在图 2. 8 中，设 $\delta_b = \pi/2$ rad= 90°，$\theta_b = \pi/2$ rad= 90°，$r_1 = 0.05$ m，$r_2 = 0.08$ m，$d_1 = 0.070710$ m，$d_2 = 0.113137$ m，$\mathrm{d}\varphi/\mathrm{d}t = 1$。当两个槽轮的槽轮数均为 4 时，将以上公式代入式(1.1) ~ 式(1.3)中，得该种机构输出构件的角位移 θ、角速度 $\omega_3 = \mathrm{d}\theta/\mathrm{d}t$、角加速度 $\alpha_3 = \mathrm{d}^2\theta/\mathrm{d}t^2$、角加速度的一次变化率 $j_3 = \mathrm{d}^3\theta/\mathrm{d}t^3$ 关于 φ 的传动特征如图 2. 9 所示。

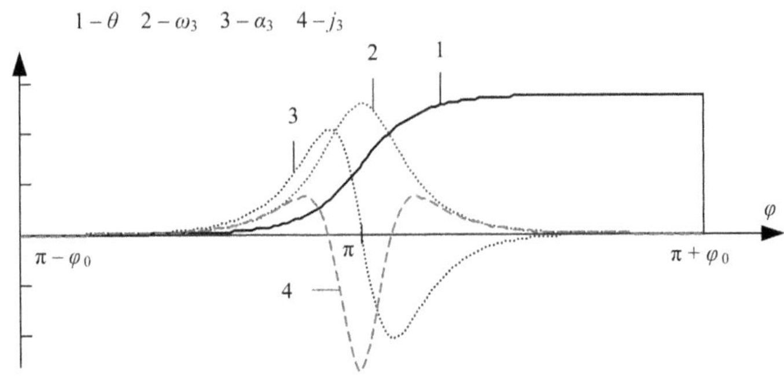

图 2.9　串联槽轮直到三阶停歇的平面四杆机构传动特性

2.2.5　Ⅰ型曲柄摇杆导杆双极位直到三阶停歇的平面六杆机构

1. Ⅰ型曲柄摇杆导杆双极位直到三阶停歇的平面六杆机构设计

Ⅰ型曲柄摇杆导杆双极位直到三阶停歇的平面六杆机构如图 2.10 所示。输入端为行程速比系数 $K = 1$ 的曲柄摇杆机构，设 a、b、c、d 分别为曲柄 1、连杆 2、摇杆 3 上 O_3C 与机架 6 上 O_1O_3 的长度，摇杆在 O_3C_3、O_3C_4 位置出现最小传动角且两个最小传动角 $\gamma_{\min1}$、$\gamma_{\min2}$ 相等，对 $\triangle C_1O_1O_3$、$\triangle C_2O_1O_3$ 分别应用余弦定理，化简后得机构杆长之间的约束方程为

$$d^2 + a^2 = b^2 + c^2 \tag{2.96}$$

取最小传动角 $\gamma_{\min1} = \gamma_{\min2} = [\gamma]$，$[\gamma]$为许用传动角，对 $\triangle B_3C_3O_3$、$\triangle B_4C_4O_3$ 分别应用余弦定理，化简后得

$$b = a \cdot d / (c\cos[\gamma]) \tag{2.97}$$

设摇杆 3 的摆角为 δ_b，由于 $C_1C_2 = 2a$，$O_3O_5 \perp C_1C_2$，C_1、C_2 关于 O_3O_5 对称，所以，得杆长 c 为

$$c = a / \sin(0.5\delta_b) \tag{2.98}$$

令 $O_1O_3 = d$ 为选定的参数，联立式(2.96) ~ 式(2.98)得曲柄 a 与连杆 b 的杆长分别为

$$a = d\sqrt{\frac{\sin^2(0.5\delta_b) - \cos^2[\gamma]}{\cos^2[\gamma]} \cdot \frac{\sin^2(0.5\delta_b)}{\sin^2(0.5\delta_b) - 1}} \tag{2.99}$$

$$b = d\sin(0.5\delta_b) / \cos[\gamma] \tag{2.100}$$

当 a 求出后，摇杆的长度 c 由式(2.98)计算。

在图 2.10 中，输出端为导杆机构，导杆 5 的摆角 θ_b 为要求的值，令 $\delta_b = \pi - \theta_b$，$O_3O_5 = d_0$ 为选定的结构参数，摇杆 3 上的 $CD = c_1$，则 c_1 为

$$c_1 = d_0\cos(\delta_b / 2) - c \tag{2.101}$$

O_1O_3 与 O_1C_1 之间的结构角 β 为

$$\beta = \arctan\{c\cos(0.5\delta_b) / [a + b - c\sin(0.5\delta_b)]\} \tag{2.102}$$

当曲柄摇杆机构的摇杆在双极限位置 O_3C_1、O_3C_2 时，$\mathrm{d}\delta/\mathrm{d}\varphi = 0$；当摇杆在双极限位置时，导杆到达双极限位置，$\mathrm{d}\theta/\mathrm{d}\delta = 0$；为此，由式(1.1) ~ 式(1.3)得该种平面六杆组合机构的从动件在双极限位置做直到三阶的停歇。

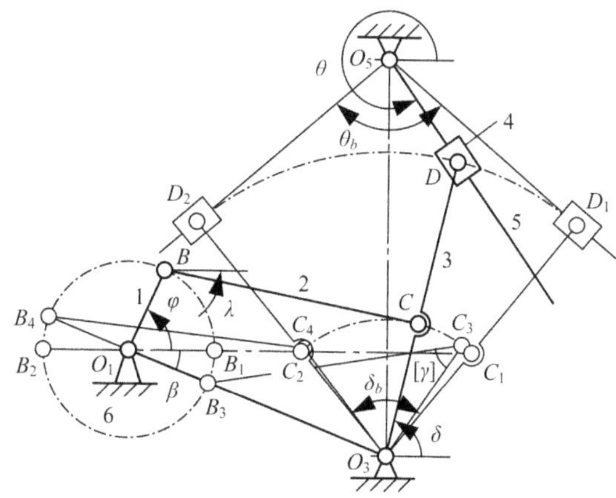

图 2.10　Ⅰ型曲柄摇杆导杆双极位直到三阶停歇的平面六杆机构

2. Ⅰ型曲柄摇杆导杆双极位直到三阶停歇的平面六杆机构传动函数

在图 2.10 中，曲柄 1 的角位移为 φ、连杆 BC 的方位角为 λ、摇杆 3 的角位移为 δ。前端曲柄摇杆机构的角位移方程为

$$a\cos\varphi + b\cos\lambda = d\cos\beta + c\cos\delta \tag{2.103}$$

$$a\sin\varphi + b\sin\lambda = -d\sin\beta + c\sin\delta \tag{2.104}$$

消去 λ，引入系数 k_A、k_B 和 k_C 分别为

$$k_A = -2c(d\sin\beta + a\sin\varphi)$$

$$k_B = 2c(d\cos\beta - a\cos\varphi)$$

$$k_C = a^2 - b^2 + c^2 + d^2 - 2ad\cos(\beta + \varphi)$$

于是，得摇杆 3 的角位移方程及其解 δ 分别为

$$k_A \sin\delta + k_B \cos\delta + k_C = 0 \tag{2.105}$$

$$\delta = 2\arctan[(k_A + \sqrt{k_A^2 + k_B^2 - k_C^2})/(k_B - k_C)] \tag{2.106}$$

连杆 BC 的方位角 λ 为

$$\lambda = \arctan 2\left(\frac{-d\sin\beta + c\sin\delta - a\sin\varphi}{d\cos\beta + c\cos\delta - a\cos\varphi}\right) \tag{2.107}$$

在图 2. 10 中，后端导杆机构的输入为 δ、输出为 θ，令 $O_5D = S_5$，于是，得角位移方程及其解分别为

$$(c + c_1)\cos\delta = S_5\cos\theta \tag{2.108}$$

$$(c + c_1)\sin\delta - d_0 = S_5\sin\theta \tag{2.109}$$

$$\theta = \arctan 2\{[(c + c_1)\sin\delta - d_0]/[(c + c_1)\cos\delta]\} \tag{2.110}$$

$$S_5 = [(c + c_1)\sin\delta - d_0]/\sin\theta \tag{2.111}$$

3. Ⅰ型曲柄摇杆导杆双极位直到三阶停歇的平面六杆机构传动特征

在图 2. 10 中，设 $\theta_b = 5\pi/9$ rad = 100°，$[\gamma] = \pi/4$ rad= 45°，于是得 $\delta_b = 4\pi/9$ rad = 80°；令 $d = 0.3$ m，由式(2.98) ~ 式(2.100)得 b、a、c 分别为 $b = 0.272712$ m，$a = 0.104899$ m，$c = 0.163193$ m；令 $d_0 = 0.35$ m，由式(2.101)、式(2.102)得 $c_1 = 0.104922$ m、$\beta = 24.627°$。

令 $d\varphi/dt = 1$，对式(2.102) ~ 式(2.103)求关于 φ 的一至三阶导数，得 $\omega_{L3} = d\delta/d\varphi$、$\alpha_{L3} = d^2\delta/d\varphi^2$、$j_{L3} = d^3\delta/d\varphi^3$；对式(2.108) ~ 式(2.109)求关于 δ 的一至三阶导数，得 $\omega_{L5} = d\theta/d\delta$、$\alpha_{L5} = d^2\theta/d\delta^2$、$j_{L5} = d^3\theta/d\delta^3$，将它们代入式(1.1) ~ 式(1.3)中，得曲柄 1 在[0, 2π]内匀速转动时，该种机构输出构件的角位移 θ、角速度 $\omega_5 = d\theta/dt$、角加速度 $\alpha_5 = d^2\theta/dt^2$、角加速度的一次变化率 $j_5 = d^3\theta/dt^3$ 如图 2. 11 所示。

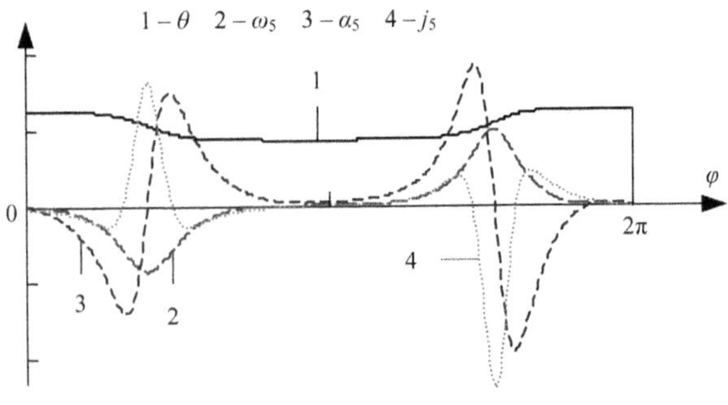

图 2.11　Ⅰ型曲柄摇杆导杆双极位直到三阶停歇的平面六杆机构传动特征

2.2.6　Ⅱ型曲柄摇杆导杆双极位直到三阶停歇的平面六杆机构

1. Ⅱ型曲柄摇杆导杆双极位直到三阶停歇的平面六杆机构设计

Ⅱ型曲柄摇杆导杆双极位直到三阶停歇的平面六杆机构如图 2.12 所示。设曲柄 1 为主动件，导杆 5 为输出构件，当导杆 5 达到两个极限位置时，导杆 5 与摇杆 3 垂直，即 $O_3C_1 \perp O_5D_1$，$O_3C_2 \perp O_5D_2$。令 a、b、c 和 d 分别表示曲柄 1、连杆 2、摇杆 3 上 O_3C 和机架 4 上 O_1O_3 的长度，$a_0 = a/d$、$b_0 = b/d$、$c_0 = c/d$、$d_0 = d/d = 1$，c_1 表示摇杆 3 上 CD 的长度。摇杆 3 的摆角为 δ_b，连杆 2 的极位夹角为 θ，导杆 5 的摆角 ψ_b 与摇杆 3 的摆角 δ_b 之关系为 $\delta_b + \psi_b = \pi$。只要利用摇杆 3 的摆角 δ_b 便产生输出摆角 ψ_b，构件 5 的固定转动中心 O_5 可以随需要而设置在其他地方，此时摇杆 3 上的 C 点不在 O_3D 的连线上。当 $O_3C_1 \perp O_5D_1$ 与 $O_3C_2 \perp O_5D_2$ 条件只有一个成立时，则导杆 5 只在一个极限位置做直到三阶停歇。

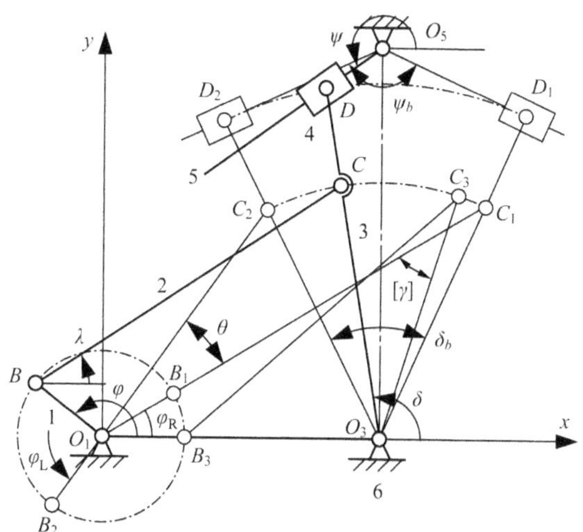

图 2.12　Ⅱ型曲柄摇杆导杆双极位直到三阶停歇的平面六杆机构

1) 许用传动角下曲柄摇杆机构设计

在图 2.12 中，设导杆 5 的摆角为 ψ_b，则摇杆 3 的摆角 $\delta_b = \pi - \psi_b$；曲柄摇杆机构的极位夹角 θ 与曲柄 1 的相对杆长 a_0 均为已知，最小传动角 $\gamma_{\min}$ 等于许用传动角$[\gamma]$。对$\triangle O_1C_1C_2$ 应用余弦定理，对$\triangle C_1O_3C_2$ 应用正弦定理分别得

$$(C_1C_2)^2 = (b_0 + a_0)^2 + (b_0 - a_0)^2 - 2(b_0 + a_0)(b_0 - a_0)\cos\theta \tag{2.112}$$

$$C_1C_2 = 2c_0 \cdot \sin(0.5\delta_b) \tag{2.113}$$

从式(2.112)、式(2.113)中解出中间变量 c_0 为

$$c_0^2=[b_0^2+a_0^2-(b_0^2-a_0^2)\cos\theta]/[2\sin^2(0.5\delta_b)] \tag{2.114}$$

对$\triangle B_3C_3O_3$应用余弦定理得

$$(1-a_0)^2=b_0^2+c_0^2-2b_0\cdot c_0\cdot\cos\gamma_{\min} \tag{2.115}$$

将式(2.114)代入式(2.115)，令 $\gamma_{\min}=[\gamma]$，把 a_0 视为一个参变量，令 M、N和 L 分别为

$$M=[1-\cos\theta+2\sin^2(0.5\delta_b)]^2-8(1-\cos\theta)\cos^2[\gamma]\sin^2(0.5\delta_b)$$

$$N=2[2\sin^2(0.5\delta_b)(1-a_0)^2-(1+\cos\theta)a_0^2][1-\cos\theta+2\sin^2(0.5\delta_b)]$$
$$+8\sin^2(0.5\delta_b)\cos^2[\gamma](1+\cos\theta)a_0^2$$

$$L=[2(1-a_0)^2\sin^2(0.5\delta_b)-(1+\cos\theta)a_0^2]^2$$

于是，得连杆 2 杆长 b 的设计方程及其解为

$$M\cdot b_0^4-N\cdot b_0^2+L=0 \tag{2.116}$$

$$b=b_0\cdot d=d\sqrt{[-N+\sqrt{N^2-4M\cdot L}]/(2M)} \tag{2.117}$$

由式(2.114)得摇杆 3 杆长 c 的设计公式为

$$c=c_0\cdot d=d\sqrt{[b_0^2+a_0^2-(b_0^2-a_0^2)\cos\theta]/[2\sin^2(0.5\delta_b)]} \tag{2.118}$$

2) 摇杆摆杆机构的设计

在图 2.12 中，令摇杆 3 的最小角位移为 δ_R，最大角位移为 δ_L，对$\triangle O_1C_1O_3$、$\triangle O_1C_2O_3$分别应用余弦定理得

$$(b+a)^2=c^2+d^2-2c\cdot d\cos(\pi-\delta_R) \tag{2.119}$$

$$(b-a)^2=c^2+d^2-2c\cdot d\cos(\pi-\delta_L) \tag{2.120}$$

由式(2.119)、式(2.120)得摇杆 3 在两个极限位置的 δ_R、δ_L 分别为

$$\delta_R=\pi-\arctan\frac{\sqrt{(2c\cdot d)^2-[c^2+d^2-(b+a)^2]^2}}{c^2+d^2-(b+a)^2} \tag{2.121}$$

$$\delta_L=\pi-\arctan\frac{\sqrt{(2c\cdot d)^2-[c^2+d^2-(b-a)^2]^2}}{c^2+d^2-(b-a)^2} \tag{2.122}$$

在摇杆 3 的 O_3C 延长线上选择一点 D，$CD=c_1$，在 xO_1y 坐标系中，摇杆 3 上 D_1 点的坐标为$[d+(c+c_1)\cos\delta_R,\ (c+c_1)\sin\delta_R]$，$D_2$ 点的坐标为$[d+(c+c_1)\cos\delta_L,\ (c+c_1)\sin\delta_L]$，$O_5D_1$ 和 O_5D_2 的直线方程分别为

$$y=(c+c_1)\sin\delta_R+\tan(\delta_R+\pi/2)[x-d-(c+c_1)\cos\delta_R] \tag{2.123}$$

$$y=(c+c_1)\sin\delta_L+\tan(\delta_L-\pi/2)[x-d-(c+c_1)\cos\delta_L] \tag{2.124}$$

令式(2.123)与式(2.124)相等，得 O_5 点坐标的设计式以及坐标 $x=x_{O5}$ 分别为

$$
\begin{aligned}
&(c+c_1)\sin\delta_{\mathrm{R}}+\tan(\delta_{\mathrm{R}}+\pi/2)[x-d-(c+c_1)\cos\delta_{\mathrm{R}}]\\
&=(c+c_1)\sin\delta_{\mathrm{L}}+\tan(\delta_{\mathrm{L}}-\pi/2)[x-d-(c+c_1)\cos\delta_{\mathrm{L}}]\\
&\tan(\delta_{\mathrm{R}}+\pi/2)[x-d-(c+c_1)\cos\delta_{\mathrm{R}}]\\
&=\tan(\delta_{\mathrm{L}}-\pi/2)[x-d-(c+c_1)\cos\delta_{\mathrm{L}}]+(c+c_1)(\sin\delta_{\mathrm{L}}-\sin\delta_{\mathrm{R}})\\
&[\tan(\delta_{\mathrm{R}}+\pi/2)-\tan(\delta_{\mathrm{L}}-\pi/2)]x\\
&=\tan(\delta_{\mathrm{R}}+\pi/2)[d+(c+c_1)\cos\delta_{\mathrm{R}}]\\
&\quad-\tan(\delta_{\mathrm{L}}-\pi/2)[d+(c+c_1)\cos\delta_{\mathrm{L}}]+(c+c_1)(\sin\delta_{\mathrm{L}}-\sin\delta_{\mathrm{R}})\\
&x_{O5}=\{\tan(\delta_{\mathrm{R}}+\pi/2)[d+(c+c_1)\cos\delta_{\mathrm{R}}]-\tan(\delta_{\mathrm{L}}-\pi/2)[d+(c+c_1)\cos\delta_{\mathrm{L}}]\\
&\quad+(c+c_1)(\sin\delta_{\mathrm{L}}-\sin\delta_{\mathrm{R}})\}/[\tan(\delta_{\mathrm{R}}+\pi/2)-\tan(\delta_{\mathrm{L}}-\pi/2)]
\end{aligned}
\tag{2.125}
$$

由式(2.123)得 O_5 点的坐标 y_{O5} 为

$$y_{O5}=(c+c_1)\sin\delta_{\mathrm{R}}+\tan(\delta_{\mathrm{R}}+\pi/2)[x_{O5}-d-(c+c_1)\cos\delta_{\mathrm{R}}] \tag{2.126}$$

2. Ⅱ型曲柄摇杆导杆双极位直到三阶停歇的平面六杆机构传动函数

在图 2.12 中，曲柄摇杆机构的位移方程为

$$a\cos\varphi+b\cos\lambda=d+c\cos\delta \tag{2.127}$$

$$a\sin\varphi+b\sin\lambda=c\sin\delta \tag{2.128}$$

消去式(2.127)与式(2.128)中连杆 2 的角位移 λ，引入系数 K_A、K_B 和 K_C，于是得摇杆 3 的角位移方程及其解 δ 分别为

$$K_A=-\sin\varphi$$

$$K_B=d/a-\cos\varphi$$

$$K_C=(d^2+c^2-b^2+a^2)/(2ac)-(b/a)\cos\varphi$$

$$K_A\sin\delta+K_B\cos\delta+K_C=0 \tag{2.129}$$

$$\delta=2\arctan[(K_A+\sqrt{K_A^2+K_B^2-K_C^2})/(K_B-K_C)] \tag{2.130}$$

由式(2.127)与式(2.128)得连杆 2 的角位移 λ 为

$$\lambda=\arctan[(c\sin\delta-a\sin\varphi)/(d+c\cos\delta-a\cos\varphi)] \tag{2.131}$$

令 $O_5D=S_5$，构件 3、4、5 和 6 组成机构的位移方程为

$$d+(c+c_1)\cos\delta+S_5\cos(\psi-\pi)=x_{O5} \tag{2.132}$$

$$(c+c_1)\sin\delta+S_5\sin(\psi-\pi)=y_{O5} \tag{2.133}$$

由式(2.132)与式(2.133)得滑块 5 的相对位移 S_5 和导杆 5 的角位移 ψ 分别为

$$S_5=\sqrt{[d+(c+c_1)\cos\delta-x_{O5}]^2+[(c+c_1)\sin\delta-y_{O5}]^2} \tag{2.134}$$

$$\psi = \pi + \arctan\{[y_{O5} - (c + c_1)\sin\delta]/[x_{O5} - d - (c + c_1)\cos\delta]\} \tag{2.135}$$

3. Ⅱ型曲柄摇杆导杆双极位直到三阶停歇的平面六杆机构传动特征

在图 2.12 中，设 $a = 0.020$ m，$d = 0.050$ m，$\psi_b = 23\pi/36$ rad= 115°，$\delta_b = 13\pi/36$ rad = 65°，$\theta = 7\pi/45$ rad= 28°，行程速比系数 $K = 1.36842$，$[\gamma] = \pi/6$ rad= 30°，$c_1 = 0.020$ m。

b、c 分别被设计为 $b = 0.058744$ m，$c = 0.044767$ m；δ_L、δ_R 分别为 $\delta_L = 132.129°$和 $\delta_R = 67.730°$；由图 2.12 中的三角形关系得 φ_L、φ_R 分别为 $\varphi_L = 238.973°$，$\varphi_R = 31.743°$；x_{O6}、y_{O6} 分别为 $x_{O6} = 0.036802$ m，$y_{O6} = 0.075392$ m。

令 $d\varphi/dt = 1$，对式(2.127) ~ 式(2.128)求关于 φ 的一至三阶导数，得 $\omega_{L3} = d\delta/d\varphi$、$\alpha_{L3} = d^2\delta/d\varphi^2$、$j_{L3} = d^3\delta/d\varphi^3$；对式(2.132) ~ 式(2.133)求关于 δ 的一至三阶导数，得 $\omega_{L5} = d\psi/d\delta$、$\alpha_{L5} = d^2\psi/d\delta^2$、$j_{L5} = d^3\psi/d\delta^3$，将它们代入 $\psi = \psi[\delta(\varphi)]$表示的式(1.1) ~ 式(1.3)中，得曲柄 1 在$[\varphi_R, \varphi_R + 2\pi]$内匀速转动时，该种机构输出构件的角位移 ψ、角速度 $\omega_5 = d\psi/dt$、角加速度 $\alpha_5 = d^2\psi/dt^2$、角加速度的一次变化率 $j_5 = d^3\psi/dt^3$ 如图 2. 13 所示。

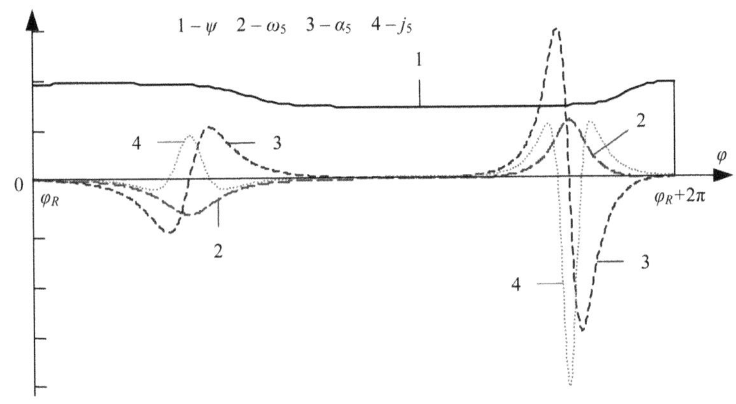

图 2.13　Ⅱ型曲柄摇杆导杆双极位直到三阶停歇的平面六杆机构传动特征

2.3　角位移到线位移型平面低副组合机构

2.3.1　Ⅰ型曲柄导杆滑块单极位直到三阶停歇的平面六杆机构

1. Ⅰ型曲柄导杆滑块单极位直到三阶停歇的平面六杆机构设计

图 2. 14 为Ⅰ型曲柄导杆滑块单极位直到三阶停歇的平面六杆机构。设曲柄 1 为主动件，滑块 5 为从动件，当滑块 5 达到下极限位置时，滑块 5 的平底与导杆 3 垂直。令 $O_1A = r_1$，$O_3A = S_1$，$O_3B = r_3$，导杆的摆角为 δ_b，滑块 5 的行

程 $H_5=r_3(1-\cos\delta_b)$，可见该种机构的尺寸设计十分简单。

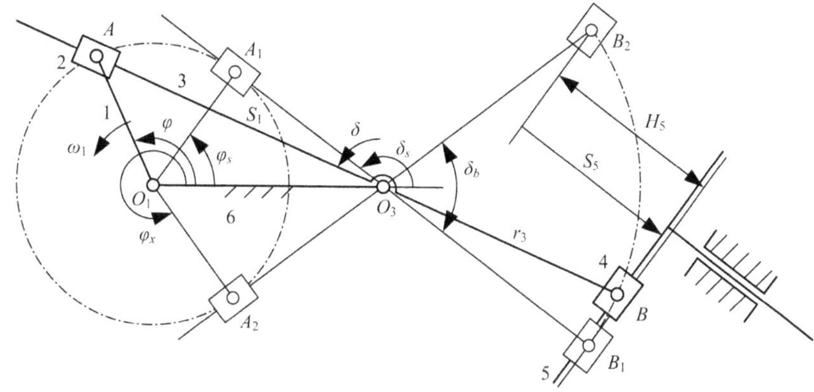

图 2.14　I 型曲柄导杆滑块单极位直到三阶停歇的平面六杆机构

2. I 型曲柄导杆滑块单极位直到三阶停歇的平面六杆机构传动函数

杆 1、2、3 和 6 组成的导杆机构的位置方程及其解如式(2.1) ~ 式(2.14)所示。在图 2. 14 中，杆 3、4、5 和 6 组成余弦机构，杆 3 的摆角 δ_b 为

$$\delta_b=2\arctan(r_1/\sqrt{d_1^2-r_1^2})=\arctan[\sqrt{r_3^2-(r_3-H_5)^2}/(r_3-H_5)] \tag{2.136}$$

滑块 5 的位移 S_5，杆 4、5 之间的相对位移 S_{45} 分别为

$$S_5=r_3\cos(0.5\delta_b+\delta-\pi)-r_3\cos\delta_b \tag{2.137}$$

$$S_{45}=r_3\sin(0.5\delta_b+\delta-\pi) \tag{2.138}$$

滑块 5 的类速度 $V_{L5}=\mathrm{d}S_5/\mathrm{d}\delta$，杆 4、5 之间的类相对速度 $V_{L45}=\mathrm{d}S_{45}/\mathrm{d}\delta$ 分别为

$$V_{L5}=-r_3\sin(0.5\delta_b+\delta-\pi) \tag{2.139}$$

$$V_{L45}=r_3\cos(0.5\delta_b+\delta-\pi) \tag{2.140}$$

当杆 5 达到下极限位置时，$\varphi_s=\pi/2-0.5\delta_b$，$\delta_s=\pi-0.5\delta_b$，由式(2.8)得导杆 3 处于 O_3A_1 位置时 $\mathrm{d}\delta/\mathrm{d}\varphi=0$，由式(2.139)得滑块 5 的类速度 $\mathrm{d}S_5/\mathrm{d}\delta=0$。为此，由式(1.6) ~ 式(1.8)得 $\mathrm{d}S_5/\mathrm{d}t$、$\mathrm{d}^2S_5/\mathrm{d}t^2$ 和 $\mathrm{d}^3S_5/\mathrm{d}t^3$ 的值分别为零。所以，该种机构的输出构件在下极限位置具有直到三阶停歇的传动特征。

3. I 型曲柄导杆滑块单极位直到三阶停歇的平面六杆机构传动特征

在图 2 .14 中，设 $H_5=0.100$ m，$d_1=0.160$ m，$\delta_b=\pi/3$ rad= 60°，$r_3=H_5/(1-\cos\delta_b)=0.1/(1-\cos60°)=0.200$ m，$r_1=d_1\sin(0.5\delta_b)=0.16\sin30°=0.080$ m。

令 $\mathrm{d}\varphi/\mathrm{d}t=1$，对式(2.139)求关于 δ 的一、二阶导数，得 $a_{L5}=\mathrm{d}^2S_5/\mathrm{d}\delta^2$、$q_{L5}=$

$d^3S_5/d\delta^3$；将以上公式代入式(1.6)～式(1.8)中，得曲柄 1 在$[\varphi_s, \varphi_s+2\pi]$内匀速转动时，该种机构的输出构件的位移 S_5、速度 $V_5 = dS_5/dt$、加速度 $a_5 = d^2S_5/dt^2$、加速度的一次变化率 $q_5 = d^3S_5/dt^3$ 如图 2. 15 所示。

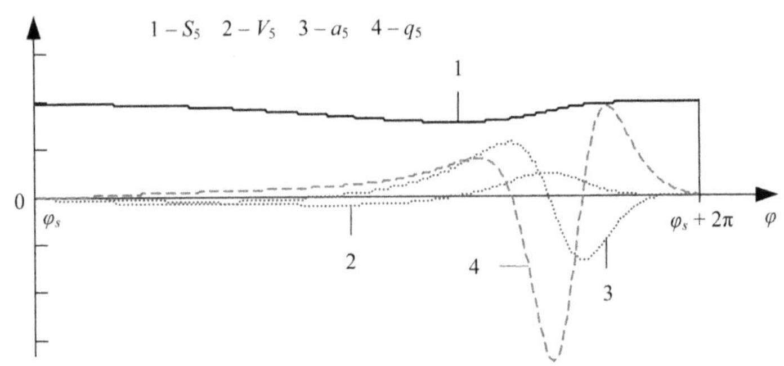

图 2.15　Ⅰ型曲柄导杆滑块单极位直到三阶停歇的平面六杆机构传动特征

2.3.2　Ⅱ型曲柄导杆滑块单极位直到三阶停歇的平面六杆机构

1. Ⅱ型曲柄导杆滑块单极位直到三阶停歇的平面六杆机构设计

图 2.16 为Ⅱ型曲柄导杆滑块单极位直到三阶停歇的平面六杆机构。设曲柄 1 为主动件，滑块 5 为从动件，当滑块 5 达到下极限位置时，滑块 5 的水平部分与导杆 3 上的 O_3B_1 部分垂直。令 $O_1O_3 = d_1$，$O_1A = r_1$，$O_1B = r_3$，滑块 5 的位移为 S_5，行程为 H_5。导杆 3 的摆角 $\delta_b = 2\arctan(r_1/\sqrt{d_1^2 - r_1^2})$，导杆 3 上的 O_3B 与 AO_3 的延长线夹角为 β，O_3B_1 与 O_3B_2 是导杆 3 的两个极限位置，β 与 δ_b 满足 $\beta + \delta_b/2 = \pi/2$。导杆 3 达到一个极限位置的曲柄转角 $\varphi_s = \pi/2 - \delta_b/2$，滑块 5 的行程 $H_5 = r_3(1-\cos\delta_b)$，可见该种机构的尺寸设计十分简单。

2. Ⅱ型曲柄导杆滑块单极位直到三阶停歇的平面六杆机构传动函数

在图 2.16 中，杆 3、4、5 和 6 组成正弦机构，滑块 5 的位移 S_5 以及滑块 4 相对于滑块 5 的位移 S_{45} 分别为

$$S_5 = r_3 + r_3\sin(\delta + \pi - \beta) \tag{2.141}$$

$$S_{45} = r_3\cos(\delta + \pi - \beta) \tag{2.142}$$

滑块 5 的类速度 $V_{L5} = dS_5/d\delta$、滑块 4 相对于滑块 5 的类速度 $V_{L45} = dS_{45}/d\delta$ 分别为

$$V_{L5} = r_3\cos(\delta + \pi - \beta) \tag{2.143}$$

$$V_{L45} = -r_3\sin(\delta + \pi - \beta) \tag{2.144}$$

当滑块 5 达到下极限位置时，$\delta_s = \pi - \delta_b/2$，$\delta_b/2 + \varphi_s = \pi/2$，由式(2.143)得滑块 5 的类速度 $\mathrm{d}S_5/\mathrm{d}\delta = 0$，由式(2.8)得导杆 3 的类角速度 $\mathrm{d}\delta/\mathrm{d}\varphi = 0$。为此，由式(1.6)～式(1.8)得 $\mathrm{d}S_5/\mathrm{d}t$、$\mathrm{d}^2S_5/\mathrm{d}t^2$ 和 $\mathrm{d}^3S_5/\mathrm{d}t^3$ 的值分别为零。所以，该组合机构的输出构件在下极限位置具有直到三阶停歇的传动特征。

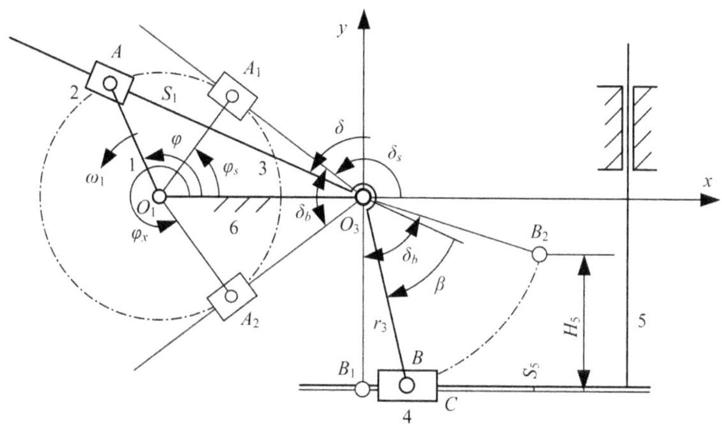

图 2.16　Ⅱ型曲柄导杆滑块单极位直到三阶停歇的平面六杆机构

当已知 H_5 与 r_3 时，$\delta_b = \arctan[\sqrt{r_3^2 - (r_3 - H_5)^2} / (r_3 - H_5)]$，再选择 d_1 之后，$r_1 = d_1 \sin(\delta_b / 2)$。

3. Ⅱ型曲柄导杆滑块单极位直到三阶停歇的平面六杆机构传动特征

在图 2.16 中，杆 1、2、3 和 6 组成的导杆机构的位置方程及其解如式(2.1)～式(2.14)所示。当 $H_5 = 0.040$ m，$r_3 = 0.160$ m，$d_1 = 0.100$ m 时，δ_b 与 r_1 分别为

$$\delta_b = \arctan[\sqrt{r_3^2 - (r_3 - H_5)^2} / (r_3 - H_5)]$$

$$= \arctan[\sqrt{0.160^2 - (0.160 - 0.040)^2} / (0.160 - 0.040)] = 41.409^\circ$$

$$r_1 = d_1 \sin(\delta_b / 2)$$

$$= 0.100 \sin(41.409^\circ / 2) = 0.035355 \text{ m}$$

对式(2.143)求关于 δ 的一、二阶导数，得 $a_{L5} = \mathrm{d}^2S_5/\mathrm{d}\delta^2$、$q_{L5} = \mathrm{d}^3S_5/\mathrm{d}\delta^3$；将以上公式代入式(1.6)～式(1.8)中，得曲柄 1 在[0，2π]内匀速转动时，该种机构的输出构件的位移 S_5、速度 $V_5 = \mathrm{d}S_5/\mathrm{d}t$、加速度 $a_5 = \mathrm{d}^2S_5/\mathrm{d}t^2$、加速度的一次变化率 $q_5 = \mathrm{d}^3S_5/\mathrm{d}t^3$ 如图 2. 17 所示。

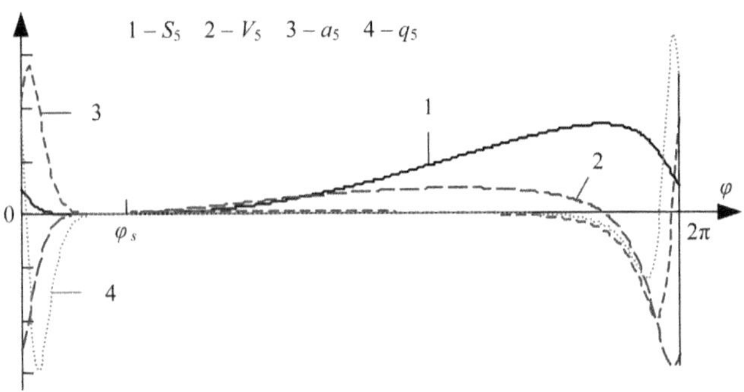

图 2.17 Ⅱ型曲柄导杆滑块单极位直到三阶停歇的平面六杆机构传动特征

2.3.3 曲柄摇杆滑块单极位直到三阶停歇的平面六杆机构

1. 曲柄摇杆滑块单极位直到三阶停歇的平面六杆机构设计

图 2.18 为曲柄摇杆滑块单极位直到三阶停歇的平面六杆机构。设曲柄 1 为主动件，滑块 5 为输出件，O_3C_1、O_3C_2 为摇杆 3 的两个极限位置，滑块 5 的运动方向平行于 O_3C_2。令 a、b、c 和 d 分别表示曲柄 1、连杆 2、摇杆 3 上 O_3C 和机架 4 上 O_1O_3 的长度，c_1 表示摇杆 3 上 CD 的长度。设摇杆 3 的摆角为 δ_b，连杆 2 的极位夹角为 θ，滑块 5 的行程为 $H_5 = (c + c_1)(1 - \cos\delta_b)$、位移为 S_5。若已知 H_5，选择了摇杆 3 的摆角 δ_b，给出了许用传动角[γ]，选择了曲柄的杆长 a，机架的长度 d，则连杆 2 与摇杆 3 的杆长可通过解析方法设计而得，见式(2.117)、式(2.118)，

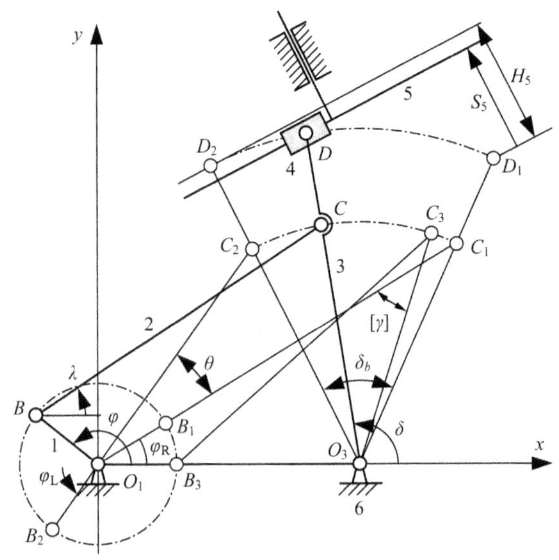

图 2.18 曲柄摇杆滑块单极位直到三阶停歇的平面六杆机构

c_1 的设计式为 $c_1 = H_5/(1-\cos\delta_b)-c$。滑块 5 在上极限位置做直到三阶的停歇。

2. 曲柄摇杆滑块单极位直到三阶停歇的平面六杆机构传动函数

在图 2.18 中，曲柄摇杆机构的运动分析见式(2.127) ~ 式(2.131)。滑块 5 的位移 S_5、类速度 $V_{L5} = \mathrm{d}S_5/\mathrm{d}\delta$ 分析如下：

$$S_5 = (c+c_1)\cos(\delta_L-\delta)-(c+c_1)\cos\delta_b \tag{2.145}$$

$$V_{L5} = \mathrm{d}S_5/\mathrm{d}\delta = (c+c_1)\sin(\delta_L-\delta) \tag{2.146}$$

3. 曲柄摇杆滑块单极位直到三阶停歇的平面六杆机构传动特征

在图 2.18 中，令 $a = 0.020$ m，$d = 0.050$ m，$\delta_b = 13\pi/36$ rad= 65°，行程速比系数 $K = 1.36842$，$\theta = 7\pi/45$ rad= 28°，$[\gamma] = \pi/6$ rad= 30°，$H_5 = 0.060$ m。

由式(2.117)、式(2.118)设计出 $b = 0.05874$ m，$c = 0.04477$ m；由式(2.121)、式(2.122)计算出 $\delta_L = 132.13°$，$\delta_R = 67.73°$；$c_1 = H_5/(1-\cos\delta_b)-c = 0.05915$ m。

令 $\mathrm{d}\varphi/\mathrm{d}t = 1$，对式(2.127) ~ 式(2.128)求关于 φ 的一至三阶导数，得 $\omega_{L3} = \mathrm{d}\delta/\mathrm{d}\varphi$、$\alpha_{L3} = \mathrm{d}^2\delta/\mathrm{d}\varphi^2$、$j_{L3} = \mathrm{d}^3\delta/\mathrm{d}\varphi^3$；对式(2.146)求关于 δ 的一、二阶导数，得 $a_{L5} = \mathrm{d}^2S_5/\mathrm{d}\delta^2$、$q_{L5} = \mathrm{d}^3S_5/\mathrm{d}\delta^3$，将它们代入式(1.6) ~ 式(1.8)中，得曲柄 1 在[0，2π]内匀速转动时，该种机构的输出构件的位移 S_5、速度 $V_5 = \mathrm{d}S_5/\mathrm{d}t$、加速度 $a_5 = \mathrm{d}^2S_5/\mathrm{d}t^2$、加速度的一次变化率 $q_5 = \mathrm{d}^3S_5/\mathrm{d}t^3$ 如图 2. 19 所示。

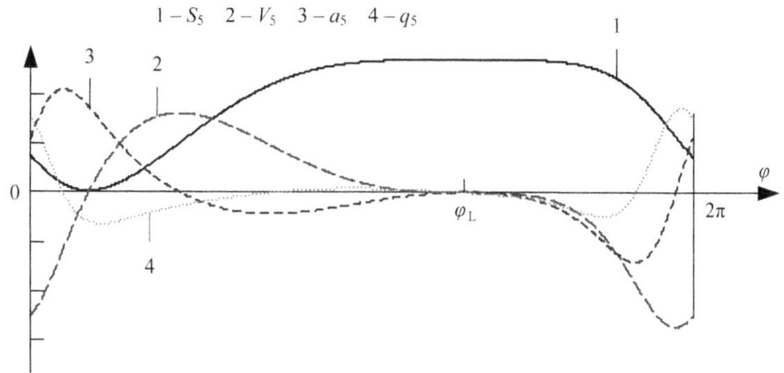

图 2.19　曲柄摇杆滑块单极位直到三阶停歇的平面六杆机构传动特征

2.4　角位移到角位移型平面高副组合机构

2.4.1　曲柄齿条摆杆双极位直到三阶停歇的平面七杆机构

1. Ⅰ型曲柄齿条摆杆双极位直到三阶停歇的平面七杆机构设计

图 2. 20 为Ⅰ型曲柄齿条摆杆双极位直到三阶停歇的平面七杆机构。设曲柄

1 为主动件，摆杆 7 为输出件，齿轮 5 与导杆 2 上的齿条部分组成齿轮齿条副，摇块 3 确保齿轮齿条之间的正确啮合。当齿轮 5 达到极限位置时，摆杆 7 的 $O_7C_L \perp O_3C_L$，$O_7C_R \perp O_3C_R$，摆杆 7 在双极位具有直到三阶停歇的传动特征。

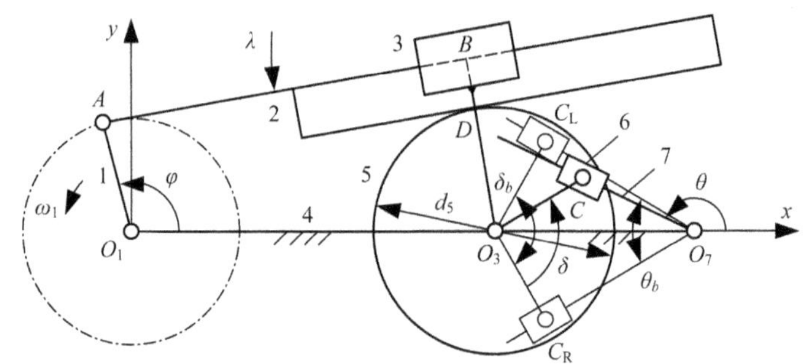

图 2.20　I 型曲柄齿条摆杆双极位直到三阶停歇的平面七杆机构

在图 2. 20 中，设曲柄 1 的长度为 r_1，角位移为 φ，导杆 2 上 A、B 点之间的长度为 S_2，角位移为 λ，摇块 3 上 O_3、B 点之间的长度为 r_3，O_1、O_3 点之间的长度为 d_4，O_3、O_7 点之间的长度为 d_{40}，齿轮 5 的直径为 d_5，C 是齿轮 5 上的一点，O_3C 的长度为 r_5，r_5 关于下极限位置 O_3C_R 的角位移为 δ、摆角为 δ_b，令 δ_b 关于 x 轴对称，摆杆 7 角位移为 θ，摆角 $\theta_b = \pi - \delta_b$。

图 2. 20 中，齿轮极位时曲柄摇块机构的位置如图 2. 21 所示，当绝对速度瞬心 P_{24} 与齿轮齿条的节点 D 重合时，齿轮上 D 点的速度等于零，该几何位置意味着齿轮 5 的角速度 ω_5 等于零，图 2. 21(a)为 O_3C 达到了右极限的位置 O_3C_R，图 2. 21(b)为 O_3C 达到了左极限的位置 O_3C_L。齿轮 5 的角位移 δ 产生于两个方面的因素，即齿条 2 相对于齿轮 5 的线位移 ΔS_2 引起齿轮 5 的角位移 $\Delta S_2/(0.5d_5)$，齿条 2 的角位移变化量 $\Delta\lambda$ 直接传给齿轮 5 的角位移为 $\Delta\lambda$，为此，齿轮 5 的角位移 δ 为

$$\delta = \Delta S_2 /(0.5d_5) + \Delta\lambda \tag{2.147}$$

在图 2. 21(a)中，当 $P_{14}P_{12}P_{24}$ 拉长在一直线上时，O_3B 到达 O_3B_R，齿轮 5 上的 O_3C 达到极限位置 O_3C_R，设 $P_{12}P_{24}$ 的长度为 h_R，$P_{24}P_{12}$ 与 $P_{24}B_R$ 之间的夹角为 γ_R，由△$O_1P_{24}O_3$、△$P_{12}B_RP_{24}$ 得关于 h_R 的设计方程组为

$$d_4^2 = (r_1 + h_R)^2 + (0.5d_5)^2 + 2(r_1 + h_R)(0.5d_5)\cos\gamma_R \tag{2.148}$$

$$\cos\gamma_R = (r_3 - 0.5d_5)/h_R \tag{2.149}$$

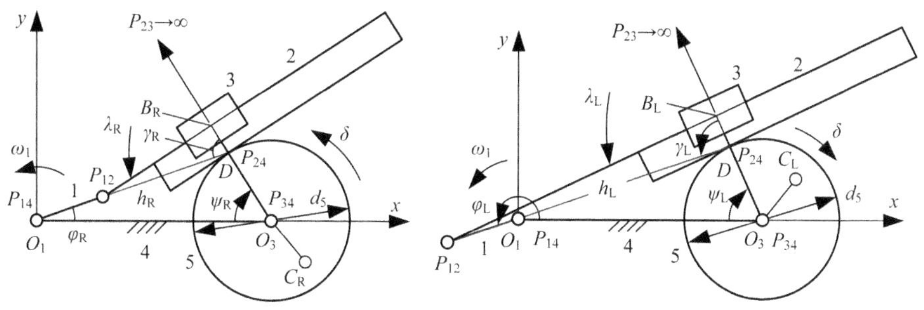

(a) 齿轮右极位时的位置图　　(b) 齿轮左极位时的位置图

图 2.21　齿轮极位时曲柄摇块机构的位置图

联立式(2.148)、式(2.149)得关于 h_R 的方程为

$$d_4^2 h_R = (r_1 + h_R)^2 h_R + (0.5d_5)^2 h_R + 2(r_1 + h_R)(0.5d_5)(r_3 - 0.5d_5)$$

$$h_R^3 + 2r_1 h_R^2 + r_1^2 h_R - d_4^2 h_R + 0.25d_5^2 h_R + d_5(r_1 r_3 - 0.5d_5 r_1 + r_3 h_R - 0.5d_5 h_R) = 0$$

$$h_R^3 + 2r_1 h_R^2 + (r_1^2 - d_4^2 + r_3 d_5 - 0.25d_5^2)h_R + d_5(r_1 r_3 - 0.5r_1 d_5) = 0 \tag{2.150}$$

令 $a_1 = 2r_1$，$b_1 = r_1^2 - d_4^2 + r_3 d_5 - 0.25d_5^2$，$c_1 = d_5(r_1 r_3 - 0.5r_1 d_5)$，式(2.150)简化为

$$h_R^3 + a_1 \cdot h_R^2 + b_1 \cdot h_R + c_1 = 0 \tag{2.151}$$

令 $h_R = y_1 - a_1/3$，消去式(2.151)中的二次方项，得

$$(y_1 - a_1/3)^3 + a_1(y_1 - a_1/3)^2 + b_1(y_1 - a_1/3) + c_1 = 0$$

$$y_1^3 - y_1^2 a_1 + y_1 a_1^2/3 - a_1^3/27 + a_1 y_1^2 - 2y_1 a_1^2/3 + a_1^3/9 + b_1 y_1 - a_1 b_1/3 + c_1 = 0$$

$$y_1^3 + (b_1 - a_1^2/3)y_1 + 2a_1^3/27 - a_1 b_1/3 + c_1 = 0 \tag{2.152}$$

令 $p_1 = b_1 - a_1^2/3$，$q_1 = 2a_1^3/27 - a_1 \cdot b_1/3 + c_1$，式(2.152)进一步转化为

$$y_1^3 + p_1 \cdot y_1 + q_1 = 0 \tag{2.153}$$

式(2.153)的一个实数解为

$$y_1 = \sqrt[3]{-\frac{q_1}{2} + \sqrt{\left(\frac{q_1}{2}\right)^2 + \left(\frac{p_1}{3}\right)^3}} + \sqrt[3]{-\frac{q_1}{2} - \sqrt{\left(\frac{q_1}{2}\right)^2 + \left(\frac{p_1}{3}\right)^3}} \tag{2.154}$$

为此，长度 h_R 的大小为

$$h_R = y_1 - 2r_1/3 \tag{2.155}$$

此时，导杆 2 上 S_2 的长度 $S_{2R} = P_{12}B_R$ 与方位角 λ_R，夹角 γ_R、ψ_R 以及曲柄 1 对应于 h_R 的角位移 φ_R 分别为

$$S_{2R} = \sqrt{h_R^2 - (r_3 - 0.5d_5)^2} \tag{2.156}$$

$$\gamma_{\mathrm{R}} = \arctan[S_{2\mathrm{R}}/(r_3 - 0.5d_5)] \tag{2.157}$$

$$(r_1 + h_{\mathrm{R}})^2 = d_4^2 + (0.5d_5)^2 - 2d_4(0.5d_5)\cos\psi_{\mathrm{R}}$$

$$\psi_{\mathrm{R}} = \arctan\frac{\sqrt{(d_4 \cdot d_5)^2 - [d_4^2 + (0.5d_5)^2 - (r_1 + h_{\mathrm{R}})^2]^2}}{d_4^2 + (0.5d_5)^2 - (r_1 + h_{\mathrm{R}})^2} \tag{2.158}$$

$$\lambda_{\mathrm{R}} = 3\pi/2 - \psi_{\mathrm{R}} \tag{2.159}$$

$$\varphi_{\mathrm{R}} = \gamma_{\mathrm{R}} - \psi_{\mathrm{R}} \tag{2.160}$$

在图 2. 21(b)中，设 O_1P_{24} 的长度为 h_{L}，则 $P_{12}P_{24}$ 的长度为 $h_{\mathrm{L}} + r_1$，由 $\triangle O_1P_{24}O_3$、$\triangle P_{12}B_{\mathrm{L}}P_{24}$ 得关于 h_{L} 的设计方程组为

$$d_4^2 = h_{\mathrm{L}}^2 + (0.5d_5)^2 + 2h_{\mathrm{L}}(0.5d_5)\cos\gamma_{\mathrm{L}} \tag{2.161}$$

$$\cos\gamma_{\mathrm{L}} = (r_3 - 0.5d_5)/(h_{\mathrm{L}} + r_1) \tag{2.162}$$

联立式(2.161)、式(2.162)得关于 h_{L} 的方程为

$$d_4^2(h_{\mathrm{L}} + r_1) = h_{\mathrm{L}}^2(h_{\mathrm{L}} + r_1) + (0.5d_5)^2(h_{\mathrm{L}} + r_1) + 2h_{\mathrm{L}}(0.5d_5)(r_3 - 0.5d_5)$$

$$h_{\mathrm{L}}^3 + r_1h_{\mathrm{L}}^2 - d_4^2h_{\mathrm{L}} - d_4^2r_1 + 0.25d_5^2h_{\mathrm{L}} + 0.25d_5^2r_1 + d_5r_3h_{\mathrm{L}} - 0.5d_5^2h_{\mathrm{L}} = 0$$

$$h_{\mathrm{L}}^3 + r_1h_{\mathrm{L}}^2 + (-d_4^2 + 0.25d_5^2 + d_5r_3 - 0.5d_5^2)h_{\mathrm{L}} - d_4^2r_1 + 0.25d_5^2r_1 = 0 \tag{2.163}$$

$a_2 = r_1$，$b_2 = -d_4^2 - 0.25d_5^2 + d_5r_3$，$c_2 = -d_4^2r_1 + 0.25d_5^2r_1$，式(2.163)简化为

$$h_{\mathrm{L}}^3 + a_2h_{\mathrm{L}}^2 + b_2h_{\mathrm{L}} + c_2 = 0 \tag{2.164}$$

令 $h_{\mathrm{L}} = y_2 - a_2/3$，消去式(2.164)中的二次方项，得

$$(y_2 - a_2/3)^3 + a_2(y_2 - a_2/3)^2 + b_2(y_2 - a_2/3) + c_2 = 0$$

$$y_2^3 - y_2^2a_2 + y_2a_2^2/3 - a_2^3/27 + a_2y_2^2 - 2y_2a_2^2/3 + a_2^3/9 + b_2y_2 - a_2b_2/3 + c_2 = 0$$

$$y_2^3 + (b_2 - a_2^2/3)y_2 + 2a_2^3/27 - a_2b_2/3 + c_2 = 0 \tag{2.165}$$

令 $p_2 = b_2 - a_2^2/3$，$q_2 = 2a_2^3/27 - a_2 \cdot b_2/3 + c_2$，式(2.165)进一步转化为

$$y_2^3 + p_2 \cdot y_2 + q_2 = 0 \tag{2.166}$$

式(2.166)的一个实数解为

$$y_2 = \sqrt[3]{-\frac{q_2}{2} + \sqrt{\left(\frac{q_2}{2}\right)^2 + \left(\frac{p_2}{3}\right)^3}} + \sqrt[3]{-\frac{q_2}{2} - \sqrt{\left(\frac{q_2}{2}\right)^2 + \left(\frac{p_2}{3}\right)^3}} \tag{2.167}$$

为此，长度 h_{L} 的大小为

$$h_{\mathrm{L}} = y_2 - r_1/3 \tag{2.168}$$

此时，导杆 2 上 S_2 的长度 $S_{2\mathrm{L}} = P_{12}B_{\mathrm{L}}$ 与方位角 λ_{L}，夹角 γ_{L}、ψ_{L} 以及曲柄 1 对应于 h_{L} 的角位移 φ_{L} 分别为

$$S_{2\mathrm{L}} = \sqrt{(h_{\mathrm{L}} + r_1)^2 - (r_3 - 0.5d_5)^2} \tag{2.169}$$

$$\gamma_L = \arctan[S_{2L}/(r_3 - 0.5d_5)] \tag{2.170}$$

$$h_L^2 = d_4^2 + (0.5d_5)^2 - 2d_4(0.5d_5)\cos\psi_L$$

$$\psi_L = \arctan\frac{\sqrt{(d_4 \cdot d_5)^2 - [d_4^2 + (0.5d_5)^2 - h_L^2]^2}}{d_4^2 + (0.5d_5)^2 - h_L^2} \tag{2.171}$$

$$\lambda_L = 3\pi/2 - \psi_L \tag{2.172}$$

$$\varphi_L = \pi - \psi_L + \gamma_R \tag{2.173}$$

为此，得齿轮 5 的角位移 δ、摆角 δ_b 分别为

$$\delta = (S_2 - S_{2R})/(0.5d_5) + \lambda - \lambda_R \tag{2.174}$$

$$\delta_b = (S_{2L} - S_{2R})/(0.5d_5) + \lambda_L - \lambda_R \tag{2.175}$$

在图 2.21 中，若令 $r_3 = 0.5d_5$，如图 2.22 所示，则 P_{24} 与 B_R、B_L 重合，$S_{2R} = P_{12R}P_{24} = h_R$，$S_{2L} = P_{12L}P_{24} = h_L$，$S_{2L} - S_{2R} = 2r_1$，$\lambda_R = \lambda_L$，由式(2.175)得摆角 δ_b 为

$$\delta_b = 2r_1/(0.5d_5) \tag{2.176}$$

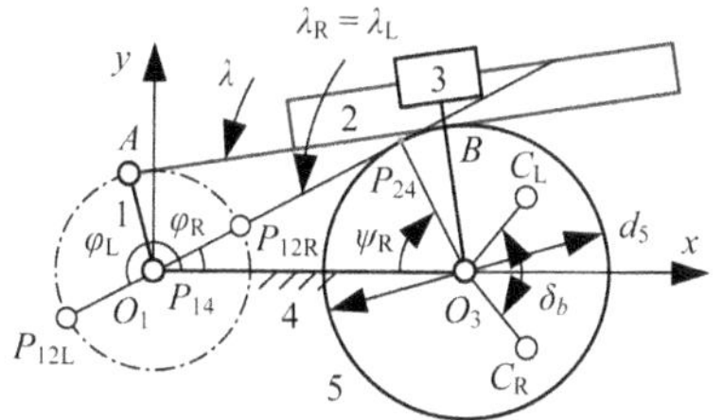

图 2.22　$r_3 = 0.5d_5$ 时齿轮极位对应的曲柄摇块机构位置图

式(2.176)是一个线性方程，当 $2r_1/(0.5d_5) = 2\pi$ 时，齿轮 5 转一整圈；当 $2r_1/(0.5d_5) = \pi$ 时，齿轮 5 转半圈；当 $2r_1/(0.5d_5) < \pi$ 时，齿轮 5 转小于半圈。

由于节点 P_{24} 的速度等于零，该几何位置意味着齿轮 5 的角速度等于零，即 O_3C 达到了两个极限位置 O_3C_L 与 O_3C_R。

2. Ⅰ型曲柄齿条摆杆双极位直到三阶停歇的平面七杆机构传动函数

在图 2. 20 中，曲柄摇块机构的位移方程及其解分别为

$$-d_4 + r_1\cos\varphi = S_2\cos\lambda + r_3\cos(\lambda - \pi/2)$$

$$r_1\sin\varphi = S_2\sin\lambda + r_3\sin(\lambda - \pi/2)$$

$$S_2\cos\lambda + r_3\sin\lambda = -d_4 + r_1\cos\varphi \tag{2.177}$$

$$S_2\sin\lambda - r_3\cos\lambda = r_1\sin\varphi \tag{2.178}$$

式(2.177)与式(2.178)各自平方相加后得

$$S_2 = \sqrt{r_1^2 - r_3^2 + d_4^2 - 2r_1 \cdot d_4 \cos\varphi} \tag{2.179}$$

将式(2.178)转化为 $\tan(\lambda/2)$得

$$2S_2 \tan(\lambda/2) - r_3[1 - \tan^2(\lambda/2)] = r_1 \sin\varphi[1 + \tan^2(\lambda/2)]$$

$$(-r_1 \sin\varphi + r_3)\tan^2(\lambda/2) + 2S_2 \tan(\lambda/2) - (r_1 \sin\varphi + r_3) = 0$$

$$\lambda = 2\arctan 2[(-S_2 - \sqrt{S_2^2 + r_3^2 - r_1^2 \sin^2\varphi})/(r_3 - r_1 \sin\varphi)] \tag{2.180}$$

对式(2.177)、式(2.178)分别求关于 φ 的一阶导数，得摇块 3 的类角速度 $\omega_{L3} = \omega_{L2} = d\lambda/d\varphi$、齿条 2 的类速度 $V_{L2} = dS_2/d\varphi$ 分别为

$$V_{L2}\cos\lambda - S_2 \sin\lambda\omega_{L3} + r_3 \cos\lambda\omega_{L3} = -r_1 \sin\varphi \tag{2.181}$$

$$V_{L2}\sin\lambda + S_2 \cos\lambda\omega_{L2} + r_3 \sin\lambda\omega_{L3} = r_1 \cos\varphi \tag{2.182}$$

$$V_{L2}\cos\lambda\sin\lambda - S_2 \sin^2\lambda\omega_{L3} + r_3 \cos\lambda\sin\lambda\omega_{L3} = -r_1 \sin\varphi\sin\lambda$$

$$V_{L2}\sin\lambda\cos\lambda + S_2 \cos^2\lambda\omega_{L3} + r_3 \sin\lambda\cos\lambda\omega_{L3} = r_1 \cos\varphi\cos\lambda$$

$$S_2\omega_{L3} = r_1 \cos(\varphi - \lambda)$$

$$\omega_{L3} = r_1 \cos(\varphi - \lambda)/S_2 \tag{2.183}$$

$$V_{L2} = r_1 \cdot d_4 \sin\varphi/S_2 \tag{2.184}$$

对式(2.174)求关于 φ 的导数，得齿轮 5 的类角速度 $\omega_{L5} = d\delta/d\varphi$ 为

$$\omega_{L5} = V_{L2}/(0.5d_5) + \omega_{L3} \tag{2.185}$$

在图 2. 20 中，设 r_5 到达极限位置 O_3C_L、O_3C_R 时，摆杆 7 与 O_3C_L、O_3C_R 分别垂直，此时，机架 4 上 O_3O_7 的长度 d_{40} 为

$$d_{40} = r_5/\cos(\delta_b/2) \tag{2.186}$$

图 2. 20 中，杆 4、5、6 和 7 组成导杆机构，如图 2.23 所示，O_3C 的位移起点为 O_3C_R，O_3C_R 的相位角为 $2\pi - \delta_b/2$，令 $CO_7 = S_7$，当齿轮 5 在 δ_b 范围内摆动时，该导杆机构的位移方程及其解分别为

$$r_5 \cos(2\pi - \delta_b/2 + \delta) - d_{40} = S_7 \cos\theta$$

$$r_5 \sin(2\pi - \delta_b/2 + \delta) = S_7 \sin\theta$$

$$r_5 \cos(\delta - \delta_b/2) - d_{40} = S_7 \cos\theta \tag{2.187}$$

$$r_5 \sin(\delta - \delta_b/2) = S_7 \sin\theta \tag{2.188}$$

$$\theta = \arctan 2\{r_5 \sin(\delta - \delta_b/2)/[r_5 \cos(\delta - \delta_b/2) - d_{40}]\} \tag{2.189}$$

$$S_7 = [r_5 \cos(\delta - \delta_b/2) - d_{40}]/\cos\theta \tag{2.190}$$

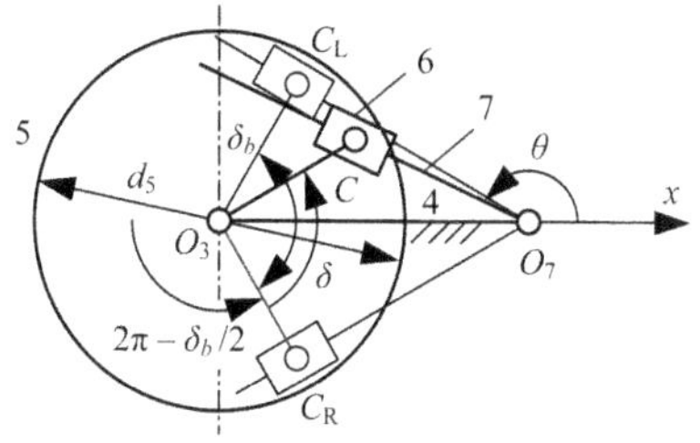

图 2.23　杆 4、5、6 和 7 组成的导杆机构

对式(2.187)、式(2.188)分别求关于 δ 的一阶导数，得摆杆 7 的类角速度 $\omega_{L7}=\mathrm{d}\theta/\mathrm{d}\delta$、滑块 6 相对于摆杆 7 的类速度 $V_{L67}=\mathrm{d}S_7/\mathrm{d}\delta$ 分别为

$$-r_5\sin(\delta-\delta_b/2)=V_{L67}\cos\theta-S_7\sin\theta\omega_{L7} \tag{2.191}$$

$$r_5\cos(\delta-\delta_b/2)=V_{L67}\sin\theta+S_7\cos\theta\omega_{L7} \tag{2.192}$$

$$-r_5\sin(\delta-\delta_b/2)\sin\theta=V_{L67}\cos\theta\sin\theta-S_7\sin^2\theta\omega_{L7}$$

$$r_5\cos(\delta-\delta_b/2)\cos\theta=V_{L67}\sin\theta\cos\theta+S_7\cos^2\theta\omega_{L7}$$

$$\omega_{L7}=r_5\cos[\theta-(\delta-\delta_b/2)]/S_7 \tag{2.193}$$

$$-r_5\sin(\delta-\delta_b/2)\cos\theta=V_{L67}\cos^2\theta-S_7\sin\theta\cos\theta\omega_{L7}$$

$$r_5\cos(\delta-\delta_b/2)\sin\theta=V_{L67}\sin^2\theta+S_7\cos\theta\sin\theta\omega_{L7}$$

$$V_{L67}=r_5\sin[\theta-(\delta-\delta_b/2)] \tag{2.194}$$

3. Ⅰ型曲柄齿条摆杆双极位直到三阶停歇的平面七杆机构传动特征

在图 2.20 中，要求的输出角 $\theta_b=43\pi/90$ rad= 86°，则 $\delta_b=\pi-\theta_b=47\pi/90$ rad= 94°，取 $r_1=0.050$ m，由式(2.176)得 $d_5=4r_1/\delta_b=4\times0.05/(47\pi/90)=0.122$ m，设 $k=r_1/d_4=0.25$，则 $d_4=r_1/k=0.05/0.25=0.2$ m，取 $r_5=0.055$ m，由式(2.186)得 $d_{40}=r_5/\cos(\delta_b/2)=0.055/\cos(47\pi/180)=0.081$ m。

令 $\mathrm{d}\varphi/\mathrm{d}t=1$，对式(2.181)～式(2.182)求关于 φ 的一、二阶导数，得 $\alpha_{L3}=\mathrm{d}^2\lambda/\mathrm{d}\varphi^2$、$j_{L3}=\mathrm{d}^3\lambda/\mathrm{d}\varphi^3$；对式(2.191)～式(2.192)求关于 δ 的一、二阶导数，得 $\alpha_{L7}=\mathrm{d}^2\theta/\mathrm{d}\delta^2$、$j_{L7}=\mathrm{d}^3\theta/\mathrm{d}\delta^3$，将它们代入式(1.1)～式(1.3)中，得曲柄 1 在$[\varphi_R,\ \varphi_R+2\pi]$内匀速转动时，该种机构输出构件的角位移 θ、角速度 $\omega_7=\mathrm{d}\theta/\mathrm{d}t$、角加速度 $\alpha_7=\mathrm{d}^2\theta/\mathrm{d}t^2$、角加速度的一次变化率 $j_7=\mathrm{d}^3\theta/\mathrm{d}t^3$ 如图 2. 24 所示。

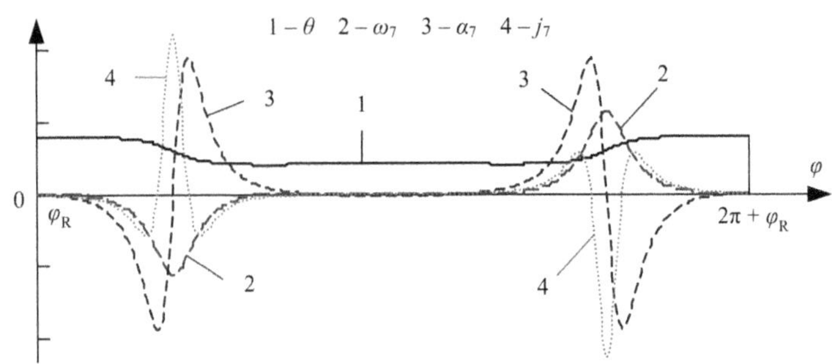

图 2.24 Ⅰ型曲柄齿条摆杆双极位直到三阶停歇的平面七杆机构传动特征

2.4.2 Ⅱ型曲柄齿条摆杆双极位直到三阶停歇的平面七杆机构

1. Ⅱ型曲柄齿条摆杆双极位直到三阶停歇的平面七杆机构设计

图 2. 25 为Ⅱ型曲柄齿条摆杆双极位直到三阶停歇的平面七杆机构。设曲柄 1 为主动件，摆杆 7 为输出件，齿轮 3 与机架部分的齿条 4 组成齿轮齿条副。当齿轮 3 达到极限位置时，摆杆 7 在双极位具有直到三阶停歇的传动特征。

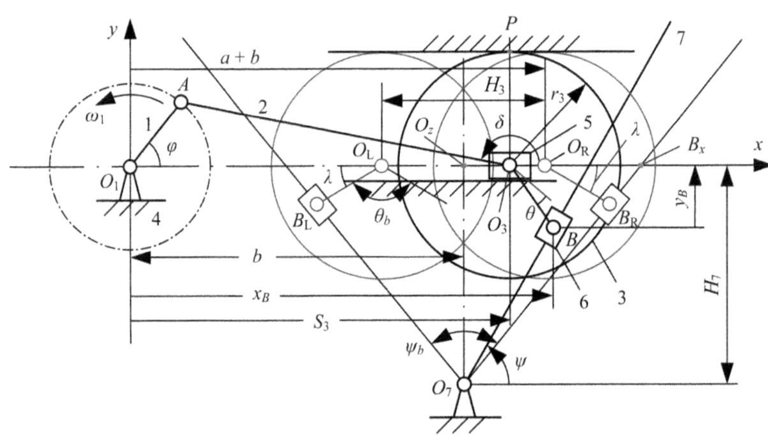

图 2.25 Ⅱ型曲柄齿条摆杆双极位直到三阶停歇的平面七杆机构

1) 等效曲柄滑块机构的设计

在图 2. 25 中，曲柄 1 的杆长 $O_1A = a$，角速度为 ω_1，连杆 2 的杆长 $AO_3 = b$，令 $k_1 = b/a$，齿轮 3 上的 B 点到 O_3 点的长度 $O_3B = c$，B 点的位移为 x_B、y_B，齿轮 3 转动中心 O_3 点的位移为 S_3，行程 $H_3 = 2a$。当把 O_3 点的运动视为一个滑块的运动时，则可以得到一个等效的曲柄滑块机构。

2) 摆线与导杆机构的设计

在图 2. 26 中，齿轮 3 上 O_3B 的初始相位角为 λ、终止相位角为 $\pi - \lambda$、相对

于初始相位角的角位移 $\theta = (S_3 - a - b) / r_3$、摆角 $\theta_b = 2a / r_3$，齿轮 3 上 B 点的摆线方程为

$$\left.\begin{aligned} x_B &= b + a + r_3\theta + c\cos[2\pi - (\lambda - \theta)] \\ y_B &= c\sin[2\pi - (\lambda - \theta)] \end{aligned}\right\} \tag{2.195}$$

$\mathrm{d}x_B / \mathrm{d}\theta = r_3 + c\sin(\lambda - \theta)$， $\mathrm{d}y_B / \mathrm{d}\theta = c\cos(\lambda - \theta)$，$B$ 点的斜率 k_2 为

$$k_2 = \mathrm{d}y_B / \mathrm{d}x_B = c\cos(\lambda - \theta)/[r_3 + c\sin(\lambda - \theta)] \tag{2.196}$$

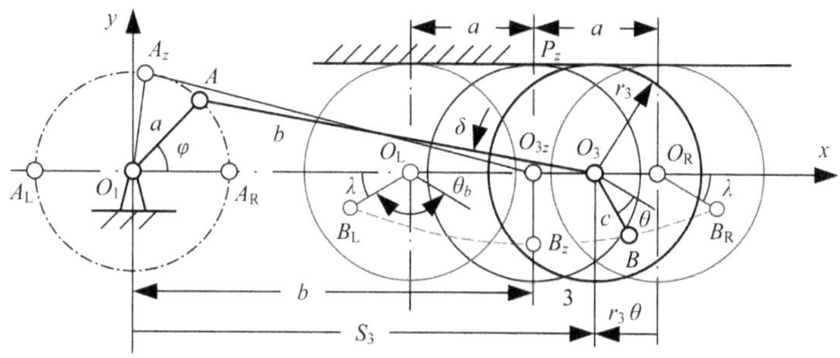

图 2.26 摆线与导杆机构的输入角 θ_b

当 $\varphi = \theta = 0$ 时，令 $k_2 = \tan(\pi/2 - 0.5\psi_b)$，即 k_2 等于摆杆 7 到达右极限位置时的斜率，于是得

$\tan(\pi / 2 - 0.5\psi_b) = c\cos\lambda / (r_3 + c\sin\lambda)$，再令 $k_3 = r_3 / c$，得

$$(k_3 + \sin\lambda)\tan(\pi / 2 - 0.5\psi_b) = \cos\lambda$$

$$\tan(\pi / 2 - 0.5\psi_b)\sin\lambda - \cos\lambda + k_3\tan(\pi / 2 - 0.5\psi_b) = 0$$

引入系数 $J_1 = \tan(\pi / 2 - 0.5\psi_b)$， $J_2 = -1$， $J_3 = k_3\tan(\pi / 2 - 0.5\psi_b)$ 得

$$J_1\sin\lambda + J_2\cos\lambda + J_3 = 0$$

令 $z = \tan(\lambda / 2)$ 得 λ 为

$$2J_1 z + J_2(1 - z^2) + J_3(1 + z^2) = 0, \quad (J_3 - J_2)z^2 + 2J_1 z + J_3 + J_2 = 0$$

$$\lambda = 2\arctan[(J_1 - \sqrt{J_1^2 + J_2^2 - J_3^2})/(J_3 - J_2)] \tag{2.197}$$

由 $\theta_b = 2a / r_3$、$\theta_b + 2\lambda = \pi$ 得 $2a/r_3 + 2\lambda = \pi$，得以 a 为参变量的 r_3 为

$$r_3 = a/(\pi / 2 - \lambda) \tag{2.198}$$

在图 2. 25 中，令 $x = O_R B_x$，对 $\triangle O_R B_R B_x$ 应用正弦定理，$x/\sin[\pi - \lambda - (0.5\pi - 0.5\psi_b) = c / \sin(0.5\pi - 0.5\psi_b)$，得 $x = c\cos(0.5\psi_b - \lambda) / \cos(0.5\psi_b)$，当要求的输出摆角为 ψ_b 时，由 Rt$\triangle O_7 O_z B_x$ 得 H_7 关于 c、H_3、ψ_b 的设计式为

$$H_7\tan(0.5\psi_b) = 0.5H_3 + x = 0.5H_3 + c\cos(0.5\psi_b - \lambda) / \cos(0.5\psi_b)$$

$$H_7 = [a + c\cos(0.5\psi_b - \lambda) / \cos(0.5\psi_b)] / \tan(0.5\psi_b) \tag{2.199}$$

当规定了 ψ_b，选择了 k_1、k_3 与 a，则可解出 λ、r_3，$H_3 = 2a$，$b = k_1 a$，$c = r_3 / k_3$，$\theta_b = 2a / r_3$，H_7 由式(2.199)计算。可见，以上设计无需迭代方法。

2. Ⅱ型曲柄齿条摆杆双极位直到三阶停歇的平面七杆机构传动函数

1) 等效曲柄滑块机构的传动函数

在图 2. 25 中，等效曲柄滑块机构的位移方程及其解分别为

$$a\sin\varphi = b\sin\delta \tag{2.200}$$

$$a\cos\varphi = S_3 + b\cos\delta \tag{2.201}$$

$$\delta = \arctan 2[a\sin\varphi/(-\sqrt{b^2-(a\sin\varphi)^2})] \tag{2.202}$$

$$S_3 = a\cos\varphi - b\cos\delta \tag{2.203}$$

对式(2.200)与式(2.201)求关于 φ 的一阶导数，得类速度方程及其解 $\omega_{L2} = \mathrm{d}\delta/\mathrm{d}\varphi$、$V_{L3} = \mathrm{d}S_3/\mathrm{d}\varphi$ 分别为

$$a\cos\varphi = b\cos\delta\omega_{L2} \tag{2.204}$$

$$-a\sin\varphi = V_{L3} - b\sin\delta\omega_{L2} \tag{2.205}$$

$$\omega_{L2} = a\cos\varphi/(b\cos\delta) \tag{2.206}$$

$$V_{L3} = -a\sin\varphi + b\omega_{L2}\sin\delta \tag{2.207}$$

齿轮 3 的角位移 θ、类角速度 $\omega_{L3} = \mathrm{d}\theta/\mathrm{d}\varphi$ 分别为

$$\theta = -(a+b-S_3)/r_3 \tag{2.208}$$

$$\omega_{L3} = V_{L3}/r_3 \tag{2.209}$$

2) 输出导杆机构的传动函数

当 $\varphi = 0$ 时，齿轮 3 上 B 点的初始位置为 $O_R B_R$，相位角为 $2\pi + \lambda$，在 φ 位置时，$O_3 B$ 的相位角为 $2\pi + \lambda + \theta$，$S_3 = r_3\theta + a + b$，B 点的位移 x_B、y_B 分别为

$$x_B = r_3\theta + a + b + c\cos(2\pi + \lambda + \theta) \tag{2.210}$$

$$y_B = c\sin(2\pi + \lambda + \theta) \tag{2.211}$$

B 点的类速度 $V_{Bx} = \mathrm{d}x_B / \mathrm{d}\theta$、$V_{By} = \mathrm{d}y_B / \mathrm{d}\theta$ 分别为

$$V_{Bx} = r_3 - c\cdot\omega_{L3}\sin(\lambda + \theta) \tag{2.212}$$

$$V_{By} = c\cdot\omega_{L3}\cos(\lambda + \theta) \tag{2.213}$$

令 $O_7 B = S_7$，导杆 7 上 $O_7 B$ 的角位移为 ψ，以 θ 为自变量，$S_3 = r_3\theta + a + b$，导杆 7 的位移方程及其解分别为

$$b + S_7\cos\psi = r_3\theta + a + b + c\cos(2\pi + \lambda + \theta) \tag{2.214}$$

$$-H_7 + S_7\sin\psi = c\sin(2\pi + \lambda + \theta) \tag{2.215}$$

$$\psi = \arctan 2\left[\frac{H_7 + c\sin(\lambda + \theta)}{r_3\theta + a + c\cos(\lambda + \theta)}\right] \tag{2.216}$$

$$S_7 = [H_7 + c\sin(\lambda+\theta)]/\sin\psi \tag{2.217}$$

对式(2.214)、式(2.215)求关于 θ 的一阶导数，得类速度方程及其解 $\omega_{L7} = \mathrm{d}\psi/\mathrm{d}\theta$、$V_{L6} = \mathrm{d}S_7/\mathrm{d}\theta$ 及其解分别为

$$V_{L6}\cos\psi - S_7\omega_{L7}\sin\psi = r_3 - c\sin(\lambda+\theta) \tag{2.218}$$

$$V_{L6}\sin\psi + S_7\omega_{L7}\cos\psi = c\cos(\lambda+\theta) \tag{2.219}$$

$$V_{L6}\cos\psi\sin\psi - S_7\omega_{L7}\sin^2\psi = r_3\sin\psi - c\sin(\lambda+\theta)\sin\psi$$

$$V_{L6}\sin\psi\cos\psi + S_7\omega_{L7}\cos^2\psi = c\cos(\lambda+\theta)\cos\psi$$

$$S_7\omega_{L7} = c\cos(\lambda+\theta)\cos\psi + c\sin(\lambda+\theta)\sin\psi - r_3\sin\psi$$

$$S_7\omega_{L7} = c\cos(\psi-\lambda-\theta) - r_3\sin\psi$$

$$\omega_{L7} = [c\cos(\psi-\lambda-\theta) - r_3\sin\psi]/S_7 \tag{2.220}$$

$$V_{L6}\cos^2\psi - S_7\omega_{L7}\sin\psi\cos\psi = r_3\cos\psi - c\sin(\lambda+\theta)\cos\psi$$

$$V_{L6}\sin^2\psi + S_7\omega_{L7}\cos\psi\sin\psi = c\cos(\lambda+\theta)\sin\psi$$

$$V_{L6} = c\cos(\lambda+\theta)\sin\psi + r_3\cos\psi - c\sin(\lambda+\theta)\cos\psi$$

$$V_{L6} = c\sin(\psi-\lambda-\theta) + r_3\cos\psi \tag{2.221}$$

3. Ⅱ型曲柄齿条摆杆双极位直到三阶停歇的平面七杆机构特征

在图 2.25 中，要求的输出角 $\psi_b = 5\pi/9$ rad= 100°，$a = 0.200$ m，$k_1 = 3.5$，$k_3 = r_3/c = 1.5$，则 $\lambda = 24.6186°$，$r_3 = 0.175266$ m，$c = r_3/k_3 = 0.1168$ m，$H_3 = 2a = 0.400$ m，$b = 0.700$ m，$H_7 = 0.30557$ m。

令 $\mathrm{d}\varphi/\mathrm{d}t = 1$，对式(2.204) ~ 式(2.205)求关于 φ 的一、二阶导数，得 $\alpha_{L2} = \mathrm{d}^2\delta/\mathrm{d}\varphi^2$、$j_{L2} = \mathrm{d}^3\delta/\mathrm{d}\varphi^3$；对式(2.208)求关于 φ 的一、二阶导数，得 $\alpha_{L3} = \mathrm{d}^2\theta/\mathrm{d}\varphi^2$、$j_{L3} = \mathrm{d}^3\theta/\mathrm{d}\varphi^3$；对式(2.218) ~ 式(2.219)求关于 θ 的一、二阶导数，得 $\alpha_{L7} = \mathrm{d}^2\psi/\mathrm{d}\theta^2$、$j_{L7} = \mathrm{d}^3\psi/\mathrm{d}\theta^3$，将它们代入 $\psi = \psi[\theta(\varphi)]$函数对应的式(1.1) ~ 式(1.3)中，得曲柄 1 在[0，2π]内匀速转动时，该种机构输出构件的角位移 ψ、角速度 $\omega_7 = \mathrm{d}\psi/\mathrm{d}t$、角加速度 $\alpha_7 = \mathrm{d}^2\psi/\mathrm{d}t^2$、角加速度的一次变化率 $j_7 = \mathrm{d}^3\psi/\mathrm{d}t^3$ 如图 2. 27 所示。

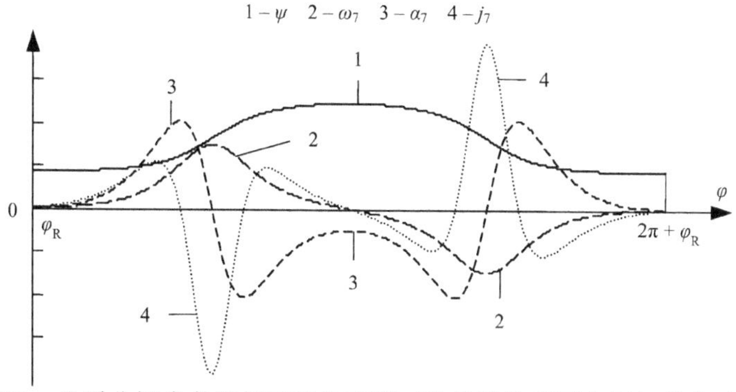

图 2.27　Ⅱ型曲柄齿条摆杆双极位直到三阶停歇的平面七杆机构传动特征

2.5　角位移到线位移型平面高副组合机构

2.5.1　Ⅰ型曲柄齿条滑块单极位直到三阶停歇的平面六杆机构

1. Ⅰ型曲柄齿条滑块单极位直到三阶停歇的平面六杆机构设计

图 2.28 为Ⅰ型曲柄齿条滑块单极位直到三阶停歇的平面六杆机构。齿轮 3 上的 B 点安装一个滑块 5，滑块 6 与滑块 5 和机架 4 分别形成移动副，滑块 5 的相对运动方向平行于 y 轴，曲柄 1 的杆长 $O_1A=a$，角速度为 ω_1，连杆 2 的杆长 $AO_3=b$，令 $k=b/a$，齿轮 3 的半径为 r_3，齿轮 3 上的 B 点到 O_3 点的长度为 c，初始相位角为 θ_0，摆角 $\theta_b=2a/r_3$，角位移为 θ，B 点的位移为 x_B、y_B，齿轮 3 转动中心 O_3 点的位移为 S_3、行程 $H_3=2a$，令 $k_1=a/r_3$。当把 O_3 点的运动视为一个滑块的运动时，则可以得到一个等效的曲柄滑块机构。

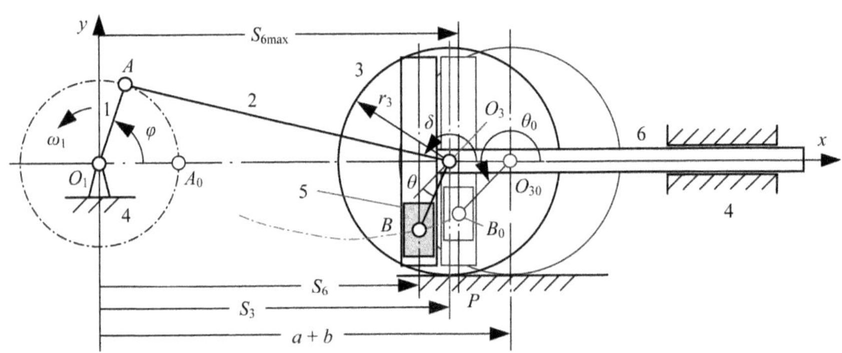

图 2.28　Ⅰ型曲柄齿条滑块单极位直到三阶停歇的平面六杆机构

等效曲柄滑块机构的位移方程及其解与式(2.200) ~ 式(2.207)相同。齿轮 3 的角位移 θ、类角速度 $\omega_{L3}=\mathrm{d}\theta/\mathrm{d}\varphi$ 分别为

$$\theta=(a+b-S_3)/r_3 \tag{2.222}$$

$$\omega_{L3}=-V_{L3}/r_3 \tag{2.223}$$

齿轮 3 上 B 点的轨迹方程为

$$\left.\begin{aligned}x_B&=a+b-r_3\theta+c\cos(\theta_0+\theta)\\y_B&=c\sin(\theta_0+\theta)\end{aligned}\right\} \tag{2.224}$$

当齿轮 3 的角位移 $\theta=0$ 时，滑块 6 的最大位移 S_{6max} 为

$$S_{6\max}=a+b+c\cos\theta_0 \tag{2.225}$$

当 $\theta=\theta_b=2a/r_3=2k_1$ 时，滑块 6 的最小位移 $S_{6\min}$ 为

$$S_{6\min}=b-a+c\cos(\theta_0+2k_1) \tag{2.226}$$

滑块 6 的行程 H_6 为

$$H_6=2a+c\cos\theta_0-c\cos(\theta_0+2k_1) \tag{2.227}$$

当已知滑块 6 的行程 H_6 时，将式(2.231)代入式(2.227)得初始相位角 θ_0 为

$$2a-r_3\cos\theta_0/\sin\theta_0+r_3\cos(\theta_0+2a/r_3)/\sin\theta_0=H_6$$

$$2a\sin\theta_0-r_3\cos\theta_0+r_3\cos(\theta_0+2k_1)-H_6\sin\theta_0=0$$

$$2a\sin\theta_0-r_3\cos\theta_0+r_3\cos\theta_0\cos(2k_1)-r_3\sin\theta_0\sin(2k_1)-H_6\sin\theta_0=0$$

$$[2a-r_3\sin(2k_1)-H_6]\sin\theta_0+[r_3\cos(2k_1)-r_3]\cos\theta_0=0$$

$$\theta_0=\arctan 2\left[\frac{r_3\cos(2k_1)-r_3}{-2a+r_3\sin(2k_1)+H_6}\right] \tag{2.228}$$

2. Ⅰ型曲柄齿条滑块单极位直到三阶停歇的平面六杆机构传动函数

滑块 6 的位移 S_6、类速度 $V_{L6}=\mathrm{d}S_6/\mathrm{d}\theta$ 分别为

$$S_6=a+b-r_3\theta+c\cos(\theta_0+\theta) \tag{2.229}$$

$$V_{L6}=-r_3-c\sin(\theta_0+\theta) \tag{2.230}$$

当 $\theta=0$ 时，令滑块 6 的类速度 $V_{L6}=0$，得 θ_0、c 与 r_3 的关系为

$$c=-r_3/\sin\theta_0 \tag{2.231}$$

在图 2. 28 中，齿轮 3、滑块 5、滑块 6 与机架 4 的速度瞬心如图 2. 29 所示，此时，速度瞬心 P_{36} 的速度 $V_{P36}\neq 0$。当 $\varphi=0$、$\theta=0$ 时，令 $V_{P36}=0$，即 $V_{L6}=0$，则 P_{36} 应与 P_{34} 重合，此时，θ_0 与 c 的几何关系如图 2. 30 所示，$c=-r_3/\sin\theta_0$ 成立。

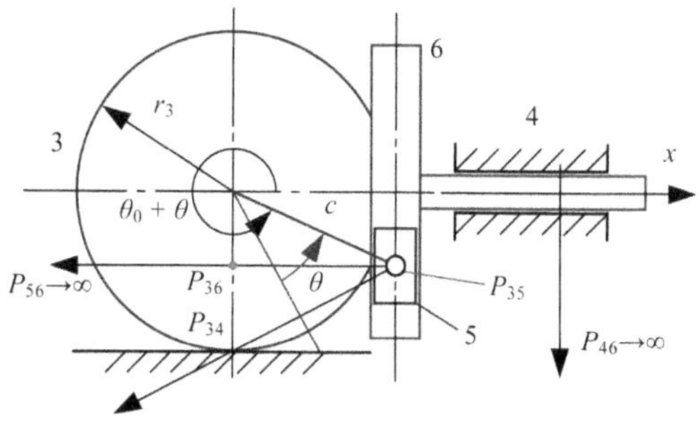

图 2.29　$\theta\neq 0$、$V_{L6}\neq 0$ 时机构的几何关系

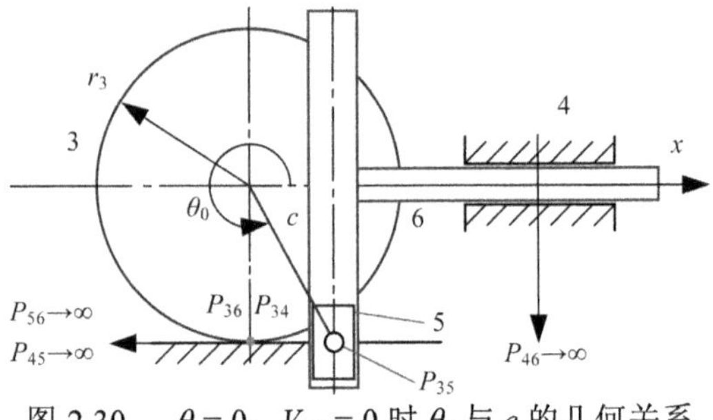

图 2.30　$\theta = 0$、$V_{L6} = 0$ 时 θ_0 与 c 的几何关系

3. Ⅰ型曲柄齿条滑块单极位直到三阶停歇的平面六杆机构传动特征

在图 2.28 中，要求的输出行程 $H_6 = 0.280$ m，$k = b/a = 3.5$，$k_1 = a/r_3 = 0.8$，$a = 0.140$ m 时，$r_3 = a/k_1 = 0.140/0.8 = 0.175$ m，$b = a\cdot k = 0.140\times 3.5 = 0.490$ m。

由式(2.228)得 θ_0 为

$$\theta_0 = \arctan 2\left[\frac{0.175\cos(2\times 0.8) - 0.175}{-2\times 0.140 + 0.175\sin(2\times 0.8) + 0.280}\right] = \arctan 2\left(\frac{-0.18011}{0.174925}\right)$$

$$= 2\pi - 0.8\ \text{rad} = 314.163^\circ$$

由式(2.231)得 $c = -r_3/\sin\theta_0 = -0.175/\sin 314.163^\circ = 0.244$ m。

令 $d\varphi/dt = 1$，对式(2.204)～式(2.205)求关于 φ 的一、二阶导数，得 $\alpha_{L2} = d^2\delta/d\varphi^2$、$j_{L2} = d^3\delta/d\varphi^3$；对式(2.223)求关于 φ 的一、二阶导数，得 $\alpha_{L3} = d^2\theta/d\varphi^2$、$j_{L3} = d^3\theta/d\varphi^3$；对式(2.230)求关于 θ 的一、二阶导数，得 $a_{L6} = d^2S_6/d\theta^2$、$q_{L6} = d^3S_6/d\theta^3$，将它们代入 $S = S[\theta(\varphi)]$ 函数对应的式(1.6)～式(1.8)中，得曲柄 1 在[0，2π]内匀速转动时，该种机构输出构件的位移 S_6、速度 $V_6 = dS_6/dt$、加速度 $a_6 = d^2S_6/dt^2$、加速度的一次变化率 $q_6 = d^3S_6/dt^3$ 如图 2. 31 所示，在 $\varphi = 0$ 位置，滑块 6 做直到三阶的停歇。

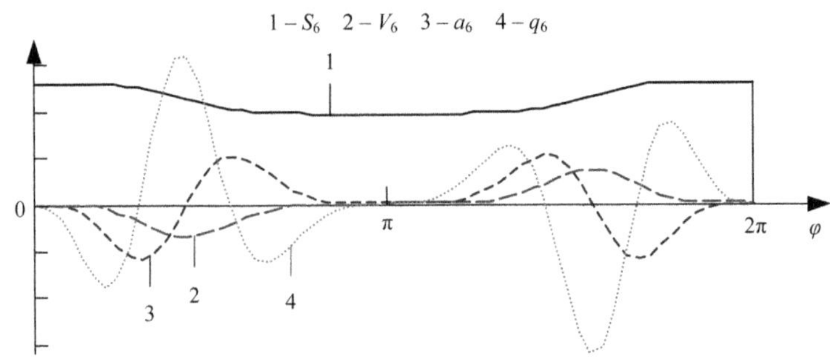

图 2.31　Ⅰ型曲柄齿条滑块单极位直到三阶停歇的平面六杆机构传动特征

2.5.2 Ⅱ型曲柄齿条滑块单极位直到三阶停歇的平面六杆机构

1. Ⅱ型曲柄齿条滑块单极位直到三阶停歇的平面六杆机构设计

图 2. 32 为Ⅱ型曲柄齿条滑块单极位直到三阶停歇的平面六杆机构。曲柄 1 的杆长 $O_1A=a$，角速度为 ω_1，连杆 2 的杆长 $AO_3=b$，令 $k=b/a$，齿轮 3 的半径为 r_3，齿轮 3 上 B 点到 O_3 点的长度为 c，初始相位角为 θ_0，摆角 $\theta_b=2a/r_3$，角位移为 θ，令 $k_1=a/r_3$，滑块 5 相对于滑块 6 的运动方向与 y 轴成 β 角。

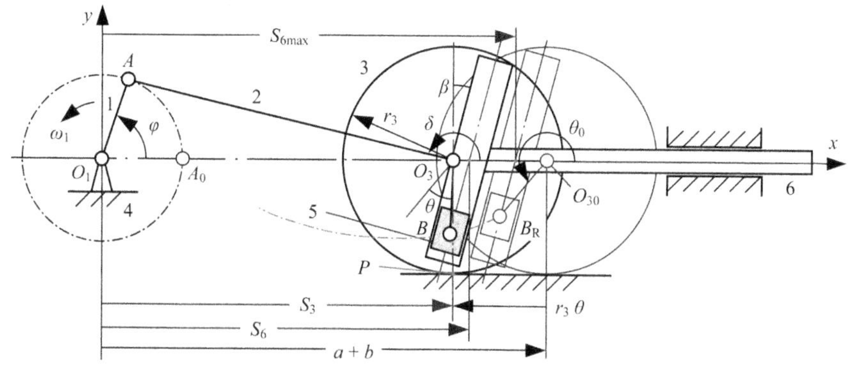

图 2.32　Ⅱ型曲柄齿条滑块单极位直到三阶停歇的平面六杆机构

当 $\theta=0$ 时，滑块 6 的最大位移 $S_{6\max}$ 为

$$S_{6\max}=b+a+c\cos\theta_0-c\sin\theta_0\tan\beta \tag{2.232}$$

当 $\theta=\theta_b=2a/r_3=2k_1$ 时，滑块 6 的最小位移 $S_{6\min}$ 为

$$S_{6\min}=b-a+c\cos(\theta_0+2k_1)-c\sin(\theta_0+2k_1)\tan\beta \tag{2.233}$$

滑块 6 的行程 $H_6=S_{6\max}-S_{6\min}$ 为

$$H_6=2a+c\cos\theta_0-c\cos(\theta_0+2k_1)-c\tan\beta\sin\theta_0+c\tan\beta\sin(\theta_0+2k_1) \tag{2.234}$$

当已知滑块 6 的行程 H_6 时，将式(2.238)与 $k_1=a/r_3$ 代入式(2.234)，得初始相位角 θ_0 为

$$\begin{aligned}H_6\sin(\theta_0+\beta)=&2a\sin(\theta_0+\beta)-r_3\cos\beta\cos\theta_0+r_3\cos\beta\cos(\theta_0+2k_1)\\&+r_3\cos\beta\tan\beta\sin\theta_0-r_3\cos\beta\tan\beta\sin(\theta_0+2k_1)\end{aligned}$$

$$\begin{aligned}H_6\sin(\theta_0+\beta)=&2a\sin(\theta_0+\beta)-r_3\cos\beta\cos\theta_0+r_3\cos\beta\cos(\theta_0+2k_1)\\&+r_3\sin\beta\sin\theta_0-r_3\sin\beta\sin(\theta_0+2k_1)\end{aligned}$$

$$\begin{aligned}&2a\cos\beta\sin\theta_0+2a\sin\beta\cos\theta_0-r_3\cos\beta\cos\theta_0+r_3\cos\beta\cos(2k_1)\cos\theta_0\\&-r_3\cos\beta\sin(2k_1)\sin\theta_0+r_3\sin\beta\sin\theta_0-r_3\sin\beta\cos(2k_1)\sin\theta_0\\&-r_3\sin\beta\sin(2k_1)\cos\theta_0-H_6\cos\beta\sin\theta_0-H_6\sin\beta\cos\theta_0=0\end{aligned}$$

$$[2a\cos\beta - r_3\cos\beta\sin(2k_1) + r_3\sin\beta - r_3\sin\beta\cos(2k_1) - H_6\cos\beta]\sin\theta_0$$
$$+[2a\sin\beta - r_3\cos\beta + r_3\cos\beta\cos(2k_1) - r_3\sin\beta\sin(2k_1) - H_6\sin\beta]\cos\theta_0 = 0$$
$$\theta_0 = \arctan 2\left[\frac{2k_1\sin\beta - \sin\beta\sin(2k_1) - H_6\sin\beta/r_3 - \cos\beta + \cos\beta\cos(2k_1)}{-2k_1\cos\beta + \cos\beta\sin(2k_1) + H_6\cos\beta/r_3 - \sin\beta + \sin\beta\cos(2k_1)}\right] \tag{2.235}$$

在图 2. 32 中，齿轮 3、滑块 5、滑块 6 与机架 4 的速度瞬心如图 2. 33 所示，此时，速度瞬心 P_{36} 的速度 $V_{P36}\neq 0$。当 $\varphi = 0$、$\theta = 0$ 时，令 $V_{P36} = 0$，即 $V_{L6} = 0$，则 P_{36} 应与 P_{34} 重合，此时，θ_0、β 与 c 的几何关系如图 2. 34 所示。

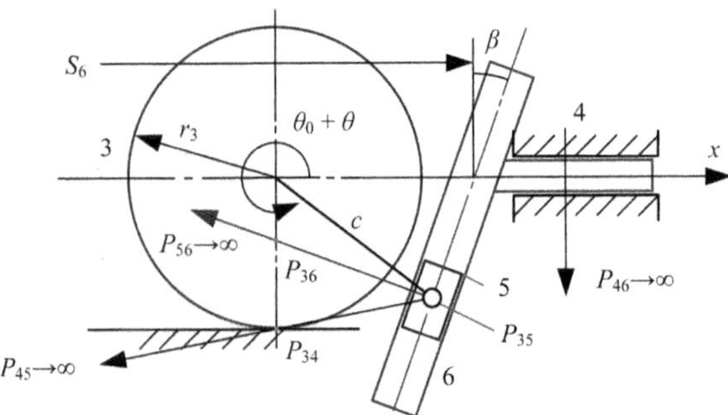

图 2.33　$\varphi\neq 0$、$\theta\neq 0$、$V_{L6}\neq 0$ 时机构的几何关系

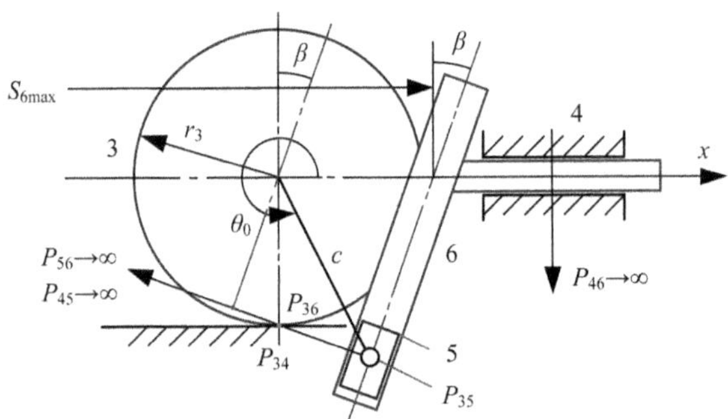

图 2.34　$\varphi = 0$、$\theta = 0$、$V_{L6} = 0$ 时 θ_0 与 c 的几何关系

2. Ⅱ型曲柄齿条滑块单极位直到三阶停歇的平面六杆机构传动函数

齿轮 3 的角位移 θ、类角速度 ω_{L3} 分别与式(2.222)、式(2.223)相同。

滑块 6 的位移 S_6、类速度 $V_{L6} = \mathrm{d}S_6/\mathrm{d}\theta$ 分别为

$$S_6 = b + a - r_3\theta + c\cos(\theta_0+\theta) - c\sin(\theta_0+\theta)\tan\beta \tag{2.236}$$

$$V_{L6} = -r_3 - c\sin(\theta_0+\theta) - c\cos(\theta_0+\theta)\tan\beta \tag{2.237}$$

当 $\theta = 0$ 时，令滑块 6 的类速度 $V_{L6} = 0$，得 θ_0、c 与 r_3 的关系为

$$\sin\theta_0 + \cos\theta_0 \tan\beta = -r_3 / c$$
$$\cos\beta\sin\theta_0 + \sin\beta\cos\theta_0 = -r_3\cos\beta / c$$
$$\sin(\theta_0 + \beta) = -r_3\cos\beta / c$$
$$c = -r_3\cos\beta / \sin(\theta_0 + \beta) \tag{2.238}$$

3. Ⅱ型曲柄齿条滑块单极位直到三阶停歇的平面六杆机构传动特征

在图 2.32 中，要求的输出行程 $H_6 = 0.280$ m，$k = b/a = 3.5$，$k_1 = a/r_3 = 0.8$，$a = 0.140$ m，$\beta = \pi/12$ rad= 15°时，$r_3 = a/k_1 = 0.140/0.8 = 0.175$ m，$b = a\cdot k = 0.140\times3.5 = 0.490$ m。

由式(2.235)得 θ_0 为

$$\theta_0 = \arctan2\left[\frac{\sin(\pi/12)(1.6-\sin1.6-0.28/0.175)-\cos(\pi/12)(1-\cos1.6)}{\cos(\pi/12)(-1.6+\sin1.6+0.28/0.175)-\sin(\pi/12)(1-\cos1.6)}\right]$$
$$= \arctan2\left(\frac{-1.2528}{0.699137}\right) = 2\pi - 1.061786\ \text{rad} = 299.164^\circ$$

由式(2.238)得 $c = -r_3\cos\beta / \sin(\theta_0+\beta) = -0.175\cos15^\circ/\sin(299.164^\circ+15^\circ) = 0.2356$ m。

令 $\mathrm{d}\varphi/\mathrm{d}t = 1$，对式(2.204)～式(2.205)求关于 φ 的一、二阶导数，得 $\alpha_{L2} = \mathrm{d}^2\delta/\mathrm{d}\varphi^2$、$j_{L2} = \mathrm{d}^3\delta/\mathrm{d}\varphi^3$；对式(2.223)求关于 φ 的一、二阶导数，得 $\alpha_{L3} = \mathrm{d}^2\theta/\mathrm{d}\varphi^2$、$j_{L3} = \mathrm{d}^3\theta/\mathrm{d}\varphi^3$；对式(2.237)求关于 θ 的一、二阶导数，得 $a_{L6} = \mathrm{d}^2S_6/\mathrm{d}\theta^2$、$q_{L6} = \mathrm{d}^3S_6/\mathrm{d}\theta^3$，将它们代入 $S = S[\theta(\varphi)]$ 函数对应的式(1.6)～式(1.8)中，得曲柄 1 在[0，2π]内匀速转动时，该种机构滑块 6 的位移 S_6、速度 $V_6 = \mathrm{d}S_6/\mathrm{d}t$、加速度 $a_6 = \mathrm{d}^2S_6/\mathrm{d}t^2$、加速度的一次变化率 $q_6 = \mathrm{d}^3S_6/\mathrm{d}t^3$ 如图 2. 35 所示，在 $\varphi = 0$ 位置，滑块 6 做直到三阶的停歇。

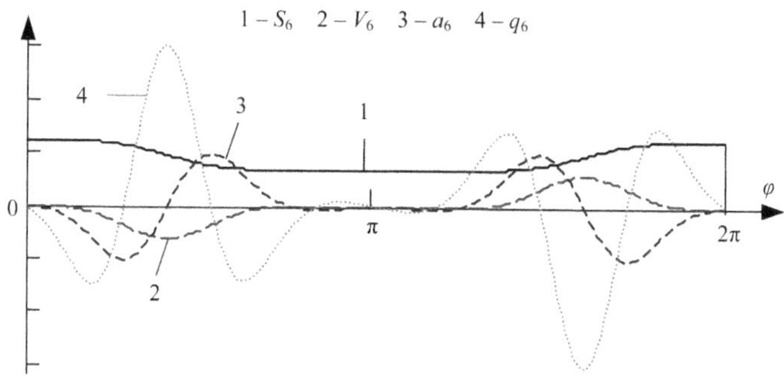

图 2.35　Ⅱ型曲柄齿条滑块单极位直到三阶停歇的平面六杆机构传动特征

2.5.3 Ⅰ型余弦齿条滑块单极位直到三阶停歇的平面七杆机构

1. Ⅰ型余弦齿条滑块单极位直到三阶停歇的平面七杆机构设计

Ⅰ型余弦齿条滑块单极位直到三阶停歇的平面七杆机构如图 2.36 所示。曲柄 1 的杆长 $O_1A = a$，角位移为 φ，角速度为 ω_1，滑杆 3 的杆长为 b_3，齿轮 5 的半径为 r_5，齿轮 5 上 P 点到 O_5 点的长度为 c，当 $\varphi = 0$ 时，初始相位角为 θ_0，角位移为 θ，令 $k_1 = a/r_5$。从动件 7 的位移为 S_7。

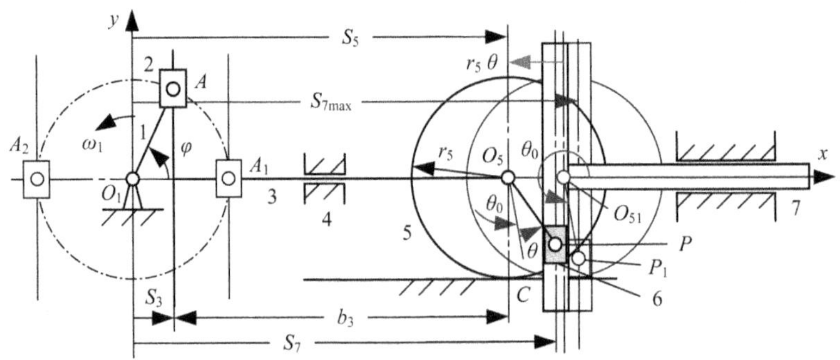

图 2.36　Ⅰ型余弦齿条滑块单极位直到三阶停歇的平面七杆机构

当 $\varphi = 0$ 时，$\theta = 0$，滑块 7 的最大位移 $S_{7\max}$ 为

$$S_{7\max} = a + b_3 + c\cos\theta_0 \tag{2.239}$$

当 $\varphi = \pi$ 时，$\theta = \theta_{\max} = 2a / r_5 = 2k_1$，滑块 7 的最小位移 $S_{7\min}$ 为

$$S_{7\min} = -a + b_3 + c\cos(\theta_0 + 2k_1) \tag{2.240}$$

滑块 7 的行程 $H_7 = S_{7\max} - S_{7\min}$ 为

$$H_7 = 2a + c\cos\theta_0 - c\cos(\theta_0 + 2k_1) \tag{2.241}$$

当已知滑块 7 的行程 H_7 时，将式(2.245)与 $k_1 = a/r_3$ 代入式(2.241)，得初始相位角为 θ_0 为

$$H_7 = 2a - r_5\cos\theta_0 / \sin\theta_0 + r_5\cos(\theta_0 + 2k_1) / \sin\theta_0$$

$$(2a - H_7)\sin\theta_0 - r_5\cos\theta_0 + r_5\cos(\theta_0 + 2k_1) = 0$$

$$(2a - H_7)\sin\theta_0 - r_5\cos\theta_0 + r_5\cos(2k_1)\cos\theta_0 - r_5\sin(2k_1)\sin\theta_0 = 0$$

$$[2a - H_7 - r_5\sin(2k_1)]\sin\theta_0 + [-r_5 + r_5\cos(2k_1)]\cos\theta_0 = 0$$

$$\theta_0 = \arctan 2\left[\frac{-r_5 + r_5\cos(2k_1)}{-2a + H_7 + r_5\sin(2k_1)}\right] \tag{2.242}$$

2. Ⅰ型余弦齿条滑块单极位直到三阶停歇的平面七杆机构传动函数

在图 2.36 中，杆 1、2、3 和 4 组成余弦机构，滑杆 3 上 A 点的水平位移 $S_3 =$

$a\cos\varphi$，类速度 $V_{L3} = -a\sin\varphi$。

齿轮 5 中心 O_5 的位移 $S_5 = a\cos\varphi + b_3$，齿轮 5 的角位移 θ、类角速度 $\omega_{L5} = d\theta/d\varphi$ 分别为

$$\theta = a(1-\cos\varphi)/r_5 \tag{2.243}$$

$$\omega_{L5} = a\sin\varphi / r_5 \tag{2.244}$$

滑块 7 的位移 S_7、类速度 $V_{L7} = dS_7/d\theta$ 分别为

$$S_7 = a + b_3 - r_5\theta + c\cos(\theta_0 + \theta) \tag{2.245}$$

$$V_{L7} = -r_5 - c\sin(\theta_0 + \theta) \tag{2.246}$$

当 $\varphi = 0$、$\theta = 0$ 时，令滑块 7 的类速度 $V_{L7} = 0$，得 θ_0、c 与 r_5 的关系为

$$c = -r_5 / \sin\theta_0 \tag{2.247}$$

3. Ⅰ型余弦齿条滑块单极位直到三阶停歇的平面七杆机构传动特征

在图 2.36 中，要求的输出行程 $H_7 = 0.100$ m，$a = 0.060$ m，$r_5 = 0.060$ m，$k_1 = a/r_5 = 1$，由式(2.242)得 θ_0 为

$$\theta_0 = \arctan 2\left[\frac{-0.06+0.06\cos 2}{-0.12+0.1+0.06\sin 2}\right] = \arctan 2\left(\frac{-0.0849688}{0.03455784}\right)$$
$$= 2\pi - 1.1845\ \text{rad} = 5.09867\ \text{rad} = 292.132^\circ$$

由式(2.247)得 $c = -0.06/\sin 5.09867 = 0.06477$ m。

令 $d\varphi/dt = 1$，对式(2.246)求关于 φ 的一、二阶导数，得 $\alpha_{L5} = d^2\theta/d\varphi^2$、$j_{L5} = d^3\theta/d\varphi^3$；对式(2.244)求关于 θ 的一、二阶导数，得 $a_{L5} = d^2\theta/d\varphi^2$、$q_{L5} = d^3\theta/d\varphi^3$，将它们代入 $S = S[\theta(\varphi)]$函数对应的式(1.6)～式(1.8)中，可得曲柄 1 在[0，2π]内匀速转动时，该种机构输出构件的位移 S_7、速度 $V_7 = dS_7/dt$、加速度 $a_7 = d^2S_7/dt^2$、加速度的一次变化率 $q_7 = d^3S_7/dt^3$，如图 2 .37 所示。移动从动件 7 在 $\varphi = 0$ 位置做直到三阶的停歇。

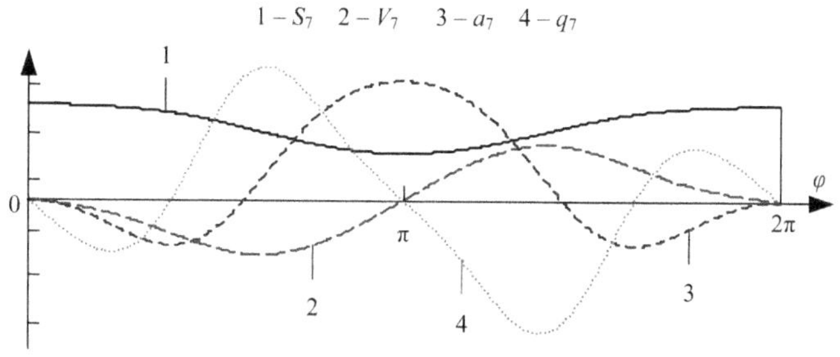

图 2.37　Ⅰ型余弦齿条滑块双极位直到三阶停歇的平面七杆机构传动特征

2.5.4　Ⅱ型余弦齿条滑块单极位直到三阶停歇的平面七杆机构

1. Ⅱ型余弦齿条滑块单极位直到三阶停歇的平面七杆机构设计

Ⅱ型余弦齿条滑块单极位直到三阶停歇的平面七杆机构如图 2.38 所示。曲柄 1 的杆长 $O_1A = a$，角位移为 φ，角速度为 ω_1，滑杆 3 的杆长为 b_3，BA 与 y 轴的夹角为 α，齿轮 5 的半径为 r_5，齿轮 5 上 P 点到 O_5 点的长度为 c，当 $\varphi = -\alpha$ 时，初始相位角为 θ_0，摆角为 θ_b，角位移为 θ，令 $k_1 = a/r_5$，滑块 6 相对于滑块 7 的运动方向与 y 轴成 β 角。从动件 7 的位移为 S_7。

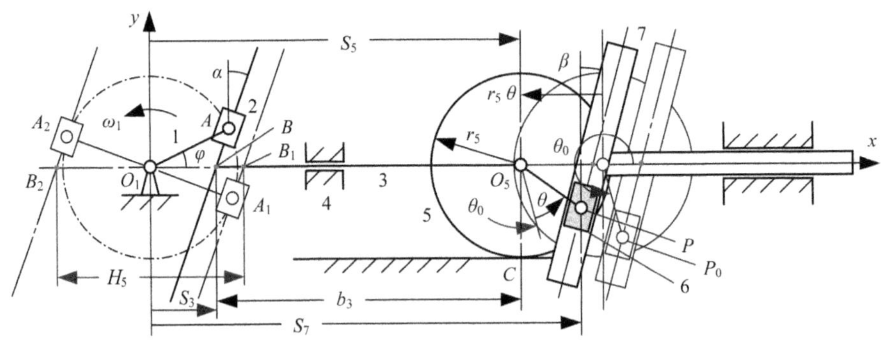

图 2.38　Ⅱ型余弦齿条滑块单极位直到三阶停歇的平面七杆机构

当 $\varphi = -\alpha$ 与 $\varphi = \pi - \alpha$ 时，B 点到达右、左极限位置 B_1、B_2，O_5 点到达右、左极限位置，O_5 点的行程 $H_5 = 2a / \cos\alpha$。

当 $\varphi = -\alpha$ 与 $\theta = 0$ 时，滑块 7 的最大位移 $S_{7\max}$ 为

$$S_{7\max} = a/\cos\alpha + b_3 + c\cos\theta_0 - c\sin\theta_0\tan\beta \tag{2.248}$$

当 $\varphi = \pi - \alpha$ 与 $\theta = \theta_b = 2a / (r_5 \cos\alpha) = 2k_1 / \cos\alpha$ 时，滑块 7 的最小位移 $S_{7\min}$ 为

$$S_{7\min} = -a/\cos\alpha + b_3 + c\cos(\theta_0 + 2k_1/\cos\alpha) - c\sin(\theta_0 + 2k_1/\cos\alpha)\tan\beta \tag{2.249}$$

滑块 7 的行程 $H_7 = S_{7\max} - S_{7\min}$ 为

$$\begin{aligned} H_7 = 2a/\cos\alpha + c\cos\theta_0 - c\cos(\theta_0 + 2k_1/\cos\alpha) \\ - c\tan\beta\sin\theta_0 + c\tan\beta\sin(\theta_0 + 2k_1/\cos\alpha) \end{aligned} \tag{2.250}$$

当已知滑块 7 的行程 H_7 时，将式(2.261)中的 $c = -r_5\cos\beta/\sin(\theta_0 + \beta)$ 与 $k_1 = a/r_3$ 代入式(2.250)，得初始相位角 θ_0 为

$$\begin{aligned} &-H_7\sin(\theta_0 + \beta) + 2a\sin(\theta_0 + \beta)/\cos\alpha \\ &-r_5\cos\beta\cos\theta_0 + r_5\cos\beta\cos(\theta_0 + 2k_1/\cos\alpha) \\ &+r_5\cos\beta\tan\beta\sin\theta_0 - r_5\cos\beta\tan\beta\sin(\theta_0 + 2k_1/\cos\alpha) = 0 \end{aligned}$$

$$
\begin{aligned}
&(H_7-2a/\cos\alpha)(\cos\beta\sin\theta_0+\sin\beta\cos\theta_0)\\
=&r_5\sin\beta\sin\theta_0-r_5\cos\beta\cos\theta_0\\
&+r_5\cos\beta\cos(2k_1/\cos\alpha)\cos\theta_0-r_5\cos\beta\sin(2k_1/\cos\alpha)\sin\theta_0\\
&-r_5\sin\beta\cos(2k_1/\cos\alpha)\sin\theta_0-r_5\sin\beta\sin(2k_1/\cos\alpha)\cos\theta_0\\
&[(H_7-2a/\cos\alpha)\cos\beta-r_5\sin\beta+r_5\cos\beta\sin(2k_1/\cos\alpha)\\
&+r_5\sin\beta\cos(2k_1/\cos\alpha)]\sin\theta_0+[(H_7-2a/\cos\alpha)\sin\beta+r_5\cos\beta\\
&-r_5\cos\beta\cos(2k_1/\cos\alpha)+r_5\sin\beta\sin(2k_1/\cos\alpha)]\cos\theta_0=0
\end{aligned}
$$

令 j_1、j_2 分别为

$$
\begin{aligned}
j_1=&(H_7-2a/\cos\alpha)\cos\beta-r_5\sin\beta+r_5\cos\beta\sin(2k_1/\cos\alpha)\\
&+r_5\sin\beta\cos(2k_1/\cos\alpha)
\end{aligned}
$$

$$
\begin{aligned}
j_2=&(H_7-2a/\cos\alpha)\sin\beta+r_5\cos\beta-r_5\cos\beta\cos(2k_1/\cos\alpha)\\
&+r_5\sin\beta\sin(2k_1/\cos\alpha)
\end{aligned}
$$

得关于 θ_0 的方程及其解分别为

$$j_1\sin\theta_0+j_2\cos\theta_0=0 \tag{2.251}$$

$$\theta_0=\arctan 2(-j_2/j_1) \tag{2.252}$$

2. Ⅱ型余弦齿条滑块单极位直到三阶停歇的平面七杆机构传动函数

在图 2.38 中，杆 1、2、3 和 4 组成余弦机构，令 $S_{23}=AB$，$S_3=O_1B$，其位移方程及其解 S_3 分别为

$$S_3+S_{23}\sin\alpha=a\cos\varphi \tag{2.253}$$

$$S_{23}\cos\alpha=a\sin\varphi \tag{2.254}$$

$$S_3=a\cos(\varphi+\alpha)/\cos\alpha \tag{2.255}$$

滑块 3 的类速度 $V_{L3}=\mathrm{d}S_3/\mathrm{d}\varphi$ 为

$$V_{L3}=-a\sin(\varphi+\alpha)/\cos\alpha \tag{2.256}$$

齿轮 5 几何中心的初始位置为 $a/\cos\alpha+b_3$，位移为 $S_5=S_3+b_3$，齿轮 5 的角位移 θ、类角速度 $\omega_{L5}=\mathrm{d}\theta/\mathrm{d}\varphi$ 分别为

$$\theta=(a/\cos\alpha-S_3)/r_5 \tag{2.257}$$

$$\omega_{L5}=-V_{L3}/r_5 \tag{2.258}$$

以 $\varphi=-\alpha$ 为位移的起点，滑块 7 的位移 S_7、类速度 $V_{L7}=\mathrm{d}S_7/\mathrm{d}\theta$ 分别为

$$
\begin{aligned}
S_7=&a/\cos\alpha+b_3+c\cos\theta_0-c\sin\theta_0\tan\beta\\
&-r_5\theta+c\cos(\theta_0+\theta)-c\sin(\theta_0+\theta)\tan\beta
\end{aligned}
\tag{2.259}
$$

$$V_{L7}=-r_5-c\sin(\theta_0+\theta)-c\cos(\theta_0+\theta)\tan\beta \tag{2.260}$$

当 $\varphi = 0$、$\theta = 0$ 时，令滑块 7 的类速度 $V_{L7} = 0$，得 θ_0、c 与 r_5 的关系为

$$\sin\theta_0 + \cos\theta_0 \tan\beta = -r_5 / c$$

$$\cos\beta \sin\theta_0 + \sin\beta\cos\theta_0 = -r_5 \cos\beta / c$$

$$\sin(\theta_0 + \beta) = -r_5 \cos\beta / c$$

$$c = -r_5 \cos\beta / \sin(\theta_0 + \beta) \tag{2.261}$$

3. Ⅱ型余弦齿条滑块单极位直到三阶停歇的平面七杆机构传动特征

令 $d\varphi/dt = 1$，对式(2.246)求关于 φ 的一、二阶导数，得 $a_{L3} = d^2S_3/d\varphi^2$、$q_{L3} = d^3S_3/d\varphi^3$；对式(2.251)求关于 φ 的一、二阶导数，得 $\alpha_{L5} = d^2\theta/d\varphi^2$、$j_{L5} = d^3\theta/d\varphi^3$；对式(2.248)求关于 θ 的一、二阶导数，得 $a_{L7} = d^2S_7/d\theta^2$、$q_{L7} = d^3S_7/d\theta^3$，将它们代入 $S = S[\theta(\varphi)]$ 函数对应的式(1.6) ~ 式(1.8)中，可得曲柄 1 在$[-\alpha, 2\pi-\alpha]$内匀速转动时，该种机构输出构件的位移 S_7、速度 $V_7 = dS_7/dt$、加速度 $a_7 = d^2S_7/dt^2$、加速度的一次变化率 $q_7 = d^3S_7/dt^3$。

(1) 在图 2.38 中，要求的输出行程 $H_7 = 0.100$ m，$a = 0.060$ m，$b_3 = 0.160$ m，$r_5 = 0.060$ m，$k_1 = a/r_5 = 1$，$\alpha = 5\pi/36$ rad $= 25^\circ$，$\beta = 0$。

由式(2.252)得 θ_0 为

$$j_1 = 0.1 - 0.12/\cos(5\pi/36) + 0.06\sin[2/\cos(5\pi/36)] = 0.01586$$

$$j_2 = 0.06 - 0.06\cos[2/\cos(5\pi/36)] = 0.095637$$

$$\theta_0 = \arctan 2(-j_2/j_1) = \arctan 2(-0.095637/0.01586)$$

$$= 2\pi - 1.406456 \text{ rad} = 4.87673 \text{ rad} = 279.416^\circ$$

由式(2.261)得 $c = -0.06/\sin 4.87673 = 0.0608$ m。

在以上条件下，该机构的传动特征如图 2.39 所示。移动从动件 7 在 $\varphi = -\alpha = -5\pi/36$ rad 位置做直到三阶的停歇。

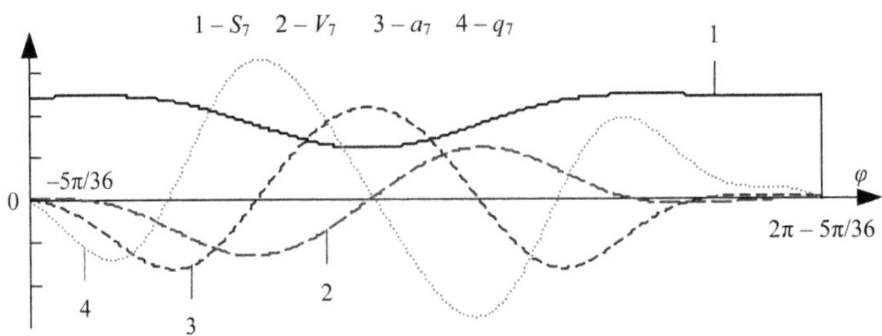

图 2.39　Ⅱ型余弦齿条滑块单极位直到三阶停歇的平面七杆机构传动特征

(2) 在图 2.38 中，要求的输出行程 $H_7 = 0.100$ m，$a = 0.060$ m，$b_3 = 0.160$ m，$r_5 = 0.060$ m，$k_1 = a/r_5 = 1$，$\alpha = 0$，$\beta = 5\pi/36$ rad$= 25^\circ$。

由式(2.252)得 θ_0 为

$$j_1 = (0.1-0.12)\cos(5\pi/36) - 0.06\sin(5\pi/36) + 0.06\cos(5\pi/36)\sin(2) + 0.06\sin(5\pi/36)\cos(2) = -0.004589$$

$$j_2 = (0.1-0.12)\sin(5\pi/36) + 0.06\cos(5\pi/36) - 0.06\cos(5\pi/36)\cos(2) + 0.06\sin(5\pi/36)\sin(2) = 0.0916127$$

$$\theta_0 = \arctan 2(-j_2/j_1) = \arctan 2(-0.0916127/-0.004589) = \pi + 1.565787\ \text{rad} = 4.70739\ \text{rad} = 269.713^\circ$$

由式(2.261)得 $c = -0.06\cos(5\pi/36)/\sin(4.70739 + 5\pi/36) = 0.05986\ \text{m}$。

在以上条件下，该机构的传动特征如图 2.40 所示。移动从动件 7 在 $\varphi = -\alpha = 0$ 位置做直到三阶的停歇。

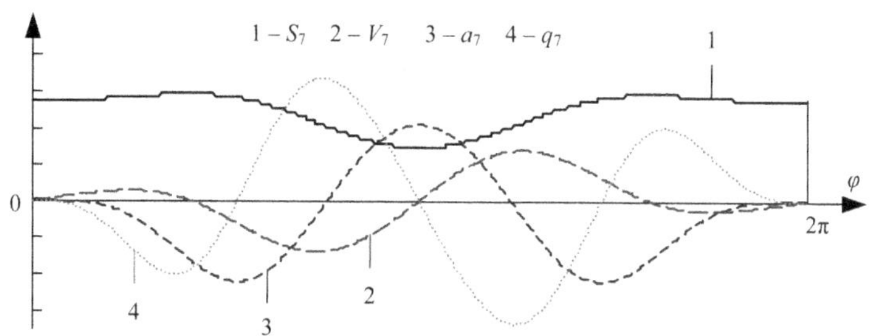

图 2.40　II 型余弦齿条滑块单极位直到三阶停歇的平面七杆机构传动特征

(3) 在图 2.38 中，要求的输出行程 $H_7 = 0.100$ m，$a = 0.060$ m，$r_5 = 0.060$ m，$k_1 = a/r_5 = 1$，$\alpha = 5\pi/36$ rad= 25°，$\beta = 5\pi/36$ rad= 25°。

$$j_1 = [0.1 - 0.12/\cos(5\pi/36)]\cos(5\pi/36) - 0.06\sin(5\pi/36) + 0.06\cos(5\pi/36)\sin[2/\cos(5\pi/36)] + 0.06\sin(5\pi/36)\cos[2/\cos(5\pi/36)] = -0.20604$$

$$j_2 = [0.1 - 0.12/\cos(5\pi/36)]\sin(5\pi/36) + 0.06\cos(5\pi/36) - 0.06\cos(5\pi/36)\cos[2/\cos(5\pi/36)] + 0.06\sin(5\pi/36)\sin[2/\cos(5\pi/36)] = 0.09338$$

$$\theta_0 = \arctan 2(-j_2/j_1) = \arctan 2(-0.09338/-0.20604) = \pi + 0.42552\ \text{rad} = 3.5671\ \text{rad} = 204.381^\circ$$

由式(2.261)得 $c = -0.06\cos(5\pi/36)/\sin(3.5671 + 5\pi/36) = 0.07164\ \text{m}$。

在以上条件下，该机构的传动特征如图 2.41 所示。移动从动件 7 在 $\varphi = -\alpha = -5\pi/36$ rad 位置做直到三阶的停歇。

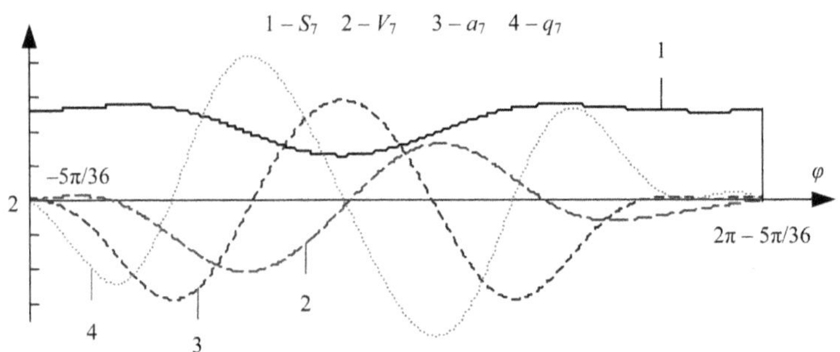

图 2.41　Ⅱ型余弦齿条滑块单极位直到三阶停歇的平面七杆机构传动特征

2.5.5　Ⅰ型曲柄齿条滑块双极位直到三阶停歇的平面六杆机构

1. Ⅰ型曲柄齿条滑块双极位直到三阶停歇的平面六杆机构设计

在图 2. 28 所示的机构中，当 $\varphi=0$、$\theta=0$ 时，令 $V_{L3}=0$ 与 $V_{L6}=0$；当 $\varphi=\pi$、$\theta=\theta_b$ 时，再令 $V_{L3}=0$ 与 $V_{L6}=0$，此时速度瞬心 P_{36} 的速度 $V_{P36}=0$，即 P_{36} 与 P_{34} 重合，于是，得到Ⅰ型曲柄齿条滑块双极位直到三阶停歇的平面六杆机构，如图 2. 42 所示。

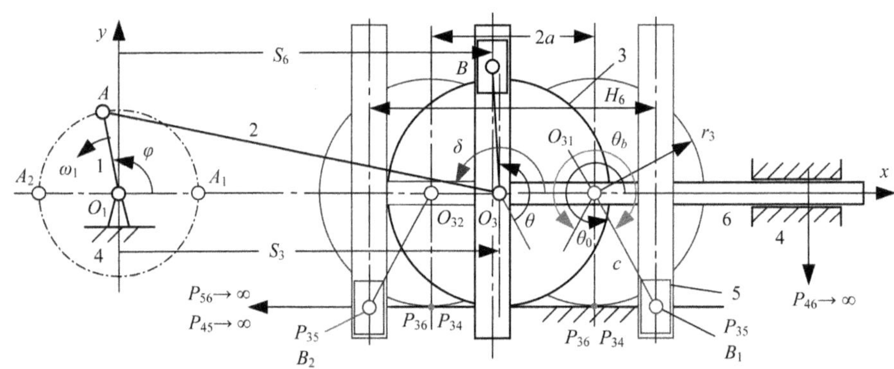

图 2.42　Ⅰ型曲柄齿条滑块双极位直到三阶停歇的平面六杆机构

由图 2. 42 所示，由于 $O_{31}B_1$ 与 $O_{32}B_2$ 关于垂线对称，得 $\cos\theta_0=-\cos(\theta_0+\theta_b)$，当 θ_0、r_3 为选择的参数时，齿轮 3 上 c 的长度为

$$c=-r_3/\sin\theta_0 \tag{2.262}$$

由图 2. 42 得滑块 6 的行程 H_6 为

$$H_6=2a+2c\cos\theta_0=2a-2r_3/\tan\theta_0 \tag{2.263}$$

当已知滑块 6 的行程 H_6 时，曲柄 1 的长度 a 为

$$a = 0.5H_6 + r_3 / \tan\theta_0 \tag{2.264}$$

齿轮 3 的摆角 $\theta_b = 2a / r_3 = \pi + 2(2\pi - \theta_0) = 5\pi - 2\theta_0$。

滑块 6 的位移 S_6 为

$$S_6 = a + b - r_3\theta + c\cos(\theta_0 + \theta) \tag{2.265}$$

齿轮 3 的角位移 θ、类角速度 ω_{L3} 分别与式(2.222)、式(2.223)相同。

2. Ⅰ型曲柄齿条滑块单极位直到三阶停歇的平面六杆机构传动特征

在图 2.42 中，要求的输出行程 $H_6 = 0.500$ m，$k = b/a = 3.5$，$r_3 = 0.175$ m，$\theta_0 = 2\pi - \pi/3 = 5\pi/3$ rad = 300°。

由式(2.262)得 $c = -r_3 / \sin\theta_0 = -0.175 / \sin(5\pi/3) = 0.20207$ m。

由式(2.264) $a = 0.5H_6 + r_3 / \tan\theta_0 = 0.5 \times 0.5 + 0.175 / \tan 300° = 0.14896$ m。

齿轮 3 的摆角 $\theta_b = 5\pi - 2\theta_0 = 5\pi - 2 \times 5\pi/3 = 5\pi/3$ rad = 300°。

Ⅱ型曲柄齿条滑块双极位直到三阶停歇的平面六杆机构的传动特征如图 2. 43 所示。该种机构的输出行程 H_6 是曲柄长度 a 的 0.5/0.14896 = 3.3566 倍。

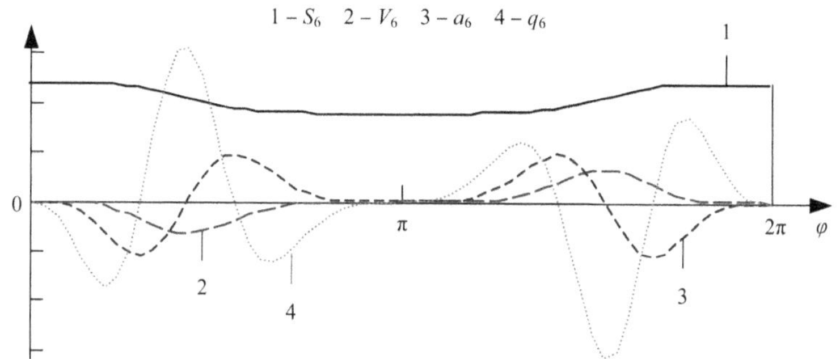

图 2.43　Ⅰ型曲柄齿条滑块双极位直到三阶停歇的平面六杆机构传动特征

2.5.6　Ⅱ型曲柄齿条滑块双极位直到三阶停歇的平面六杆机构

1. Ⅱ型曲柄齿条滑块双极位直到三阶停歇的平面六杆机构设计

在图 2. 32 所示的机构中，当 $\varphi = 0$、$\theta = 0$ 时，令 $V_{L3} = 0$ 与 $V_{L6} = 0$；当 $\varphi = \pi$、$\theta = \theta_b$ 时，再令 $V_{L3} = 0$ 与 $V_{L6} = 0$，此时速度瞬心 P_{36} 的速度 $V_{P36} = 0$，即 P_{36} 与 P_{34} 重合，于是，得到Ⅱ型曲柄齿条滑块双极位直到三阶停歇的平面六杆机构，如图 2. 44 所示。滑块 5 相对于滑块 6 的运动方向与 y 轴成 β 角。

齿轮 3 的角位移 $\theta = (a + b - S_3) / r_3$，$S_3$ 由式(2.203)计算。

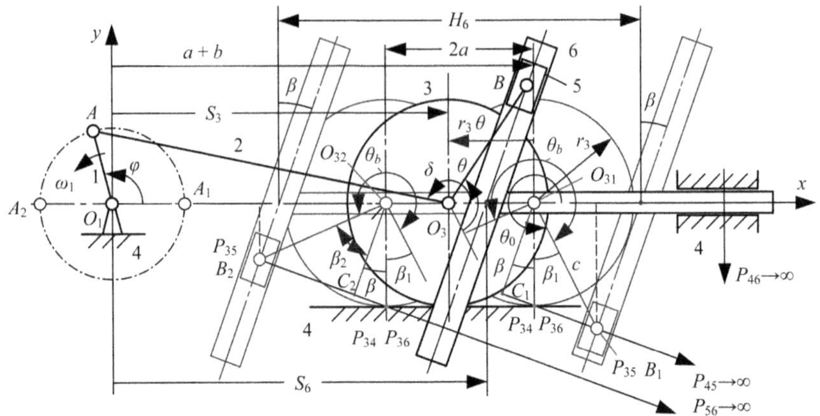

图 2.44　Ⅱ型曲柄齿条滑块双极位直到三阶停歇的平面六杆机构

滑块 6 的位移 S_6、类速度 $V_{L6} = dS_6 / d\theta$、类加速度 $a_{L6} = d^2S_6 / d\theta^2$ 与类加速度的一次变化率 $q_{L6} = d^3S_6 / d\theta^3$ 分别为

$$S_6 = b + a - r_3\theta + c\cos(\theta_0 + \theta) - c\tan\beta\sin(\theta_0 + \theta) \tag{2.266}$$

$$V_{L6} = -r_3 - c\sin(\theta_0 + \theta) - c\cos(\theta_0 + \theta)\tan\beta \tag{2.267}$$

$$a_{L6} = -c\cos(\theta_0 + \theta) + c\sin(\theta_0 + \theta)\tan\beta \tag{2.268}$$

$$q_{L6} = c\sin(\theta_0 + \theta) + c\cos(\theta_0 + \theta)\tan\beta \tag{2.269}$$

当 $\varphi = 0$、$\theta = 0$ 时，令滑块 7 的类速度 $V_{L7} = 0$；当 $\varphi = \pi$、$\theta = \theta_b$ 时，也令滑块 7 的类速度 $V_{L7} = 0$，由式(2.267)得 $V_{L7} = 0$ 的几何约束条件为

$$-c\sin\theta_0 - c\cos\theta_0\tan\beta = r_3 \tag{2.270}$$

$$-c\sin(\theta_0 + \theta_b) - c\cos(\theta_0 + \theta_b)\tan\beta = r_3 \tag{2.271}$$

当选择了齿轮 3 的摆角 θ_b 时，由式(2.270)、式(2.271)得 θ_0 为

$$\sin\theta_0 + \cos\theta_0\tan\beta - \sin(\theta_0 + \theta_b) - \cos(\theta_0 + \theta_b)\tan\beta = 0$$

$$\begin{aligned}&\sin\theta_0 + \cos\theta_0\tan\beta - \sin\theta_0\cos\theta_b - \cos\theta_0\sin\theta_b\\&-(\cos\theta_0\cos\theta_b - \sin\theta_0\sin\theta_b)\tan\beta = 0\end{aligned}$$

$$\sin\theta_0(1 - \cos\theta_b + \sin\theta_b\tan\beta) = \cos\theta_0(-\tan\beta + \sin\theta_b + \cos\theta_b\tan\beta)$$

$$\theta_0 = \arctan 2[(-\tan\beta + \sin\theta_b + \cos\theta_b\tan\beta)/(1 - \cos\theta_b + \sin\theta_b\tan\beta)] \tag{2.272}$$

由式(2.266)得滑块 6 的最大位移 $S_{6\max}$、最小位移 $S_{6\min}$，行程 $H_6 = S_{6\max} - S_{6\min}$ 分别为

$$S_{6\max} = b + a + c\cos\theta_0 - c\tan\beta\sin\theta_0$$

$$S_{6\min} = b + a - r_3\theta_b + c\cos(\theta_0 + \theta_b) - c\tan\beta\sin(\theta_0 + \theta_b)$$

$$H_6 = r_3\theta_b + c\cos\theta_0 - c\tan\beta\sin\theta_0 - c\cos(\theta_0 + \theta_b) + c\tan\beta\sin(\theta_0 + \theta_b) \quad (2.273)$$

在式(2.270)中，令 $k_1 = -1/(\sin\theta_0 + \cos\theta_0\tan\beta)$，$c = k_1 r_3$，将 c 代入式(2.273)得 r_3 为

$$H_6 = r_3\theta_b + k_1 r_3[\cos\theta_0 - \tan\beta\sin\theta_0 - \cos(\theta_0 + \theta_b) + \tan\beta\sin(\theta_0 + \theta_b)]$$

$$r_3 = H_6 / \{\theta_b + k_1[\cos\theta_0 - \tan\beta\sin\theta_0 - \cos(\theta_0 + \theta_b) + \tan\beta\sin(\theta_0 + \theta_b)]\} \quad (2.274)$$

由图 2.44 得初始结构角 β_1 为

$$\beta_1 = \theta_0 - 3\pi/2 \quad (2.275)$$

曲柄 1 的长度 a 为

$$a = r_3\theta_b / 2 \quad (2.276)$$

2.　Ⅱ型曲柄齿条滑块单极位直到三阶停歇的平面六杆机构传动特征

在图 2.44 中，要求的输出行程 $H_6 = 0.500$ m，$k = b/a = 3.5$，$\theta_b = 13\pi/9$ rad = 260°，β = 30° = π/6 rad。由式(2.272)得 θ_0 为

$$\theta_0 = \arctan 2[(-\tan\beta + \sin\theta_b + \cos\theta_b\tan\beta)/(1 - \cos\theta_b + \sin\theta_b\tan\beta)]$$

$$= \arctan 2\left(\frac{-\tan 30^\circ + \sin 260^\circ + \cos 260^\circ \tan 30^\circ}{1 - \cos 260^\circ + \sin 260^\circ \tan 30^\circ}\right)$$

$$= \arctan 2\left(\frac{-1.6624}{0.605069}\right) = 29\pi/18 \text{ rad} = 290^\circ$$

$$k_1 = -1/(\sin\theta_0 + \cos\theta_0\tan\beta) = -1/(\sin 290^\circ + \cos 290^\circ \tan 30^\circ) = 1.347296$$

由式(2.274)得齿轮 3 的半径 r_3 为

$$r_3 = 0.5/[13\pi/9 + 1.347296(\cos 290^\circ - \tan 30^\circ \sin 290^\circ - \cos 550^\circ + \tan 30^\circ \sin 550^\circ)] = 0.5/6.92136 = 0.0722 \text{ m}$$

齿轮 3 上的 $c = k_1 r_3$ = 1.347296 × 0.0722 = 0.09727 m。

由式(2.276)得曲柄长度 $a = r_3\,\theta_b/2$ = 0.0722×13π/18 = 0.1638 m。

$b = a \cdot k$ = 0.1638 × 3.5 = 0.57336 m。

Ⅱ型曲柄齿条滑块双极位直到三阶停歇的平面六杆机构的传动特征如图 2. 45 所示。该种机构的输出行程 H_6 是曲柄长度 a 的 0.5/0.1638 = 3.05 倍。

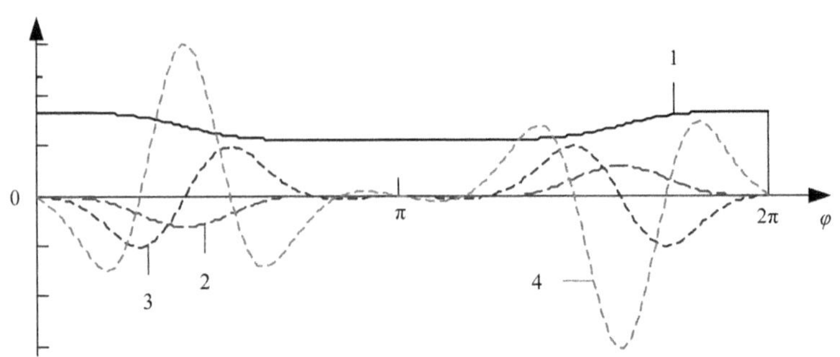

图 2.45　Ⅱ型曲柄齿条滑块双极位直到三阶停歇的平面六杆机构传动特征

2.5.7　Ⅰ型余弦齿条滑块双极位直到三阶停歇的平面七杆机构

1. Ⅰ型余弦齿条滑块双极位直到三阶停歇的平面七杆机构设计

在图 2. 36 所示的机构中，当 $\varphi=0$、$\theta=0$ 时，令 $V_{L3}=0$ 与 $V_{L7}=0$；当 $\varphi=\pi$、$\theta=\theta_b$ 时，再令 $V_{L3}=0$ 与 $V_{L7}=0$，此时速度瞬心 P_{57} 的速度 $V_{P57}=0$，即 P_{57} 与 P_{45} 重合，于是，得Ⅰ型余弦齿条滑块双极位直到三阶停歇的平面七杆机构，如图 2. 46 所示。

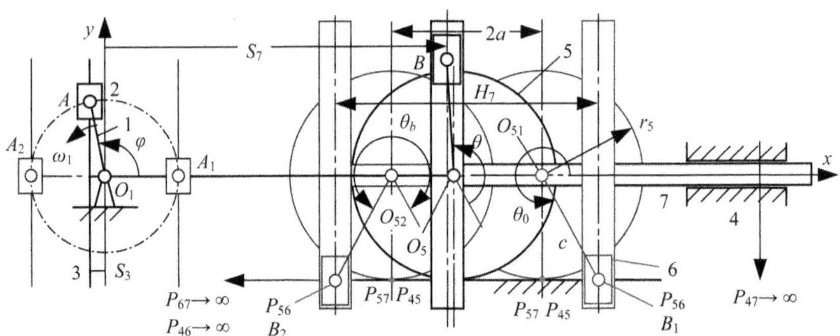

图 2.46　Ⅰ型余弦齿条滑块双极位直到三阶停歇的平面七杆机构

由图 2. 46 所示，由于 $O_{51}B_1$ 与 $O_{52}B_2$ 关于垂线对称，得 $\sin\theta_0=\sin(\theta_0+\theta_b)$，当选择了齿轮 5 的摆角 θ_b 时，θ_0 为

$$\sin\theta_0=\sin\theta_0\cos\theta_b+\cos\theta_0\sin\theta_b$$

$$\sin\theta_0(1-\cos\theta_b)=\cos\theta_0\sin\theta_b$$

$$\theta_0=\arctan 2[\sin\theta_b/(1-\cos\theta_b)] \tag{2.277}$$

滑块 7 的行程 H_7 为

$$H_7 = 2a + 2c\cos\theta_0 \tag{2.278}$$

齿轮 5 上的 c 与半径 r_5 的关系为 $c = r_5 / \sin(2\pi - \theta_0)$，曲柄 1 的长度 $a = r_5\theta_b / 2$，将它们代入式(2.278)得 r_5 为

$$r_5 = H_7 / (\theta_b - 2 / \sin\theta_0) \tag{2.279}$$

曲柄 1 的长度 a 为

$$a = r_5\theta_b / 2 \tag{2.280}$$

齿轮 5 上 c 的长度为

$$c = -r_5 / \sin\theta_0 \tag{2.281}$$

2. Ⅰ型余弦齿条滑块单极位直到三阶停歇的平面七杆机构传动函数

齿轮 5 圆心 O_5 的位移 $S_5 = a\cos\varphi + b$，$b = A_1O_{51}$，类速度 $V_{L5} = dS_5/d\varphi = -a\sin\varphi$。

齿轮 5 的角位移 $\theta = a(1-\cos\varphi)/r_5$，类角速度 $\omega_{L5} = d\theta/d\varphi = a\sin\varphi/r_5$。

滑块 7 的位移 S_7、类速度 $V_{L7} = dS_7/d\theta$ 分别为

$$S_7 = a + b - r_5\theta + c\cos(\theta_0 + \theta) \tag{2.282}$$

$$V_{L7} = -r_5 - c\sin(\theta_0 + \theta) \tag{2.283}$$

3. Ⅰ型余弦齿条滑块单极位直到三阶停歇的平面七杆机构传动特征

在图 2.46 中，要求的输出行程 $H_7 = 0.500$ m，$b = A_1O_{51} = 0.520$ m，$\theta_b = 13\pi/9$ rad = 260°。

由式(2.277)得 $\theta_0 = \arctan 2[\sin 260^\circ / (1-\cos 260^\circ)] = 16\pi/9\ \text{rad} = 320^\circ$。

由式(2.279)得 $r_5 = 0.5/(13\pi/9 - 2/\sin 320^\circ) = 0.065365\ \text{m}$。

由式(2.280)得 $a = r_5\theta_b/2 = 0.065365 \times 13\pi/18 = 0.1483\ \text{m}$。

由式(2.281)得 $c = -r_5/\sin\theta_0 = -0.065365/\sin(16\pi/9) = 0.10169\ \text{m}$。

Ⅰ型余弦齿条滑块双极位直到三阶停歇的平面七杆机构的传动特征如图 2. 47 所示，从动件 7 在 $\varphi = 0$、$\varphi = \pi$ 位置做直到三阶的停歇。该种机构的输出行程 H_7 是曲柄长度 a 的 0.5/0.1483 = 3.3715 倍。

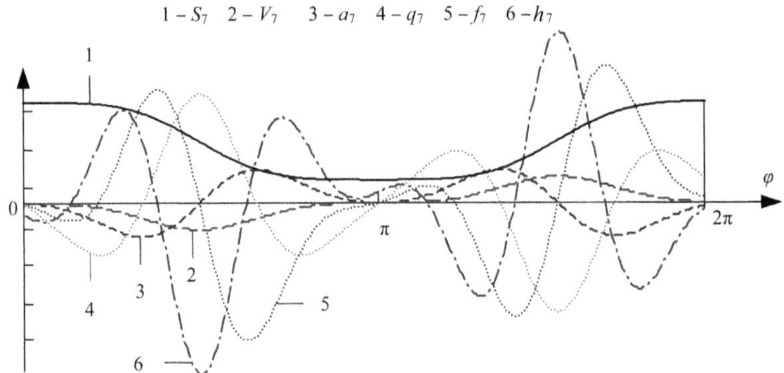

图 2.47　Ⅰ型余弦齿条滑块双极位直到三阶停歇的平面七杆机构传动特征

2.5.8　Ⅱ型余弦齿条滑块双极位直到三阶停歇的平面七杆机构

1. Ⅱ型余弦齿条滑块双极位直到三阶停歇的平面七杆机构设计

在图 2. 38 所示的机构中，当 $\varphi=-\alpha$、$\theta=0$ 时，令 $V_{L3}=0$ 与 $V_{L7}=0$；当 $\varphi=\pi-\alpha$、$\theta=\theta_b$ 时，再令 $V_{L3}=0$ 与 $V_{L7}=0$，此时速度瞬心 P_{57} 的速度 $V_{P_{57}}=0$，即 P_{57} 与 P_{45} 重合，于是，得Ⅱ型余弦齿条滑块双极位直到三阶停歇的平面七杆机构，如图 2. 48 所示。

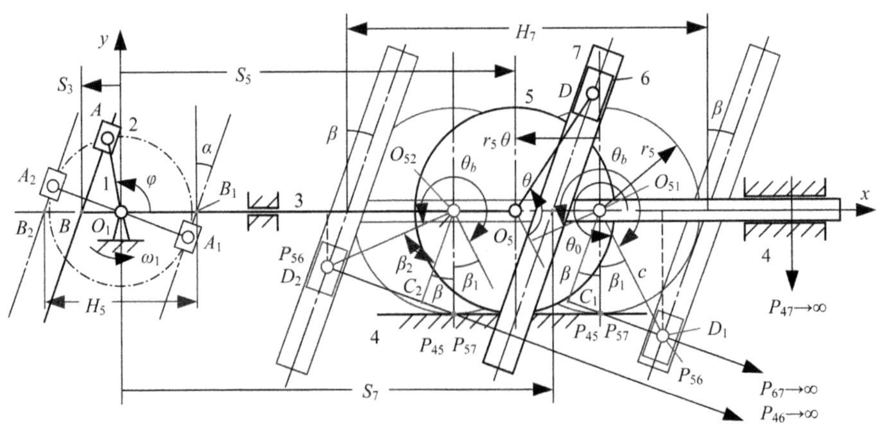

图 2.48　Ⅱ型余弦齿条滑块双极位直到三阶停歇的平面七杆机构

由图 2.48 所示，$O_{51}C_1=O_{52}C_2=r_5\cos\beta$，由 Rt△$O_{51}C_1D_1$ 得 $\cos(\beta+\beta_1)=O_{51}C_1/c=r_5\cos\beta/c$；由 Rt△$O_{52}C_2D_2$ 得 $\cos\beta_2=O_{52}C_2/c=r_5\cos\beta/c$，$\beta_1=\theta_0-3\pi/2$，$\beta_2=2\pi-\theta_b-\beta-\beta_1$，$\cos(\beta+\beta_1)=\cos(\beta+\theta_0-3\pi/2)$，$\cos\beta_2=\cos(2\pi-\theta_b-\beta-\beta_1)$，当选择了齿轮 5 的摆角 θ_b 与 β 时，由 $\cos(\beta+\beta_1)=\cos\beta_2$ 得初始角 θ_0 为

$$\beta + \theta_0 - 3\pi/2 = 2\pi - \theta_b - \beta - \beta_1$$
$$\beta + \theta_0 - 3\pi/2 = 2\pi - \theta_b - \beta - \theta_0 + 3\pi/2$$
$$2\theta_0 = 2\pi + 3\pi - 2\beta - \theta_b$$
$$\theta_0 = 5\pi/2 - \beta - \theta_b/2 \tag{2.284}$$

由图 2. 48 所示，滑块 7 的最大位移 $S_{7\max}$ 为

$$S_{7\max} = a/\cos\alpha + b + c\cos\theta_0 - c\sin\theta_0\tan\beta$$

滑块 7 的最小位移 $S_{7\min}$ 为

$$S_{7\min} = -a/\cos\alpha + b + c\cos(\theta_0 + \theta_b) - c\sin(\theta_0 + \theta_b)\tan\beta$$

滑块 7 的行程 $H_7 = S_{7\max} - S_{7\min}$ 为

$$H_7 = 2a/\cos\alpha + c\cos\theta_0 - c\tan\beta\sin\theta_0 - c\cos(\theta_0 + \theta_b) + c\tan\beta\sin(\theta_0 + \theta_b) \tag{2.285}$$

由 $\beta_1 = \theta_0 - 3\pi/2$ 与 $c\cos(\beta + \beta_1) = r_5\cos\beta$，得 $c = r_5\cos\beta/\cos(\beta + \theta_0 - 3\pi/2)$，令 $k_1 = \cos\beta/\cos(\beta + \theta_0 - 3\pi/2)$，$c = k_1 r_5$，$2a/\cos\alpha = r_5\theta_b$，将它们代入式(2.285)得齿轮的 r_5 为

$$H_7 = r_5\theta_b + k_1 r_5[\cos\theta_0 - \tan\beta\sin\theta_0 - \cos(\theta_0 + \theta_b) + \tan\beta\sin(\theta_0 + \theta_b)]$$
$$r_5 = H_7/\{\theta_b + k_1[\cos\theta_0 - \tan\beta\sin\theta_0 - \cos(\theta_0 + \theta_b) + \tan\beta\sin(\theta_0 + \theta_b)]\} \tag{2.286}$$

于是，曲柄 1 的长度 a 为

$$a = r_5\theta_b\cos\alpha/2 \tag{2.287}$$

齿轮 5 上 c 的长度为

$$c = -r_5\cos\beta/\sin(\beta + \theta_0) \tag{2.288}$$

2. II 型余弦齿条滑块双极位直到三阶停歇的平面七杆机构传动函数

齿轮 5 圆心 O_5 的位移 $S_5 = a\cos(\varphi + \alpha)/\cos\alpha + b$，$b = B_1O_{51}$，类速度 $V_{L5} = dS_5/d\varphi = -a\sin(\varphi + \alpha)/\cos\alpha$。

当 φ 从 $-\alpha$ 开始运动时，$S_{50} = S_5(\varphi = -\alpha) = a/\cos\alpha + b$，$\theta = \theta_0(\varphi = -\alpha) = 0$，齿轮 5 的角位移 $\theta = (S_{50} - S_5)/r_5 = [a/\cos\alpha - a\cos(\varphi + \alpha)/\cos\alpha]/r_5$，类角速度 $\omega_{L5} = d\theta/d\varphi = a\sin(\varphi + \alpha)/(r_5\cos\alpha)$。

滑块 7 的位移 S_7、类速度 $V_{L7} = dS_7/d\theta$ 分别为

$$S_7 = a/\cos\alpha + b - r_5\theta + c\cos(\theta_0 + \theta) - c\sin(\theta_0 + \theta)\tan\beta \tag{2.289}$$

$$V_{L7} = -r_5 - c\sin(\theta_0 + \theta) - c\cos(\theta_0 + \theta)\tan\beta \tag{2.290}$$

3. Ⅱ型余弦齿条滑块双极位直到三阶停歇的平面七杆机构传动特征

在图 2.48 中，要求的输出行程 $H_7 = 0.500$ m，$b = A_1O_{51} = 0.520$ m，$\theta_b = 13\pi/9$ rad = 260°，$\beta = \pi/9$ rad = 20°，$\alpha = \pi/9$ rad = 20°。

由式(2.284)得

$$\theta_0 = 5\pi/2 - \pi/9 - 13\pi/18 = 15\pi/9 = 300^\circ$$

$$k_1 = \cos(\pi/9)/\cos(\pi/9 + 15\pi/9 - 3\pi/2) = 1.4619$$

由式(2.286)得

$$\begin{aligned} r_5 = 0.5/\{&13\pi/9 + 1.4619[\cos(15\pi/9) - \tan(\pi/9)\sin(15\pi/9) \\ &- \cos(28\pi/9) + \tan(\pi/9)\sin(28\pi/9)]\} = 0.07224 \text{ m} \end{aligned}$$

由式(2.287)得 $a = 0.07224 \times (13\pi/9) \times \cos(\pi/9)/2 = 0.154$ m。

由式(2.288)得 $c = -0.07224\cos(\pi/9)/\sin(16\pi/9) = 0.1056$ m。

在以上条件下，该机构的传动特征如图 2.49 所示，从动件 7 在 $\varphi = \pi - \alpha$、$\varphi = 2\pi - \alpha$ 位置做直到三阶的停歇。该种机构的输出行程 H_7 是曲柄长度 a 的 0.5/0.154 = 3.2467 倍。

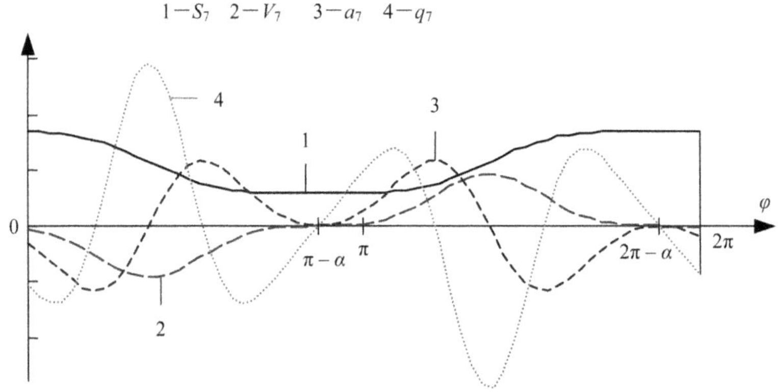

图 2.49　Ⅱ型余弦齿条滑块双极位直到三阶停歇的平面七杆机构传动特征

在图 2.48 中，要求的输出行程 $H_7 = 0.500$ m，$b = A_1O_{51} = 0.520$ m，$\theta_b = 13\pi/9$ rad = 260°，$\beta = \pi/9$ rad = 20°，$\alpha = 0$。

在以上条件下，该机构的传动特征如图 2.50 所示。

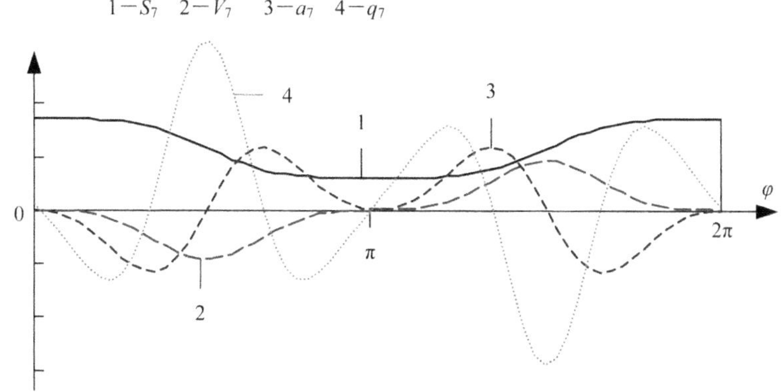

图 2.50　Ⅱ型余弦齿条滑块双极位直到三阶停歇的平面七杆机构传动特征

2.5.9　曲柄齿条对心滑块单极位直到三阶停歇的平面七杆机构

1. 曲柄齿条对心滑块单极位直到三阶停歇的平面七杆机构设计

图 2.51 (a)为曲柄齿条对心滑块单极位直到三阶停歇的平面七杆机构，前置机构为曲柄摇块机构，后置机构为曲柄滑块机构，齿轮齿条副将它们联系起来。设曲柄 1 为主动件，滑块 7 为移动从动件，齿轮 5 与导杆 2 的一部分形成齿轮齿条副，当前置机构的从动件 5 达到极限位置时，若后置机构存在双极位零阶传动函数的位置，则该组合机构的滑块 7 在双极位具有直到三阶停歇的传动特征；若后置机构存在单极位零阶传动函数的位置，则该组合机构的滑块 7 在单极位具有直到三阶停歇的传动特征。

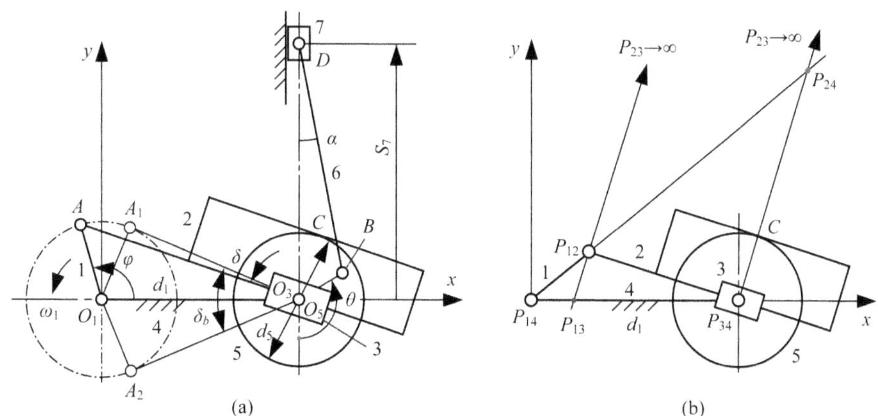

图 2.51　曲柄齿条对心滑块单极位直到三阶停歇的平面七杆机构

1) 曲柄摇块机构与齿轮的转角设计

在图 2.51 (a)中，设曲柄 1 的杆长为 r_1，角位移为 φ，导杆 2 上 AO_3 之间的长度为 S_1，角位移为 δ，O_1O_3 之间的长度为 d_1，齿条 2 的摆角 $\delta_b = 2\arcsin(r_1/d_1)$，$B$ 是齿轮 5 上的一点，$O_3B = r_5$，O_3B 的角位移为 θ，摆角为 θ_b。

齿轮 5 的角位移 θ 产生于齿条的平面运动，一是齿条 2 相对于齿轮 5 转动中心 O_5 的线位移ΔS_1引起齿轮 5 的角位移$\triangle S_1/(0.5d_5)$，二是齿条 2 的角位移变化量$\Delta\delta$ 直接传给齿轮 5 的角位移$\Delta\delta$，为此，齿轮 5 的角位移 θ 为

$$\theta = \Delta S_1/(0.5d_5) + \Delta\delta \tag{2.291}$$

图 2.51 (b)为曲柄摇块机构在一般位置时的速度瞬心图，节点 C 的速度不等于零，若让节点 C 的速度等于零，只有绝对速度瞬心 P_{24} 与节点 C 重合，这时齿轮 5 的角速度等于零，齿轮 5 达到了极限位置。

图 2.52(a)为齿轮 5 摆动到右极限位置时的机构简图，$\theta = \theta_R$，设 $P_{12}P_{24}$ 的长度为 h_R，则由$\triangle P_{14}P_{24}P_{34}$、Rt$\triangle P_{12}P_{34}P_{24}$ 得

$$d_1^2 = (r_1 + h_R)^2 + (0.5d_5)^2 - 2(r_1 + h_R)(0.5d_5)\cos\gamma_R \tag{2.292}$$

$$\cos\gamma_R = 0.5d_5/h_R \tag{2.293}$$

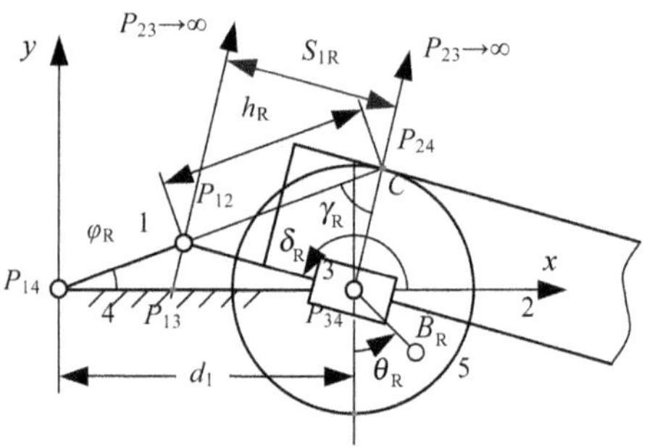

(a) 齿轮 5 摆动到右极限位置

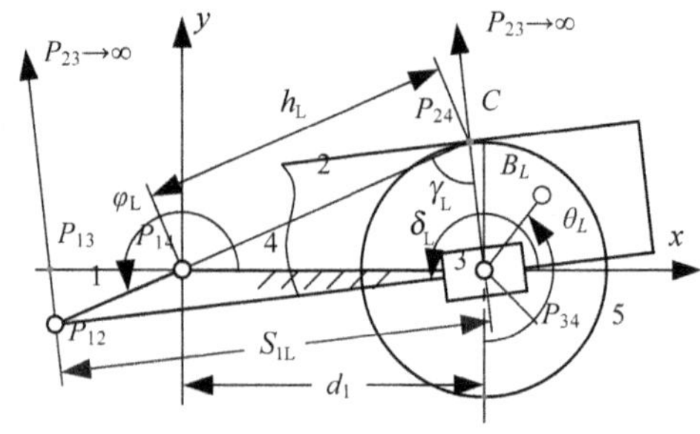

(b) 齿轮 5 摆动到左极限位置

图 2.52　齿轮到达极限位置时曲柄摇块机构的位置图

联立式(2.292)、式(2.293)得关于 h_R 的方程为

$$d_1^2=(r_1+h_R)^2+(0.5d_5)^2-0.5d_5^2(r_1+h_R)/h_R$$

$$h_R\cdot d_1^2=h_R(r_1+h_R)^2+h_R(0.5d_5)^2-0.5d_5^2(r_1+h_R)$$

$$h_R\cdot d_1^2=h_R\cdot r_1^2+2r_1\cdot h_R^2+h_R^3+0.25d_5^2\cdot h_R-0.5d_5^2\cdot r_1-0.5d_5^2\cdot h_R$$

$$h_R^3+(2r_1)h_R^2+(r_1^2-0.25d_5^2-d_1^2)h_R-(0.5d_5^2\cdot r_1)=0 \tag{2.294}$$

令 $a_1=2r_1$， $b_1=r_1^2-0.25d_5^2-d_1^2$， $c_1=-0.5d_5^2\cdot r_1$，式(2.294)简化为

$$h_R^3+a_1\cdot h_R^2+b_1\cdot h_R+c_1=0 \tag{2.295}$$

再令 $h_R=y_1-a_1/3$，式(2.295)转化为

$$(y_1-a_1/3)^3+a_1(y_1-a_1/3)^2+b_1(y_1-a_1/3)+c_1=0$$

$$y_1^3-a_1y_1^2+(a_1^2/3)y_1-a_1^3/27+a_1y_1^2-2a_1^2y_1/3+a_1^3/9+b_1y_1-a_1\cdot b_1/3+c_1=0$$

$$y_1^3+(a_1^2/3-2a_1^2/3+b_1)y_1-a_1^3/27+a_1^3/9-a_1\cdot b_1/3+c_1=0$$

$$y_1^3+(b_1-a_1^2/3)y_1+2a_1^3/27-a_1\cdot b_1/3+c_1=0 \tag{2.296}$$

令 $p_1=b_1-a_1^2/3$， $q_1=2a_1^3/27-a_1\cdot b_1/3+c_1$，式(2.296)进一步转化为

$$y_1^3+p_1\cdot y_1+q_1=0 \tag{2.297}$$

当 $p_1<0$ 时，令 $k_{r1}=\sqrt{-p_1^3/27}$，$\beta_{r1}=(1/3)\arctan 2[\sqrt{4k_{r1}^2-q_1^2}/(-q_1)]$，式(2.297)的一个实数解为

$$y_1=2\times\sqrt[3]{k_{r1}}\cos\beta_{r1} \tag{2.298}$$

于是 h_R 的大小为

$$h_R=y_1-a_1/3=y_1-2r_1/3 \tag{2.299}$$

导杆 2 上 S_1 的长度 S_{1R}、导杆 2 的方位角 δ_R 以及曲柄 1 对应的角位移 φ_R 分别为

$$S_{1R}=\sqrt{h_R^2-(0.5d_5)^2} \tag{2.300}$$

$$r_1^2=d_1^2+S_{1R}^2-2d_1\cdot S_{1R}\cos(\pi-\delta_R)$$

$$\cos(\pi-\delta_R)=(d_1^2+S_{1R}^2-r_1^2)/(2d_1\cdot S_{1R})$$

$$\delta_R=\pi-\arctan[\sqrt{(2d_1\cdot S_{1R})^2-(d_1^2+S_{1R}^2-r_1^2)^2}/(d_1^2+S_{1R}^2-r_1^2)] \tag{2.301}$$

$$S_{1R}^2=d_1^2+r_1^2-2d_1\cdot r_1\cos\varphi_R$$

$$\cos\varphi_R=(d_1^2+r_1^2-S_{1R}^2)/(2d_1\cdot r_1)$$

$$\varphi_R=\arctan[\sqrt{(2d_1\cdot r_1)^2-(d_1^2+r_1^2-S_{1R}^2)^2}/(d_1^2+r_1^2-S_{1R}^2)] \tag{2.302}$$

图 2.52(b)为齿轮 5 摆动到左极限位置的机构简图，$\theta=\theta_L$，设 $P_{14}P_{24}$ 的长度

为 h_L，则 $P_{12}P_{24}$ 的长度为 h_L+r_1，由△$P_{14}P_{24}P_{34}$、Rt△$P_{12}P_{34}P_{24}$ 分别得

$$d_1^2 = h_L^2 + (0.5d_5)^2 - 2h_L(0.5d_5)\cos\gamma_L \tag{2.303}$$

$$\cos\gamma_L = 0.5d_5/(h_L + r_1) \tag{2.304}$$

联立式(2.303)、式(2.304)得关于 h_L 的方程为

$$d_1^2 = h_L^2 + (0.5d_5)^2 - 0.5h_L \cdot d_5^2/(h_L + r_1)$$

$$d_1^2 \cdot h_L + d_1^2 \cdot r_1 = h_L^3 + r_1 \cdot h_L^2 + (0.5d_5)^2 h_L + (0.5d_5)^2 r_1 - 0.5d_5^2 \cdot h_L$$

$$h_L^3 + r_1 \cdot h_L^2 + [(0.5d_5)^2 - 0.5d_5^2 - d_1^2]h_L + (0.5d_5)^2 r_1 - d_1^2 \cdot r_1 = 0$$

$$h_L^3 + r_1 \cdot h_L^2 - (0.25d_5^2 + d_1^2)h_L + (0.5d_5)^2 r_1 - r_1 \cdot d_1^2 = 0 \tag{2.305}$$

令 $a_2 = r_1$，$b_2 = -0.25d_5^2 - d_1^2$，$c_2 = 0.25d_5^2 \cdot r_1 - r_1 \cdot d_1^2$，式(2.305)简化为

$$h_L^3 + a_2 \cdot h_L^2 + b_2 \cdot h_L + c_2 = 0 \tag{2.306}$$

令 $h_L = y_2 - a_2/3$，式(2.306)转化为

$$(y_2 - a_2/3)^3 + a_2(y_2 - a_2/3)^2 + b_2(y_2 - a_2/3) + c_2 = 0$$

$$y_2^3 - a_2 y_2^2 + (a_2^2/3)y_2 - a_2^3/27 + a_2 y_2^2 - 2a_2^2 y_2/3 + a_2^3/9 + b_2 y_2 - a_2 \cdot b_2/3 + c_2 = 0$$

$$y_2^3 + (b_2 + a_2^2/3 - 2a_2^2/3)y_2 - a_2^3/27 + a_2^3/9 - a_2 \cdot b_2/3 + c_2 = 0$$

$$y_2^3 + (b_2 - a_2^2/3)y_2 + 2a_2^3/27 - a_2 \cdot b_2/3 + c_2 = 0 \tag{2.307}$$

令 $p_2 = b_2 - a_2^2/3$，$q_2 = 2a_2^3/27 - a_2 \cdot b_2/3 + c_2$，式(2.307)进一步转化为

$$y_2^3 + p_2 \cdot y_2 + q_2 = 0 \tag{2.308}$$

当 $p_2 < 0$ 时，令 $k_{r2} = \sqrt{-p_2^3/27}$，$\beta_{r2} = (1/3)\arctan 2[\sqrt{4k_{r2}^2 - q_2^2}/(-q_2)]$，式(2.308)的一个实数解为

$$y_2 = 2\times\sqrt[3]{k_{r2}}\cos\beta_{r2} \tag{2.309}$$

于是 h_L 的大小为

$$h_L = y_2 - a_2/3 = y_2 - r_1/3 \tag{2.310}$$

导杆 2 上 S_1 的长度 S_{1L}、导杆 2 的方位角 δ_L 以及曲柄 1 对应的角位移 φ_L 分别为

$$S_{1L} = \sqrt{(h_L + r_1)^2 - (0.5d_5)^2} \tag{2.311}$$

$$r_1^2 = d_1^2 + S_{1L}^2 - 2d_1 \cdot S_{1L}\cos(\delta_L - \pi)$$

$$\cos(\delta_L - \pi) = (d_1^2 + S_{1L}^2 - r_1^2)/(2d_1 \cdot S_{1L})$$

$$\delta_L = \pi + \arctan[\sqrt{(2d_1 \cdot S_{1L})^2 - (d_1^2 + S_{1L}^2 - r_1^2)^2}/(d_1^2 + S_{1L}^2 - r_1^2)] \tag{2.312}$$

$$(0.5d_5)^2 = d_1^2 + h_L^2 - 2d_1 \cdot h_L\cos(\varphi_L - \pi)$$

$$\cos(\varphi_L - \pi) = [d_1^2 + h_L^2 - (0.5d_5)^2]/(2d_1 \cdot h_L)$$

$$\varphi_L = \pi + \arctan[\sqrt{(2d_1h_L)^2 - (d_1^2 + h_L^2 - 0.25d_5^2)^2} / (d_1^2 + h_L^2 - 0.25d_5^2)] \tag{2.313}$$

为此，齿轮 5 的角位移 θ，齿轮 5 的摆角 θ_b 分别为

$$\theta = (S_1 - S_{1R})/(0.5d_5) + \delta - \delta_R \tag{2.314}$$

$$\theta_b = (S_{1L} - S_{1R})/(0.5d_5) + \delta_L - \delta_R \tag{2.315}$$

齿轮 5 的类角速度 $\omega_{L5} = \mathrm{d}\theta/\mathrm{d}\varphi$、类角加速度 $\alpha_{L5} = \mathrm{d}^2\theta/\mathrm{d}\varphi^2$、类角加速度的一次变化率 $j_{L5} = \mathrm{d}^3\theta/\mathrm{d}\varphi^3$ 分别为

$$\omega_{L5} = V_{L23}/(0.5d_5) + \omega_{L3} \tag{2.316}$$

$$\alpha_{L5} = a_{L23}/(0.5d_5) + \alpha_{L3} \tag{2.317}$$

$$j_{L5} = q_{L23}/(0.5d_5) + j_{L3} \tag{2.318}$$

在图 2.52(a)中，当 $\varphi = \varphi_R$ 时，$\theta = \theta_R$，滑块 7 在下极限位置；在图 2.52(b)中，当 $\varphi = \varphi_L$ 时，$\theta = \theta_L$，滑块 7 在上极限位置时，则滑块 7 在位移两端做直到三阶的停歇运动。

2) 曲柄滑块机构的设计

当 $\varphi = \varphi_R$ 时，$\theta_R = 0$；当 $\varphi = \varphi_L$ 时，$\theta_L = \pi$，于是 $\theta_b = \pi$，如图 2.53(a)所示，滑块 7 的行程 $H_7 = 2r_5$，滑块 7 在位移两端做直到三阶的停歇运动。

当 $\varphi = \varphi_R$ 时，$\theta_R \neq 0$；当 $\varphi = \varphi_L$ 时，$\theta_L = \pi$，于是 $\theta_b = \pi - \theta_R$，如图 2.53(b)所示，滑块 7 的行程 $H_7 < 2r_5$，滑块 7 仅在位移顶端做直到三阶的停歇运动。

如图 2.53(b)所示，$\theta_R \neq 0$、$\theta_L = \pi$，设连杆 6 的杆长为 r_6，曲柄滑块机构的滑块 7 的行程 H_7 为

$$H_7 = r_5 + r_6 - (-r_5\cos\theta_R + \sqrt{r_6^2 - r_5^2\sin^2\theta_R}) \tag{2.319}$$

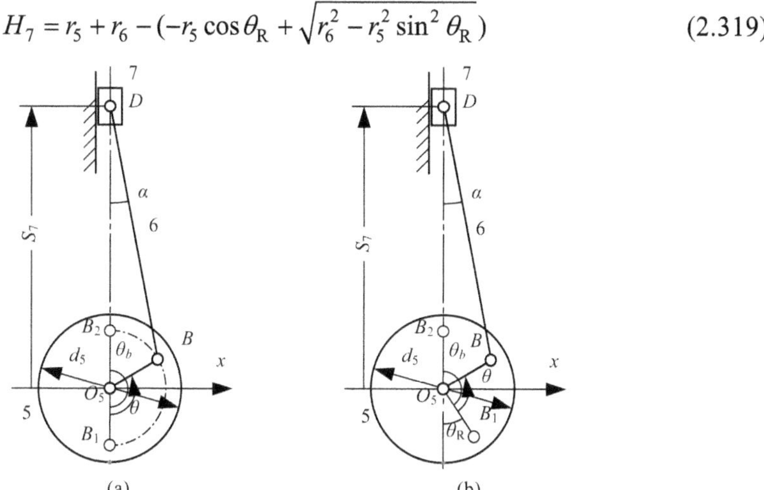

图 2.53　曲柄滑块机构与极限位置图

当要求实现的行程为 H_7 时，选择 θ_R 与 r_6，r_5 的长度为

$$H_7 - r_5 - r_5\cos\theta_R - r_6 = -\sqrt{r_6^2 - r_5^2\sin^2\theta_R}$$

$$(H_7 - r_5 - r_5\cos\theta_R)^2 + r_6^2 - 2(H_7 - r_5 - r_5\cos\theta_R)r_6 = r_6^2 - r_5^2\sin^2\theta_R$$

$$H_7^2 + 2r_5^2 - 2H_7r_5 - 2H_7r_5\cos\theta_R + 2r_5^2\cos\theta_R - 2H_7r_6 + 2r_6r_5 + 2r_5r_6\cos\theta_R = 0$$

$$(2+2\cos\theta_R)r_5^2 + (2r_6\cos\theta_R + 2r_6 - 2H_7\cos\theta_R)r_5 + H_7^2 - 2H_7r_6 = 0$$

令 $k_1 = 2+2\cos\theta_R$， $k_2 = (r_6 - H_7)\cos\theta_R + r_6$， $k_3 = H_7^2 - 2H_7r_6$，得

$$k_1r_5^2 + 2k_2r_5 + k_3 = 0$$

$$r_5 = (-k_2 + \sqrt{k_2^2 - k_1k_3})/k_1 \quad (2.320)$$

2. 曲柄齿条对心滑块极位直到三阶停歇的平面七杆机构传动函数

曲柄摇块机构的位移方程及其关于 φ 的一至四阶导数与式(2.1)~式(2.16)相同。如图 2.53(b)所示，曲柄滑块机构的位移方程及其解分别为

$$r_6\sin\alpha = r_5\sin(\theta_R + \theta) \quad (2.321)$$

$$S_7 = r_6\cos\alpha - r_5\cos(\theta_R + \theta) \quad (2.322)$$

$$\alpha = \arctan[r_5\sin(\theta_R + \theta)/\sqrt{r_6^2 - r_5^2\sin^2(\theta_R + \theta)}] \quad (2.323)$$

对式(2.321)、式(2.322)求关于 θ 的一至三阶导数得 $\omega_{L7} = \mathrm{d}\alpha/\mathrm{d}\theta$、$V_{L7} = \mathrm{d}S_7/\mathrm{d}\theta$，$\alpha_{L7} = \mathrm{d}^2\alpha/\mathrm{d}\theta^2$、$a_{L7} = \mathrm{d}^2S_7/\mathrm{d}\theta^2$，$j_{L7} = \mathrm{d}^3\alpha/\mathrm{d}\theta^3$、$q_{L7} = \mathrm{d}^3S_7/\mathrm{d}\theta^3$ 分别为

$$r_6\cos\alpha\cdot\omega_{L7} = r_5\cos(\theta_R + \theta)$$

$$\omega_{L7} = r_5\cos(\theta_R + \theta)/r_6\cos\alpha \quad (2.324)$$

$$V_{L7} = -r_6\omega_{L7}\sin\alpha + r_5\sin(\theta_R + \theta) \quad (2.325)$$

$$-r_6\sin\alpha\cdot\omega_{L7}^2 + r_6\cos\alpha\cdot\alpha_{L7} = -r_5\sin(\theta_R + \theta)$$

$$\alpha_{L7} = [r_6\sin\alpha\cdot\omega_{L7}^2 - r_5\sin(\theta_R + \theta)]/(r_6\cos\alpha) \quad (2.326)$$

$$a_{L7} = -r_6\alpha_{L7}\sin\alpha - r_6\omega_{L7}^2\cos\alpha + r_5\cos(\theta_R + \theta) \quad (2.327)$$

$$-r_6\cos\alpha\cdot\omega_{L7}^3 - 3r_6\sin\alpha\cdot\omega_{L7}\cdot\alpha_{L7} + r_6\cos\alpha\cdot j_{L7} = -r_5\cos(\theta_R + \theta)$$

$$j_{L7} = [-r_5\cos(\theta_R + \theta) + r_6\cos\alpha\cdot\omega_{L7}^3 + 3r_6\sin\alpha\cdot\omega_{L7}\cdot\alpha_{L7}]/(r_6\cos\alpha) \quad (2.328)$$

$$q_{L7} = -r_6j_{L7}\sin\alpha - 3r_6\omega_{L7}\alpha_{L7}\cos\alpha + r_6\omega_{L7}^3\sin\alpha - r_5\sin(\theta_R + \theta) \quad (2.329)$$

3. 曲柄齿条对心滑块极位直到三阶停歇的平面七杆机构传动特征

令 $\mathrm{d}\varphi/\mathrm{d}t = 1$，将以上相关公式代入 $S = S[\theta(\varphi)]$ 函数对应的式(1.6)~式(1.8)中，可得曲柄 1 在$[\varphi_R, 2\pi + \varphi_R]$内匀速转动时，该种机构输出构件的位移 S_7、速度 $V_7 = \mathrm{d}S_7/\mathrm{d}t$、加速度 $a_7 = \mathrm{d}^2S_7/\mathrm{d}t^2$、加速度的一次变化率 $q_7 = \mathrm{d}^3S_7/\mathrm{d}t^3$。

设计的已知条件为，行程 $H_7 = 0.260$ m，令 $\gamma_R = 55°$，$\gamma_L = 75°$，$\delta_R = 165°$，$d_5 = 0.160$ m，$d_1 = 0.210$ m。

由式(2.293)得 $h_R = 0.5d_5/\cos\gamma_R = 0.5\times0.16/\cos55° = 0.13947$ m。

由图 2.52(a)得 $S_{1R} = 0.5d_5\tan\gamma_R = 0.5\times0.16\tan55° = 0.11425$ m。

由图 2.52(b)得 $S_{1L} = 0.5d_5\tan\gamma_L = 0.5\times0.16\tan75° = 0.29856$ m。

由 $r_1^2 = S_{1R}^2 + d_1^2 - 2S_{1R}d_1\cos(\pi-\delta_R) = S_{1L}^2 + d_1^2 - 2S_{1L}d_1\cos(\delta_L-\pi)$ 得

$$\begin{aligned}\cos(\delta_L-\pi) &= (S_{1L}^2 - S_{1R}^2 - 2S_{1R}d_1\cos\delta_R)/(2S_{1L}d_1)\\ &= (0.29856^2 - 0.11425^2 - 2\times0.11425\\ &\quad \times0.21\cos165°)/(2\times0.29856\times0.21)\\ &= 0.122435/0.1253952\end{aligned}$$

$$\delta_L = \pi + \arccos(0.122435/0.1253952) = \pi + 0.217719\ \text{rad} = 180° + 12.4744°$$

由式(2.315)得齿轮 5 的摆角 θ_b 为

$$\begin{aligned}\theta_b &= (S_{1L} - S_{1R})/(0.5d_5) + \delta_L - \delta_R\\ &= (0.29856 - 0.11425)/0.08 + (192.48486 - 165)\pi/180\\ &= 2.7836\ \text{rad} = 159.487°\end{aligned}$$

由图 2.52(a)得曲柄的杆长 r_1 为

$$\begin{aligned}r_1 &= \sqrt{S_{1R}^2 + d_1^2 - 2S_{1R}d_1\cos(\pi-\delta_R)}\\ &= \sqrt{0.11425^2 + 0.21^2 - 2\times0.11425\times0.21\cos(180° - 165°)} = 0.1039\ \text{m}\end{aligned}$$

$\theta_R = \pi - \theta_b = 0.35799$ rad，取 $r_6 = 0.380$ m，由式(2.320)得 r_5 为

$$k_1 = 2 + 2\cos\theta_R = 2 + 2\cos0.35799 = 3.8732$$

$$k_2 = (r_6 - H_7)\cos\theta_R + r_6 = (0.38 - 0.26)\cos0.35799 = 0.11239$$

$$k_3 = H_7^2 - 2H_7r_6 = 0.26^2 - 2\times0.26\times0.38 = -0.13$$

$$\begin{aligned}r_5 &= (-k_2 + \sqrt{k_2^2 - k_1k_3})/k_1\\ &= (-0.11239 + \sqrt{0.11239^2 + 3.8732\times0.13})/3.8732 = 0.156\ \text{m}\end{aligned}$$

在以上条件下，该机构的传动特征如图 2.54 所示，从动件 7 在 $\varphi = \varphi_L$ 位置做直到三阶的停歇。

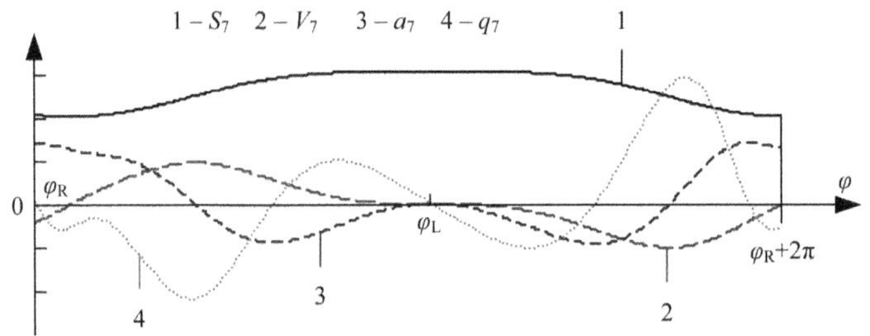

图 2.54　曲柄齿条对心滑块极位直到三阶停歇的平面七杆机构传动特征

2.5.10　曲柄摇块齿轮副滑块极位直到三阶停歇的平面七杆机构

1. 曲柄摇块齿轮副滑块极位直到三阶停歇的平面七杆机构设计

图 2.55 为曲柄摇块齿轮副滑块极位直到三阶停歇的平面七杆机构，杆 1、2、3 和 4 组成曲柄摇块机构，曲柄 1 为主动件，摇块 3 为从动件、齿轮 3'与摇块 3 固联，齿数为 z_3。构件 4、5、6 和 7 组成正弦机构，齿轮 5 的齿数为 z_5，杆 O_5B 是齿轮 5 上两个转动副 O_5、B 的连线，$O_5B = b_5$，从动件 7 做往复运动。

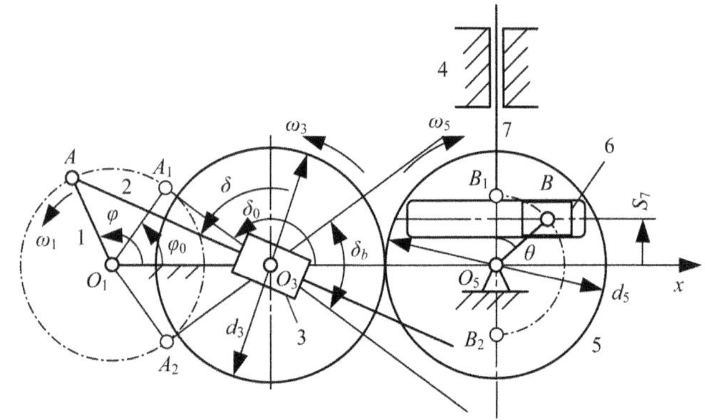

图 2.55　曲柄摇块齿轮副滑块极位直到三阶停歇的平面七杆机构

设曲柄 1 的杆长为 r_1，角位移为 φ，导杆 2 上 AO_3 之间的长度为 S_1，角位移为 δ，O_1O_3 之间的长度为 d_1，齿轮 3'的摆角 $\delta_b = 2\arcsin(r_1/d_1)$，齿轮 5'的摆角 $\theta_b = (z_3/z_5)\,\delta_b$。当 $\theta_b = \pi$ 时，滑块在双极位做直到三阶的停歇。

当 $\theta_b = (z_3/z_5)\,\delta_b = \pi$ 时，齿轮 3'的摆角 δ_b 为

$$\delta_b = (z_5 / z_3)\pi \tag{2.330}$$

选择了 d_1 时，曲柄 1 的杆长 r_1 为

$$r_1 = \sin(0.5\delta_b)d_1 \tag{2.331}$$

当已知从动件 7 的行程 H_7 时，$b_5 = H_7/2$，机构的尺寸设计十分简单。

2. 曲柄摇块齿轮副滑块极位直到三阶停歇的平面七杆机构传动函数

曲柄摇块机构的位移方程及其关于 φ 的一至四阶导数与式(2.1) ~ 式(2.16)相同。

当 φ 从 φ_0 开始转动时，$\delta_0 = \pi - 0.5\delta_b$，齿轮 5 上的 B 点从 B_1 开始摆动，齿轮 5 的角位移 θ 为

$$\theta = -(\delta - \delta_0)z_3 / z_5 \tag{2.332}$$

从动件 7 的位移 S_7、类速度 $V_{L7} = dS_7/d\delta$、类加速度 $a_{L7} = d^2S_7/d\delta^2$、类加速度的一次变化率 $q_{L7} = d^3S_7/d\delta^3$ 分别为

$$S_7 = b_5 \cos[(\delta - \delta_0)z_3 / z_5] \tag{2.333}$$

$$V_{L7} = -b_5(z_3 / z_5)\sin[(\delta - \delta_0)z_3 / z_5] \tag{2.334}$$

$$a_{L7} = -b_5(z_3 / z_5)^2 \cos[(\delta - \delta_0)z_3 / z_5] \tag{2.335}$$

$$q_{L7} = b_5(z_3 / z_5)^3 \sin[(\delta - \delta_0)z_3 / z_5] \tag{2.336}$$

3. 曲柄摇块齿轮副滑块极位直到三阶停歇的平面七杆机构传动特征

令 $d\varphi/dt = 1$，将以上相关公式代入 $S = S[\delta(\varphi)]$函数对应的式(1.6) ~ 式(1.8)中，可得曲柄 1 在$[\varphi_0,\ 2\pi + \varphi_0]$内匀速转动时，该种机构输出构件的位移 S_7、速度 $V_7 = dS_7/dt$、加速度 $a_7 = d^2S_7/dt^2$、加速度的一次变化率 $q_7 = d^3S_7/dt^3$。

在图 2.55 中，设从移动件 7 的行程 $H_7 = 0.360$ m，$\theta_b = \pi$，$z_5 / z_3 = 1/3$，$d_1 = 0.220$ m，则 $b_5 = H_7 / 2 = 0.180$ m，$\delta_b = \pi/3$，由式(2.331)得 $r_1 = \sin(\pi / 6) \times 0.22 = 0.110\ \text{m}$。

在以上条件下，该机构的传动特征如图 2.56 所示，从动件 7 在 $\varphi = \varphi_0$、$\varphi = 2\pi-\varphi_0$ 两个位置做直到三阶的停歇。

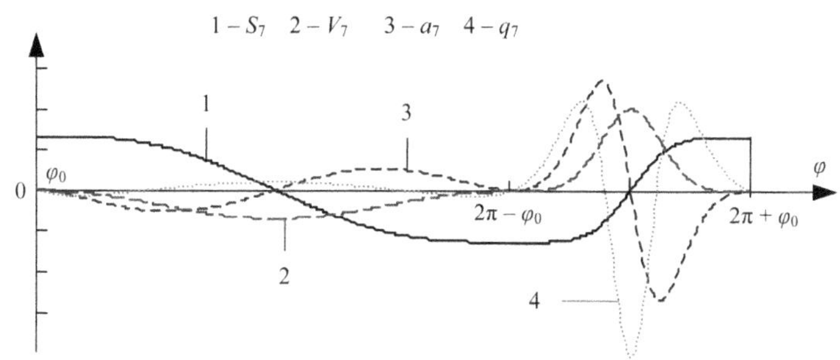

图 2.56　曲柄摇块齿轮副滑块极位直到三阶停歇的平面七杆机构传动特征

第3章　直到三阶停歇的轨迹机构设计与传动性能

利用动点的特殊轨迹设计直到三阶停歇的机构是高阶停歇机构研究的又一类方法，微分几何方法具有几何直观但需要作图，微分方程方法既无理论误差又可以不需要作图，所以，以微分方程方法研究从动件在位移一端或两端具有一至三阶停歇的函数关系与几何构造。通过12种机构，展示输出构件在位移单端、位移双端和步进运动下做直到三阶停歇的机构设计与它们的传动特征。

3.1　概　　述

令输入端行星轮系、连杆机构的从动件上的特殊点在一个或两个位置上的一至三阶传动函数为零，输出端机构为线性传动函数，当输入构件做匀速运动时，该组合机构的输出构件便在一个或两个对应位置上具有直到三阶停歇的传动特征。

3.2　内行星轮系与从动件直到三阶停歇的五杆机构

3.2.1　内行星轮上点的轨迹方程与近似直线段的几何条件

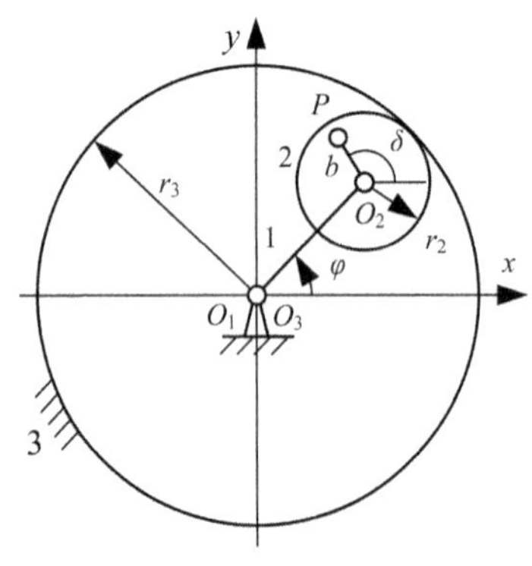

图3.1　内行星轮上点的轨迹关系图

在图3.1所示的内行星轮系中，设主动件1的角位移为φ，行星轮2的节圆半径为r_2、齿数为z_2、角位移为δ；固定齿轮3的节圆半径为r_3、齿数为z_3，$O_1O_2 = O_3O_2 = r_1 = r_3 - r_2$，$\varphi$与$\delta$的函数关系为

$$i_{23}^{1} = \frac{\omega_2 - \omega_1}{\omega_3 - \omega_1} = \frac{\delta - \varphi}{0 - \varphi} = \frac{z_3}{z_2} = \frac{r_3}{r_2}$$

由此得行星轮2的角位移δ为

$$\delta = (1 - r_3 / r_2)\varphi \tag{3.1}$$

设行星轮2上O_2点至P点的有向长度为

b，令 $k = r_3/r_2$，P 点的坐标 x_P、y_P 分别为

$$x_P = (r_3 - r_2)\cos\varphi + b\cos\delta = r_2(k-1)\cos\varphi + b\cos[(1-k)\varphi] \tag{3.2}$$

$$y_P = (r_3 - r_2)\sin\varphi + b\sin\delta = r_2(k-1)\sin\varphi + b\sin[(1-k)\varphi] \tag{3.3}$$

对式(3.2)求关于 φ 的一至四阶导数，得类速度 $V_{Px} = \mathrm{d}x_P/\mathrm{d}\varphi$、类加速度 $a_{Px} = \mathrm{d}^2x_P/\mathrm{d}\varphi^2$、类加速度的一次变化率 $q_{Px} = \mathrm{d}^3x_P/\mathrm{d}\varphi^3$、类加速度的二次变化率 $f_{Px} = \mathrm{d}^4x_P/\mathrm{d}\varphi^4$ 分别为

$$V_{Px} = -r_2(k-1)\sin\varphi - b(1-k)\sin[(1-k)\varphi] \tag{3.4}$$

$$a_{Px} = -r_2(k-1)\cos\varphi - b(1-k)^2\cos[(1-k)\varphi] \tag{3.5}$$

$$q_{Px} = r_2(k-1)\sin\varphi + b(1-k)^3\sin[(1-k)\varphi] \tag{3.6}$$

$$f_{Px} = r_2(k-1)\cos\varphi + b(1-k)^4\cos[(1-k)\varphi] \tag{3.7}$$

当 $\varphi = 0$、π 时，x_P 的一、三阶导数等于零。现在令 x_P 在 $\varphi = 0$ 的二、四阶导数等于零，得

$$-r_2(k-1) - b(1-k)^2 = 0 \tag{3.8}$$

$$r_2(k-1) + b(1-k)^4 = 0 \tag{3.9}$$

由此得 b 关于 r_2 的设计方程分别为

$$b = -r_2/(k-1) \tag{3.10}$$

$$b = -r_2/(k-1)^3 \tag{3.11}$$

式(3.10)、式(3.11)中的“−”表示 b 在 $\delta+\pi$ 的方向上，当 $\varphi = 0$ 时，O_2P 在 x 轴的负方向上。当式(3.10)成立时，P 点的轨迹在 $\varphi = 0$ 位置具有一段近似直线；当式(3.10)、式(3.11)同时成立时，$r_3 = 2r_2$，$b = -r_2$，P 点的轨迹为位于 y 轴上、长度为 $2r_3$、关于 x 轴对称的一段直线。

1) 规则多边形

令 $b = -r_2/(k-1)$，当 $k = r_3/r_2 = 3,4,5,\cdots,n$，$n$ 为大于等于 3 的正整数时，P 点的轨迹为弧角、具有一段近似直线边的正多边形，行星轮只需公转一圈即可得到封闭的图形。若 $n = 3$，4，当 $b = -r_2/(k-1)$时，P 点的轨迹为弧角近似直边正三边形、正四边形，其图形如图 3.2(a)、(b)所示；当 $r_2/(k-1) < |b| < r_2$ 时，P 点的轨迹为外凹的规则三边形、四边形，如图 3.2(c)、(d)所示；当$|b| = r_2$ 时，P 点的轨迹为外凹尖角规则三边形、四边形，如图 3.2(e)、(f)所示；当$|b| > r_2$ 时，P 点的轨迹为带有节点的外凹规则三边形、四边形，如图 3.2(g)、(h)所示；当$|b| < r_2/(k-1)$时，P 点的轨迹为外凸的规则三边形、四边形，如图 3.2 (i)、(j)所示。

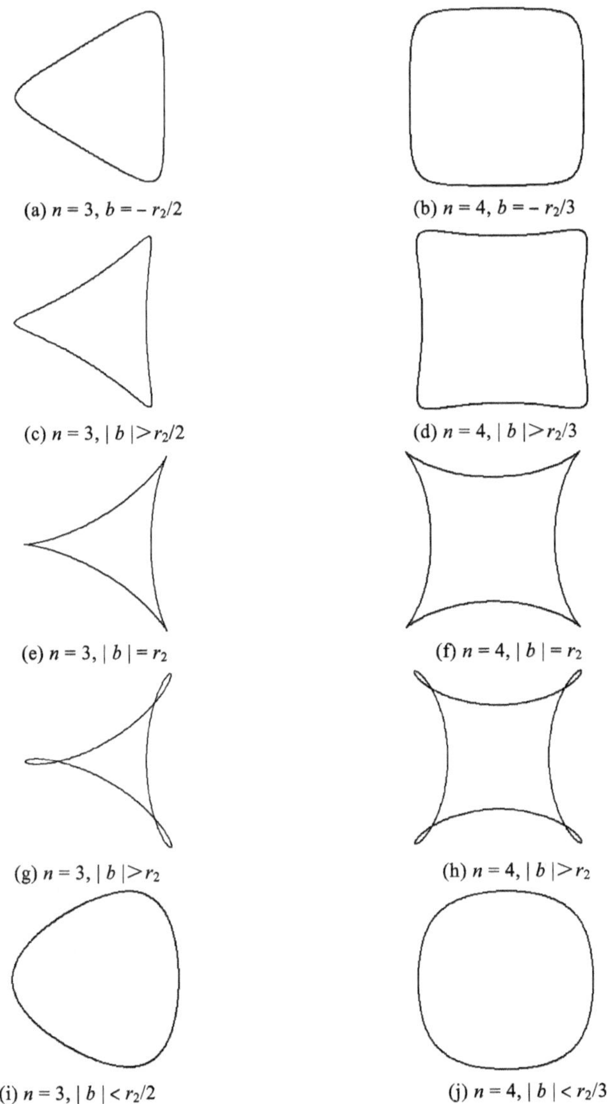

图 3.2　行星轮上的规则多边形

2) 规则多角形

若 $b = -r_2/(k-1)$，将 k 表达为两个正整数 N、M 之商的形式，即 $k = r_3/r_2 = N/M$。当 $M = 2$，N 取除去 2 的整倍数的数时，行星轮公转 2 圈，P 点的轨迹为除去 2 的整倍数角的弧角曲边正多角形。当 $M = 3$ 时，N 取除去 3 的整倍数的数，则行星轮公转 3 圈，P 点的轨迹为除去 3 的整倍数角的弧角曲边正多角形。当 $M = 4$ 时，N 取除去 4 的整倍数的数，将 M、N 的比值化简到不可再约，得

M'与 N'，则行星轮公转 M'圈，P 点的轨迹为 N'角的弧角曲边正多角形。对于 M 等于 5 及其以上的关系依此类推。只要 M 为大于等于 3 的奇数，则 N 取除去 M 的整倍数的数；只要 M 为大于等于 4 的偶数，则 N 取除去 M 的整倍数的数，将 M、N 的比值化简到不可再约。当$|b| > r_2/(k-1)$时，P 点的轨迹为外凹的规则多角形，当$|b| < r_2/(k-1)$时，P 点的轨迹为外凸的规则多角形。当 $M=3$，$N=11$ 时，$|b| = 3r_2/8$、$|b| > 3r_2/8$、$|b| < 3r_2/8$ 和$|b| = r_2$ 的几何图形依次如图 3.3 所示。

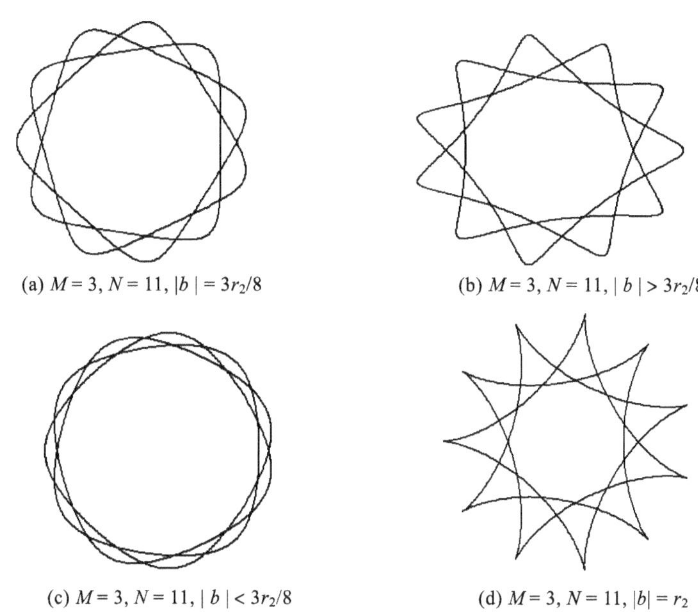

(a) $M=3, N=11, |b| = 3r_2/8$　(b) $M=3, N=11, |b| > 3r_2/8$

(c) $M=3, N=11, |b| < 3r_2/8$　(d) $M=3, N=11, |b| = r_2$

图 3.3　行星轮上的规则多角形

3.2.2　类三边形轨迹驱动的滑块单端直到三阶停歇的五杆机构

1. 类三边形轨迹驱动的滑块单端直到三阶停歇的五杆机构设计

在图 3.3 所示的行星轮系中，令 $k = r_3/r_2 = 3$，则 $b = -r_2(k-1) = -r_2/2$，$\delta = (1-k)\varphi = -2\varphi$，于是，行星轮上 P 点的轨迹为弧角曲边正三边形，如图 3.4 所示。

在图 3.4 中，P_1、P_2 和 P_3 分别为轨迹曲线与其切线达到三阶密切的切点，n_1、n_2 和 n_3 分别为过 P_1、P_2 和 P_3 点的轨迹曲线的法线。设主动杆 1 的长度为 r_1，角速度为 ω_1。在行星轮 2 的 P 点安装一个滑块 4，过 P 点安装一个十字滑块 5，十字滑块 5 的运动方向平行于 x 轴。

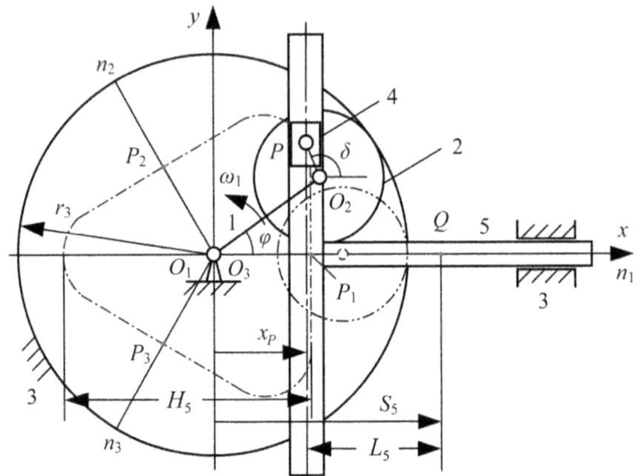

图 3.4　类三边形轨迹驱动的滑块单端直到三阶停歇的五杆机构

2. 类三边形轨迹驱动的滑块单端直到三阶停歇的五杆机构传动特征

x_P及其各阶导数见式(3.2)、式(3.4) ~ 式(3.6)所示，滑块 5 上指定点 Q 的位移 $S_5 = x_P + L_5$，S_5的任意阶导数等于 x_P的任意阶导数。滑块 5 的行程 H_5为

$$\begin{aligned} H_5 &= x_P(\varphi = 0) - x_P(\varphi = \pi) \\ &= [(r_3 - r_2) + b] - [-(r_3 - r_2) + b] = 2(r_3 - r_2) \end{aligned} \tag{3.12}$$

在图 3.4 中，令 $\omega_1 = 1$，设 $k = r_3/r_2 = 3$，则 $b = -r_2/2$。令 $r_3 = 0.100$ m，则 $r_2 = r_3/3 = 0.033333$ m，$b = -r_2/2 = -0.0167$ m。由式(3.2) ~ 式(3.6)以及以上的尺寸关系，得从动件 5 的位移 S_5以及 S_5关于 φ 的一至四阶导数的曲线特征如图 3.5 所示。该组合机构的滑块 5 在位移单端（$\varphi = 0$）具有直到三阶停歇的传动特征。$f_{Px} = \mathrm{d}^4 x_P/\mathrm{d}\varphi^4$ 在 $\varphi = 0$ 位置不等于零。

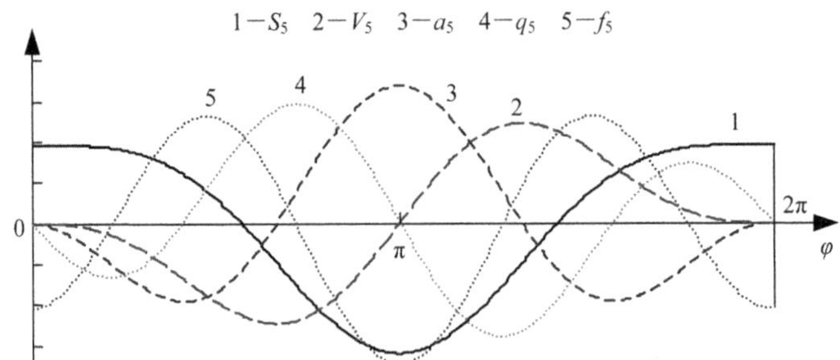

图 3.5　类三边形轨迹驱动的滑块单端直到三阶停歇的五杆机构传动特征

3.2.3　类四边形轨迹驱动的滑块双端直到三阶停歇的五杆机构

1. 类四边形轨迹驱动的滑块双端直到三阶停歇的五杆机构设计

在图 3.3 所示行星轮系中，令 $k = r_3/r_2 = 4$，则 $b = -r_2(k-1) = -r_2/3$，$\delta =$

$(1-k)\varphi=-3\varphi$，于是，P 点的轨迹为弧角曲边正四边形，如图 3.6 所示。

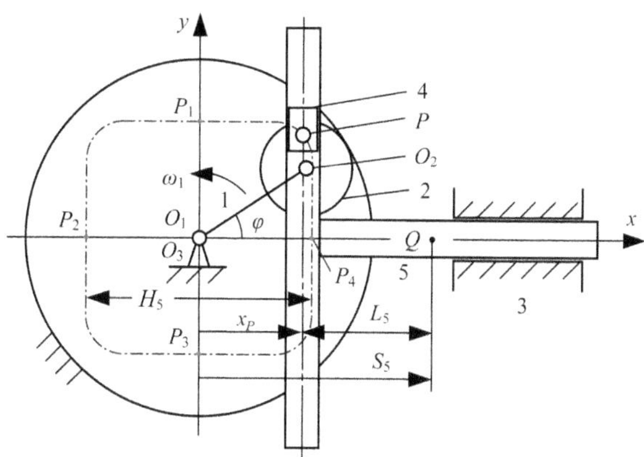

图 3.6　类四边形轨迹驱动的滑块双端直到三阶停歇的五杆机构

在图 3.6 中，P_1、P_2、P_3 和 P_4 分别为轨迹曲线与其切线达到三阶密切的切点。设主动杆 1 的长度为 r_1，角速度为 ω_1，在行星轮 2 的 P 点安装一个滑块 4，过 P 点安装一个十字滑块 5，十字滑块 5 的运动方向平行于 x 轴。x_P 及其各阶导数见式(3.2)、式(3.4) ~ 式(3.6)所示，滑块 5 上指定点 Q 的位移 $S_5=x_P+L_5$，S_5 的任意阶导数与 x_P 的相同。滑块 5 的行程 H_5 为

$$\begin{aligned}H_5&=x_P(\varphi=0)-x_P(\varphi=\pi)\\&=[(r_3-r_2)+b]-[-(r_3-r_2)-b]=2(r_3-r_2)+2b\end{aligned}\tag{3.13}$$

2. 类四边形轨迹驱动的滑块双端直到三阶停歇的五杆机构传动特征

在图 3.6 中，$\omega_1=1$，设 $k=r_3/r_2=4$，则 $b=-r_2/3$。令 $r_3=0.100\text{ m}$，则 $r_2=r_3/4=0.025\text{ m}$，$b=-r_2/3=-0.0083\text{ m}$。由式(3.2) ~ 式(3.6)以及以上的尺寸关系，得从动件 5 的位移 S_5 以及 S_5 关于 φ 的一至四阶导数的曲线特征如图 3.7 所示。该组合机构的滑块 5 在位移双端（$\varphi=0$、$\varphi=\pi$）具有直到三阶停歇的传动特征。$f_{Px}=\mathrm{d}^4x_P/\mathrm{d}\varphi^4$ 在 $\varphi=0$、$\varphi=\pi$ 位置不等于零。

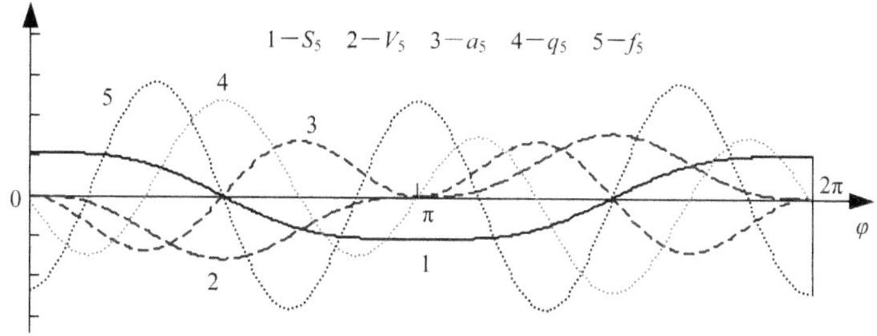

图 3.7　类四边形轨迹驱动的滑块双端直到三阶停歇的五杆机构传动特征

3.2.4　类五边形轨迹驱动的摆杆双端直到三阶停歇的五杆机构

1. 类五边形轨迹驱动的摆杆双端直到三阶停歇的五杆机构设计

在图 3.3 所示的行星轮系中，令 $k = r_3/r_2 = 5$，则 $b = -r_2(k-1) = -r_2/4$，$\delta = (1-k)\varphi = -4\varphi$。于是，$P$ 点的轨迹为弧角曲边正五边形，如图 3.8 所示。

在图 3.8 中，P_1，P_2，P_3，P_4 和 P_5 为弧角曲边正五边形每一条直线段的中点，过 P_2 点作 O_1P_2 的垂直线，该垂线与 x 轴的交点为 O_5，连接 O_5 与 P_5，则 $\angle P_2O_5P_5 = \theta_b$ 即为摆杆 5 的摆角。在行星轮 2 上的 P 点安装一个滑块 4，由于 $\angle P_2O_1O_5 = 2\pi/(r_3/r_2) = 2\pi/5$，所以，$\angle P_2O_5P_5 = (\pi/2 - 2\pi/5)\times 2 = \pi/5$。过 O_5 与 P 安装一个摆杆 5，$O_1P_1 = O_1P_2 = r_3 - r_2 + b$，设 $O_1O_5 = L$，则 $L = (r_3 - r_2 + b)/\sin(\pi/10) = (r_3 - r_2 - r_2/4)/\sin(\pi/10)$。于是，得到图 3.8 所示的类五边形轨迹驱动的摆杆双端直到三阶停歇的五杆机构。

2. 类五边形轨迹驱动的摆杆双端直到三阶停歇的五杆机构传动函数

在图 3.8 中，主动杆 1 的长度为 r_1，角速度为 ω_1。在 P_2、P_5 位置，O_5P_2、O_5P_5 与轨迹曲线达到三阶密切。设摆杆 5 的角位移为 θ，则 θ 与 x_P、y_P 及 L 的函数关系为

$$\theta = \arctan 2[y_P / (x_P - L)] \tag{3.14}$$

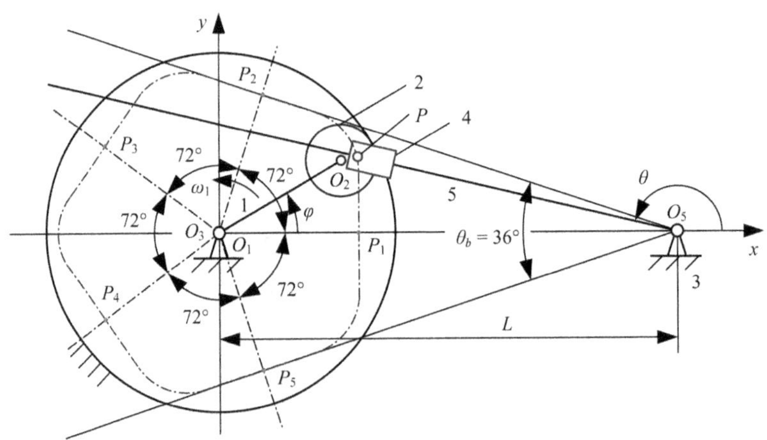

图 3.8　类五边形轨迹驱动的摆杆双端直到三阶停歇的五杆机构

x_P 及其各阶导数见式(3.2)、式(3.4) ~ 式(3.6)所示。对式(3.3)求关于 φ 的一至四阶导数，得类速度 $V_{Py} = \mathrm{d}y_P / \mathrm{d}\varphi$、类加速度 $a_{Py} = \mathrm{d}^2y_P / \mathrm{d}\varphi^2$、类加速度的一次变化率 $q_{Py} = \mathrm{d}^3y_P / \mathrm{d}\varphi^3$、类加速度的二次变化率 $f_{Py} = \mathrm{d}^4y_P / \mathrm{d}\varphi^4$ 分别为

$$V_{Py} = r_2(k-1)\cos\varphi + b(1-k)\cos[(1-k)\varphi] \tag{3.15}$$

$$a_{Py}=-r_2(k-1)\sin\varphi-b(1-k)^2\sin[(1-k)\varphi] \tag{3.16}$$

$$q_{Py}=-r_2(k-1)\cos\varphi-b(1-k)^3\cos[(1-k)\varphi] \tag{3.17}$$

$$f_{Py}=r_2(k-1)\sin\varphi+b(1-k)^4\sin[(1-k)\varphi] \tag{3.18}$$

对式(3.14)求关于 φ 的一阶导数，得类角速度方程与摆杆 5 的类角速度 $\omega_{L5}=\mathrm{d}\theta/\mathrm{d}\varphi$ 分别为

$$\frac{\mathrm{d}x_P}{\mathrm{d}\varphi}\tan\theta+(x_P-L)\frac{1}{\cos^2\theta}\frac{\mathrm{d}\theta}{\mathrm{d}\varphi}=\frac{\mathrm{d}y_P}{\mathrm{d}\varphi} \tag{3.19}$$

$$\omega_{L5}=\frac{\mathrm{d}\theta}{\mathrm{d}\varphi}=\frac{\cos^2\theta}{x_P-L}\left(\frac{\mathrm{d}y_P}{\mathrm{d}\varphi}-\frac{\mathrm{d}x_P}{\mathrm{d}\varphi}\tan\theta\right) \tag{3.20}$$

对式(3.19)求关于 φ 的一阶导数，得类角加速度方程以及摆杆 5 的类角加速度 $\alpha_{L5}=\mathrm{d}^2\theta/\mathrm{d}\varphi^2$ 为

$$\begin{aligned}&\frac{\mathrm{d}^2x_P}{\mathrm{d}\varphi^2}\tan\theta+\frac{\mathrm{d}x_P}{\mathrm{d}\varphi}\cdot\frac{\mathrm{d}\theta}{\mathrm{d}\varphi}\cdot\frac{2}{\cos^2\theta}+(x_P-L)\frac{2\sin\theta}{\cos^3\theta}\left(\frac{\mathrm{d}\theta}{\mathrm{d}\varphi}\right)^2\\&+\frac{x_P-L}{\cos^2\theta}\cdot\frac{\mathrm{d}^2\theta}{\mathrm{d}\varphi^2}=\frac{\mathrm{d}^2y_P}{\mathrm{d}\varphi^2}\end{aligned} \tag{3.21}$$

$$\begin{aligned}\alpha_{L5}=\frac{\cos^2\theta}{x_P-L}\Bigg[&\frac{\mathrm{d}^2y_P}{\mathrm{d}\varphi^2}-\frac{\mathrm{d}^2x_P}{\mathrm{d}\varphi^2}\tan\theta-\frac{\mathrm{d}x_P}{\mathrm{d}\varphi}\frac{\mathrm{d}\theta}{\mathrm{d}\varphi}\frac{2}{\cos^2\theta}\\&-\frac{2\sin\theta(x_P-L)}{\cos^3\theta}\left(\frac{\mathrm{d}\theta}{\mathrm{d}\varphi}\right)^2\Bigg]\end{aligned} \tag{3.22}$$

对式(3.21)求关于 φ 的一阶导数，得类角加速度一次变化率的方程以及摆杆 5 的类角加速度一次变化率 $j_{L5}=\mathrm{d}^3\theta/\mathrm{d}\varphi^3$ 为

$$\begin{aligned}&\frac{\mathrm{d}^3x_P}{\mathrm{d}\varphi^3}\tan\theta+\frac{3}{\cos^2\theta}\cdot\frac{\mathrm{d}^2x_P}{\mathrm{d}\varphi^2}\cdot\frac{\mathrm{d}\theta}{\mathrm{d}\varphi}+\frac{3}{\cos^2\theta}\cdot\frac{\mathrm{d}x_P}{\mathrm{d}\varphi}\cdot\frac{\mathrm{d}^2\theta}{\mathrm{d}\varphi^2}+\frac{6\sin\theta}{\cos^3\theta}\cdot\frac{\mathrm{d}x_P}{\mathrm{d}\varphi}\left(\frac{\mathrm{d}\theta}{\mathrm{d}\varphi}\right)^2\\&+(x_P-L)\frac{6\sin\theta}{\cos^3\theta}\cdot\frac{\mathrm{d}\theta}{\mathrm{d}\varphi}\cdot\frac{\mathrm{d}^2\theta}{\mathrm{d}\varphi^2}+(x_P-L)\frac{2+4\sin^2\theta}{\cos^4\theta}\left(\frac{\mathrm{d}\theta}{\mathrm{d}\varphi}\right)^3+\frac{x_P-L}{\cos^2\theta}\cdot\frac{\mathrm{d}^3\theta}{\mathrm{d}\varphi^3}=\frac{\mathrm{d}^3y_P}{\mathrm{d}\varphi^3}\end{aligned} \tag{3.23}$$

$$\begin{aligned}j_{L5}=\frac{\cos^2\theta}{x_P-L}\Bigg[&\frac{\mathrm{d}^3y_P}{\mathrm{d}\varphi^3}-(x_P-L)\frac{6\sin\theta}{\cos^3\theta}\cdot\frac{\mathrm{d}\theta}{\mathrm{d}\varphi}\cdot\frac{\mathrm{d}^2\theta}{\mathrm{d}\varphi^2}-(x_P-L)\frac{2+4\sin^2\theta}{\cos^4\theta}\left(\frac{\mathrm{d}\theta}{\mathrm{d}\varphi}\right)^3\\&-\frac{\mathrm{d}^3x_P}{\mathrm{d}\varphi^3}\tan\theta-\frac{3}{\cos^2\theta}\cdot\frac{\mathrm{d}^2x_P}{\mathrm{d}\varphi^2}\cdot\frac{\mathrm{d}\theta}{\mathrm{d}\varphi}-\frac{3}{\cos^2\theta}\cdot\frac{\mathrm{d}x_P}{\mathrm{d}\varphi}\cdot\frac{\mathrm{d}^2\theta}{\mathrm{d}\varphi^2}-\frac{6\sin\theta}{\cos^3\theta}\cdot\frac{\mathrm{d}x_P}{\mathrm{d}\varphi}\left(\frac{\mathrm{d}\theta}{\mathrm{d}\varphi}\right)^2\Bigg]\end{aligned} \tag{3.24}$$

对式(3.24)求关于 φ 的一阶导数，得摆杆 5 的类角加速度二次变化率 $g_{L5}=\mathrm{d}^4\theta/\mathrm{d}\varphi^4$ 为

$$
\begin{aligned}
g_{L5}=\frac{1}{x_P-L}\Bigg\{&-\sin(2\theta)\frac{\mathrm{d}\theta}{\mathrm{d}\varphi}\Bigg[\frac{\mathrm{d}^3y_P}{\mathrm{d}\varphi^3}-(x_P-L)\frac{6\sin\theta}{\cos^3\theta}\cdot\frac{\mathrm{d}\theta}{\mathrm{d}\varphi}\cdot\frac{\mathrm{d}^2\theta}{\mathrm{d}\varphi^2}-\frac{\mathrm{d}^3x_P}{\mathrm{d}\varphi^3}\tan\theta\\
&-\frac{3}{\cos^2\theta}\cdot\frac{\mathrm{d}x_P}{\mathrm{d}\varphi}\cdot\frac{\mathrm{d}^2\theta}{\mathrm{d}\varphi^2}-(x_P-L)\frac{2+4\sin^2\theta}{\cos^4\theta}\left(\frac{\mathrm{d}\theta}{\mathrm{d}\varphi}\right)^3-\frac{3}{\cos^2\theta}\cdot\frac{\mathrm{d}^2x_P}{\mathrm{d}\varphi^2}\cdot\frac{\mathrm{d}\theta}{\mathrm{d}\varphi}\\
&-\frac{6\sin\theta}{\cos^3\theta}\cdot\frac{\mathrm{d}x_P}{\mathrm{d}\varphi}\left(\frac{\mathrm{d}\theta}{\mathrm{d}\varphi}\right)^2\Bigg]-12\tan\theta\cdot\frac{\mathrm{d}^2x_P}{\mathrm{d}\varphi^2}\left(\frac{\mathrm{d}\theta}{\mathrm{d}\varphi}\right)^2-4\frac{\mathrm{d}^3\theta}{\mathrm{d}\varphi^3}\cdot\frac{\mathrm{d}x_P}{\mathrm{d}\varphi}+\frac{\mathrm{d}^4y_P}{\mathrm{d}\varphi^4}\cos^2\theta\\
&-24\frac{\mathrm{d}x_P}{\mathrm{d}\varphi}\cdot\tan\theta\cdot\frac{\mathrm{d}\theta}{\mathrm{d}\varphi}\cdot\frac{\mathrm{d}^2\theta}{\mathrm{d}\varphi^2}-\frac{\mathrm{d}^3x_P}{\mathrm{d}\varphi^3}\cdot\frac{\mathrm{d}\theta}{\mathrm{d}\varphi}-3\frac{\mathrm{d}^3x_P}{\mathrm{d}\varphi^3}\cdot\frac{\mathrm{d}\theta}{\mathrm{d}\varphi}-6\frac{\mathrm{d}^2x_P}{\mathrm{d}\varphi^2}\cdot\frac{\mathrm{d}^2\theta}{\mathrm{d}\varphi^2}\\
&-12(x_P-L)\frac{1+2\sin^2\theta}{\cos^2\theta}\left(\frac{\mathrm{d}\theta}{\mathrm{d}\varphi}\right)^2\frac{\mathrm{d}^2\theta}{\mathrm{d}\varphi^2}-6(x_P-L)\tan\theta\left(\frac{\mathrm{d}^2\theta}{\mathrm{d}\varphi^2}\right)^2\\
&-6(x_P-L)\tan\theta\cdot\frac{\mathrm{d}\theta}{\mathrm{d}\varphi}\cdot\frac{\mathrm{d}^3\theta}{\mathrm{d}\varphi^3}-8\frac{\mathrm{d}x_P}{\mathrm{d}\varphi}\cdot\frac{1+2\sin^2\theta}{\cos^2\theta}\left(\frac{\mathrm{d}\theta}{\mathrm{d}\varphi}\right)^3-\frac{\mathrm{d}^4x_P}{\mathrm{d}\varphi^4}\tan\theta\\
&-8\tan\theta(x_P-L)\frac{2+\sin^2\theta}{\cos^2\theta}\left(\frac{\mathrm{d}\theta}{\mathrm{d}\varphi}\right)^4\Bigg\}
\end{aligned}\tag{3.25}
$$

下面求 $\varphi=\varphi_{A1}=2\pi/5=72°$时，摆杆 5 的类角速度 $\omega_{L5}=\mathrm{d}\theta_{A1}/\mathrm{d}\varphi$、类角加速度 $a_{L5}=\mathrm{d}^2\theta_{A1}/\mathrm{d}\varphi^2$、类角加速度的一次变化率 $j_{L5}=\mathrm{d}^3\theta_{A1}/\mathrm{d}\varphi^3$ 和类角加速度二次变化率 $g_{L5}=\mathrm{d}^4\theta_{A1}/\mathrm{d}\varphi^4$ 的数值。

由图 3.8 得 $\theta=\theta_{A1}=\pi-\pi/10=9\pi/10\ \mathrm{rad}=162°$。

由式(3.10)得 $b=-r_2/(k-1)=-r_2/4$。

由 $L=(r_3-r_2+b)/\sin(\pi/10)$得 $L=r_2(5-1-1/4)/\sin(\pi/10)=12.135255r_2$。

由式(3.1)得 $\delta=\delta_{A1}=(1-r_3/r_2)\varphi_{A1}=(1-k)\varphi_{A1}=-4\varphi_{A1}=-4\times2\pi/5=288°$ 。

x_P、y_P 及其一至四阶类导数在 x_{A1}、y_{A1} 位置的数值分别为

$$
\begin{aligned}
x_{A1}&=r_2(k-1)\cos\varphi_{A1}+b\cos(1-k)\varphi_{A1}=4r_2\cos\varphi_{A1}+b\cos(-4\varphi_{A1})\\
&=r_2[4\cos(2\pi/5)-1/4\cos(-8\pi/5)]=1.158814r_2\\
y_{A1}&=r_2(k-1)\sin\varphi_{A1}+b\sin(1-k)\varphi_{A1}=4r_2\sin\varphi_{A1}+b\sin(-4\varphi_{A1})\\
&=r_2[4\sin(2\pi/5)-1/4\sin(-8\pi/5)]=3.566462r_2
\end{aligned}
$$

$$V_{Px1}=-4r_2\sin\varphi_{A1}+4b\sin(-4\varphi_{A1})=-r_2[4\sin(2\pi/5)-\sin(8\pi/5)=-4.75528r_2$$

$$V_{Py1}=4r_2\cos\varphi_{A1}-4b\cos(-4\varphi_{A1})=r_2[4\cos(2\pi/5)+\cos(8\pi/5)]=1.545085r_2$$

$$a_{Px1}=-4r_2\cos\varphi_{A1}-16b\cos(-4\varphi_{A1})=-4r_2[\cos(2\pi/5)-\cos(8\pi/5)]=0$$

$$a_{Py1} = -4r_2 \sin\varphi_{A1} - 16b\sin(-4\varphi_{A1}) = -4r_2[\sin(2\pi/5) + \sin(8\pi/5)] = 0$$

$$q_{Px1} = 4r_2 \sin\varphi_{A1} - 64b\sin(-4\varphi_{A1}) = 4r_2[\sin(2\pi/5) - 4\sin(8\pi/5)] = 19.021r_2$$

$$q_{Py1} = -4r_2 \cos\varphi_{A1} + 64b\cos(-4\varphi_{A1}) = -4r_2[\cos(2\pi/5) + 4\cos(8\pi/5)] = -6.180r_2$$

$$f_{Px1} = 4r_2 \cos\varphi_{A1} + 256b\cos(-4\varphi_{A1}) = 4r_2[\cos(2\pi/5) - 16\cos(8\pi/5)] = -18.541r_2$$

$$f_{Py1} = 4r_2 \sin\varphi_{A1} + 256b\sin(-4\varphi_{A1}) = 4r_2[\sin(2\pi/5) + 16\sin(8\pi/5)] = -57.063r_2$$

$$\omega_{L5} = \frac{\cos^2\theta_{A1}}{x_{A1} - L}\left(\frac{dy_{A1}}{d\varphi} - \frac{dx_{A1}}{d\varphi}\tan\theta_{A1}\right)$$

$$= \frac{\cos^2(9\pi/10)}{1.158814r_2 - 12.135255r_2}[1.545085r_2 + 4.75528r_2\tan(9\pi/10)] = 0$$

$$\alpha_{L5} = 0$$

$$j_{L5} = \frac{\cos^2\theta_{A1}}{x_{A1} - L}\left[\frac{d^3y_{A1}}{d\varphi^3} - \frac{d^3x_{A1}}{d\varphi^3}\tan\theta_{A1}\right]$$

$$= \frac{\cos^2(9\pi/10)}{1.158814r_2 - 12.135255r_2}[-6.180r_2 - 19.021r_2\tan(9\pi/10)] = 0$$

$$g_{L5} = \frac{1}{x_{A1} - L}\left(\frac{d^4y_{A1}}{d\varphi^4}\cos^2\theta_{A1} - \frac{d^4x_{A1}}{d\varphi^4}\tan\theta_{A1}\right)$$

$$= \frac{1}{1.158814r_2 - 12.135255r_2}[-57.063r_2\cos^2(9\pi/10) + 18.541r_2\tan(9\pi/10)]$$

$$= \frac{-57.6383r_2}{1.158814r_2 - 12.135255r_2} = 5.251$$

由于轨迹曲线的对称性，可以证明，在 $\varphi = \varphi_{A4} = 8\pi/5$ 时，摆杆 5 的类角速度 $d\theta_{A4}/d\varphi$，类角加速度 $d^2\theta_{A4}/d\varphi^2$ 以及类角加速度的一次变化率 $d^3\theta_{A4}/d\varphi^3$ 也等于零。为此，该组合机构在位移的两个极限位置做直到三阶停歇的摆动。该组合机构在做往复摆动时，其行程速比系数 $K = (360° - 2\times72°)/(2\times72°) = 1.5$。

3. 类五边形轨迹驱动的摆杆双端直到三阶停歇的五杆机构传动特征

在图 3.8 中，令 $\omega_1 = 1$，$k = r_3/r_2 = 5$，设 $r_3 = 0.125$ m，则 $r_2 = 0.025$ m，$b = -r_2/4 = -0.00625$ m。于是，摆杆 5 的运动规律如图 3.9 所示。

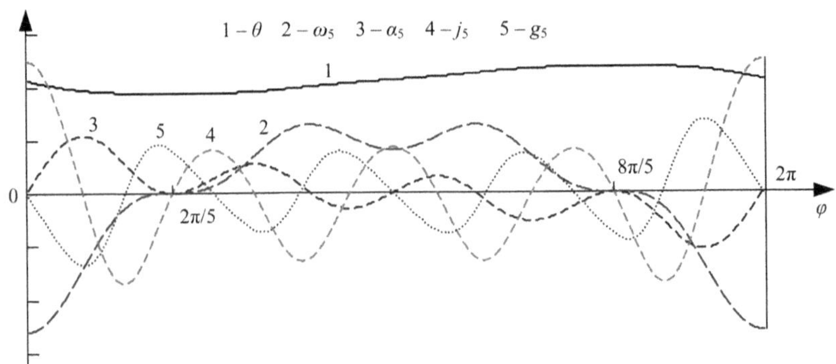

图 3.9　类五边形轨迹驱动的摆杆双端直到三阶停歇的五杆机构传动特征

3.2.5　类五边形轨迹驱动的滑块单端直到三阶停歇的五杆机构

1. 类五边形轨迹驱动的滑块单端直到三阶停歇的五杆机构设计

在图 3.3 所示的行星轮系中，令 $k = r_3/r_2 = 5$，则 $b = -r_2(k-1) = -r_2/4$，$\delta = (1-k)\varphi = -4\varphi$，于是，$P$ 点的轨迹为弧角曲边正五边形，如图 3.10 所示。

在图 3.10 中，设杆 1 的长度为 r_1，角速度为 ω_1。在行星轮 2 的 P 点安装一个滑块 4，滑块 5 与滑块 4、机架 3 分别形成移动副，于是，得到图 3.10 所示的行星轮上类五边形轨迹驱动的摆杆直到三阶停歇的五杆机构。滑块 5 上指定点 Q 的位移 $S_5 = x_P + L_5$，S_5 的任意阶导数等于 x_P 的任意阶导数。滑块 5 的行程 H_5 为

$$\begin{aligned}H_5 &= x_P(\varphi=0) - x_P(\varphi=\pi)\\ &= [(r_3-r_2)+b]-[-(r_3-r_2)+b] = 2(r_3-r_2) = 2r_2(5-1) = 8r_2\end{aligned} \tag{3.26}$$

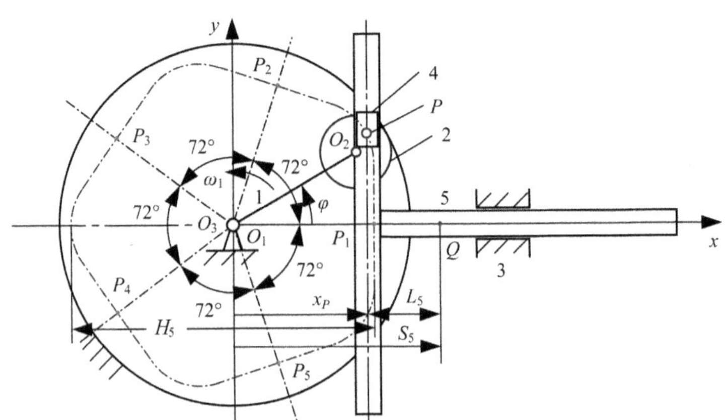

图 3.10　类五边形轨迹驱动的滑块单端直到三阶停歇的五杆机构

2. 类五边形轨迹驱动的滑块单端直到三阶停歇的五杆机构传动特征

在图 3.10 中，令 $\omega_1 = 1$，$k = r_3/r_2 = 5$，设 $r_3 = 0.125$ m，则 $r_2 = 0.025$ m，$b = -r_2/4 = -0.00625$ m。于是滑块 5 的运动特征如图 3.11 所示。

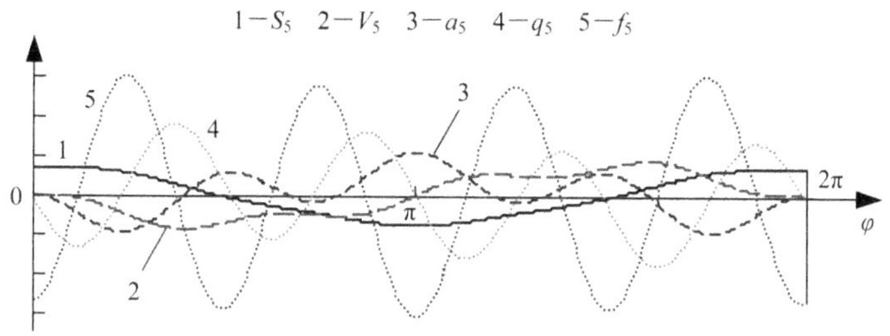

图 3.11　类五边形轨迹驱动的滑块单端直到三阶停歇的五杆机构传动特征

3.2.6　类六边形轨迹驱动的滑块双端直到三阶停歇的五杆机构

1. 类六边形轨迹驱动的滑块双端直到三阶停歇的五杆机构设计

在图 3.3 所示的行星轮系中，令 $k = r_3/r_2 = 6$，则 $b = -r_2/(k-1) = -r_2/5$，$\delta = -5\varphi$，P 点的轨迹为弧角曲边正六边形，如图 3.12 所示。

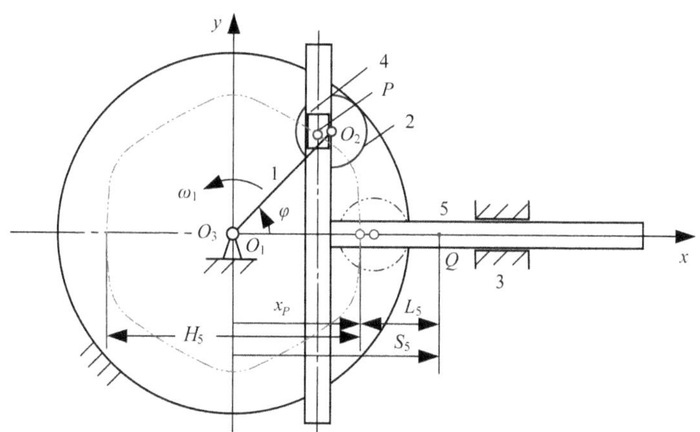

图 3.12　类六边形轨迹驱动的滑块双端直到三阶停歇的五杆机构

设杆 1 的长度为 r_1，角速度为 ω_1。在行星轮 2 的 P 点安装一个滑块 4，滑块 5 与滑块 4、机架 3 分别形成移动副，于是，得到图 3.12 所示的类六边形轨迹驱动的滑块双端直到三阶停歇的五杆机构。滑块 5 上指定点 Q 的位移 $S_5 = x_P + L_5$，S_5 的任意阶导数等于 x_P 的任意阶导数。滑块 5 的行程 H_5 为

$$\begin{aligned} H_5 &= x_P(\varphi=0) - x_P(\varphi=\pi) \\ &= [(r_3-r_2)+b] - [-(r_3-r_2)-b] = 2(r_3-r_2)+2b \end{aligned} \tag{3.27}$$

2. 类六边形轨迹驱动的滑块双端直到三阶停歇的五杆机构传动特征

在图 3.12 中，令 $k = r_3/r_2 = 6$，$r_3 = 0.240$ m，$r_2 = r_3/6 = 0.040$ m，$b = -r_2/(k-1) = -r_2/5 = -0.008$ m。于是滑块 5 的运动特征如图 3.13 所示。

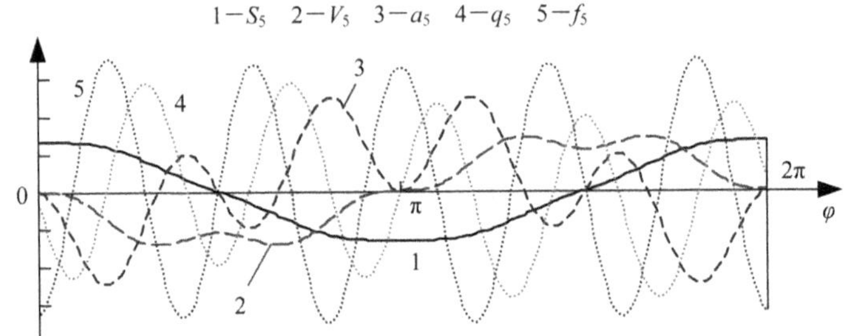

图 3.13　类六边形轨迹驱动的滑块双端直到三阶停歇的五杆机构传动特征

3.2.7　类六边形轨迹驱动的摆杆双端直到三阶停歇的五杆机构

1. 类六边形轨迹驱动的摆杆双端直到三阶停歇的五杆机构设计

在图 3.13 所示的行星轮系中，令 $k = r_3/r_2 = 6$，则 $b = -r_2/(k-1) = -r_2/5$，$\delta = -5\varphi$，P 点的轨迹为弧角曲边正六边形，如图 3.14 所示。

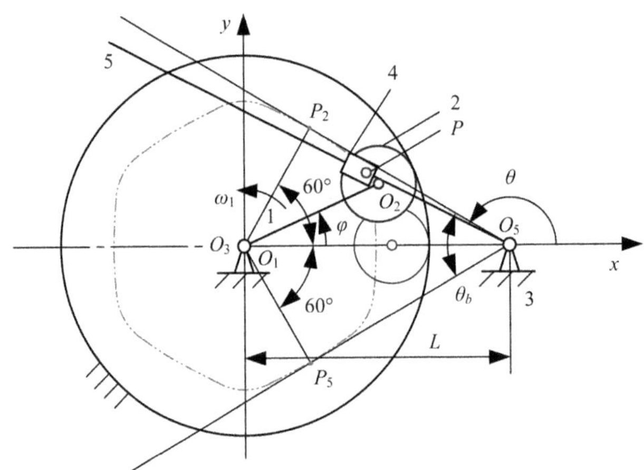

图 3.14　类六边形轨迹驱动的摆杆双端直到三阶停歇的五杆机构

过 P_2 点作 O_1P_2 的垂直线，该垂线与 x 轴的交点为 O_5，连接 O_5、P_5，则

$\angle P_2O_5P_5$ 即为摆杆 5 的摆角。摆杆 5 与安装在行星轮 2 上 P 点的滑块 4 形成移动副，滑块 4 与行星轮 2 形成转动副。由于 $\angle P_2O_1O_5 = 360°/(r_3/r_2) = 60°$，所以，摆杆 5 的摆角 $\angle P_2O_5P_5 = 180° - 120° = 60°$。设 $O_1O_5 = L$，则 $L = (r_3 - r_2 + b)/\sin 30°$。

2. 类六边形轨迹驱动的摆杆双端直到三阶停歇的五杆机构传动特征

图 3.14 所示机构的传动函数与 3.2.4 节的相同。令 $k = r_3/r_2 = 6$，$r_3 = 0.240$ m，$r_2 = r_3/6 = 0.040$ m，$b = -r_2/(k-1) = -r_2/5 = -0.008$ m。于是摆杆 5 的运动特征如图 3.15 所示。

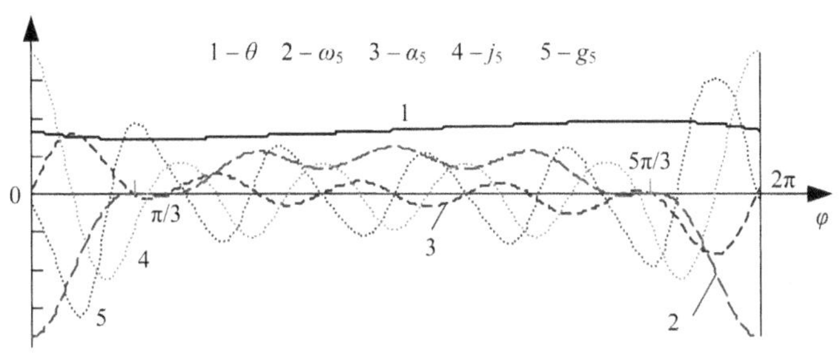

图 3.15　类六边形轨迹驱动的摆杆双端直到三阶停歇的五杆机构传动特征

3.3　外行星轮系与从动件直到三阶停歇的五杆机构

3.3.1　外行星轮上点的轨迹特征

图 3.16 所示为外啮合行星轮系，设主动件 1 的角位移为 φ，行星轮 2 的节圆半径为 r_2、齿数为 z_2、角位移为 δ；固定齿轮 3 的节圆半径为 r_3、齿数为 z_3，$O_1O_2 = O_3O_2 = r_1 = r_3 + r_2$，$\varphi$ 与 δ 的函数关系为

$$i_{23}^1 = \frac{\omega_2 - \omega_1}{\omega_3 - \omega_1} = \frac{\delta - \varphi}{0 - \varphi} = -\frac{z_3}{z_2} = -\frac{r_3}{r_2}$$

由此得行星轮 2 的角位移 δ 为

$$\delta = (1 + r_3/r_2)\varphi \tag{3.28}$$

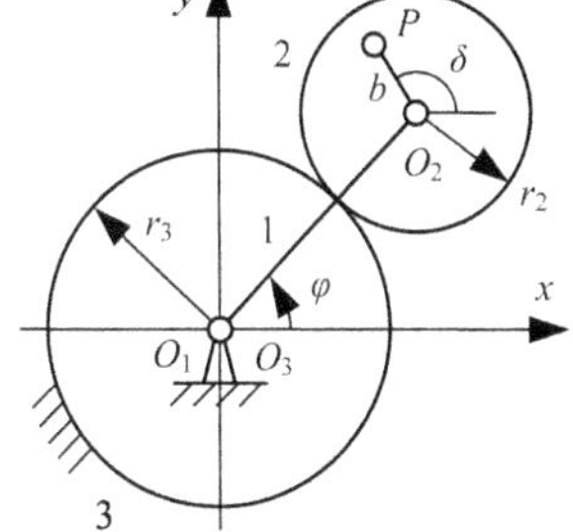

图 3.16　外行星轮上点的轨迹关系图

设行星轮 2 上 O_2 点至 P 点的有向长度为 b，令 $k = r_3/r_2$，P 点的坐标 x_P、y_P 分别为

$$x_P = (r_3 + r_2)\cos\varphi + b\cos\delta = r_2(k+1)\cos\varphi + b\cos[(1+k)\varphi] \tag{3.29}$$

$$y_P = (r_3 + r_2)\sin\varphi + b\sin\delta = r_2(k+1)\sin\varphi + b\sin[(1+k)\varphi] \tag{3.30}$$

对式(3.29)求关于 φ 的一至四阶导数，得类速度 $V_{Px}=\mathrm{d}x_P/\mathrm{d}\varphi$、类加速度 $a_{Px}=\mathrm{d}^2x_P/\mathrm{d}\varphi^2$、类加速度的一次变化率 $q_{Px}=\mathrm{d}^3x_P/\mathrm{d}\varphi^3$、类加速度的二次变化率 $f_{Px}=\mathrm{d}^4x_P/\mathrm{d}\varphi^4$ 分别为

$$V_{Px}=-r_2(k+1)\sin\varphi-b(1+k)\sin[(1+k)\varphi] \tag{3.31}$$

$$a_{Px}=-r_2(k+1)\cos\varphi-b(1+k)^2\cos[(1+k)\varphi] \tag{3.32}$$

$$q_{Px}=r_2(k+1)\sin\varphi+b(1+k)^3\sin[(1+k)\varphi] \tag{3.33}$$

$$f_{Px}=r_2(k+1)\cos\varphi+b(1+k)^4\cos[(1+k)\varphi] \tag{3.34}$$

对式(3.30)求关于 φ 的一至四阶导数，得类速度 $V_{Py}=\mathrm{d}y_P/\mathrm{d}\varphi$、类加速度 $a_{Py}=\mathrm{d}^2y_P/\mathrm{d}\varphi^2$、类加速度的一次变化率 $q_{Py}=\mathrm{d}^3y_P/\mathrm{d}\varphi^3$、类加速度的二次变化率 $f_{Py}=\mathrm{d}^4y_P/\mathrm{d}\varphi^4$ 分别为

$$V_{Py}=r_2(k+1)\cos\varphi+b(1+k)\cos[(1+k)\varphi] \tag{3.35}$$

$$a_{Py}=-r_2(k+1)\sin\varphi-b(1+k)^2\sin[(1+k)\varphi] \tag{3.36}$$

$$q_{Py}=-r_2(k+1)\cos\varphi-b(1+k)^3\cos[(1+k)\varphi] \tag{3.37}$$

$$f_{Py}=r_2(k+1)\sin\varphi+b(1+k)^4\sin[(1+k)\varphi] \tag{3.38}$$

当 $\varphi=0$ 时，$V_{Px}=0$、$q_{Px}=0$，现在令 $a_{Px}=0$、$f_{Px}=0$，得机构的几何尺寸应满足的关系为

$$-r_2(k+1)-b(k+1)^2=0 \tag{3.39}$$

$$r_2(k+1)+b(k+1)^4=0 \tag{3.40}$$

由式(3.39)得 b 与 r_2、r_3 之关系分别为

$$b=-r_2/(k+1) \tag{3.41}$$

由式(3.40)得 b 与 r_2、r_3 之关系分别为

$$b=-r_2/(k+1)^3 \tag{3.42}$$

当式(3.41)与式(3.42)同时成立，得 $k=-2$、$b=r_2$。此时 P 点的轨迹为位于 y 轴上的一段直线。

仅当式(3.41)成立时，$b=-r_2/(k+1)$，$k=3,4,5,\cdots$。

3.3.2 类外奇数边轨迹驱动的滑块单极位直到三阶停歇的五杆机构

1. 类外奇数边轨迹驱动的滑块单极位直到三阶停歇的五杆机构设计

在图 3.16 中，当 k 取奇数值时，P 点的轨迹为弧角曲边正奇数边形，其中一条曲边在 $\varphi=0$ 处与 x 轴垂直。

当 $k=3$，$r_2=r_3/k$，$b=-r_2/(k+1)$时，P 点的轨迹为弧角曲边正三边形，如

图 3.17 所示。设杆 1 的长度为 r_1，r_1 的大小为 $r_1 = r_3 + r_2$，角速度为 ω_1。在外行星轮 2 上的 P 点安装一个滑块 4，滑块 5 与滑块 4 和机架 3 分别形成移动副。滑块 5 上指定点 Q 的位移 $S_5 = x_P + L_5$，S_5 的任意阶导数等于 x_P 的任意阶导数，即 $V_5 = \mathrm{d}x_P / \mathrm{d}\varphi$、$a_5 = \mathrm{d}^2x_P / \mathrm{d}\varphi^2$、$q_5 = \mathrm{d}^3x_P / \mathrm{d}\varphi^3$、$f_5 = \mathrm{d}^4x_P / \mathrm{d}\varphi^4$。

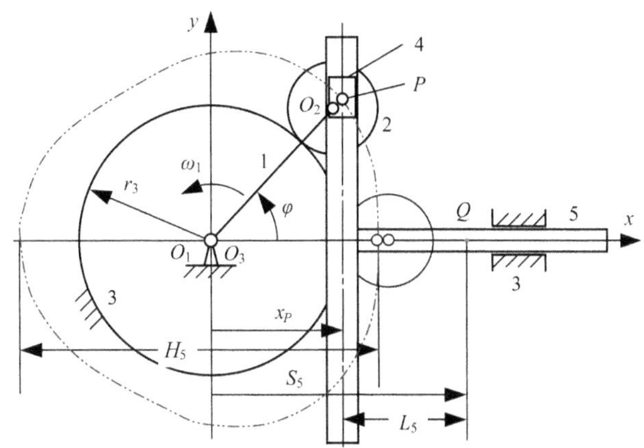

图 3.17　类外三边轨迹驱动的滑块单极位直到三阶停歇的五杆机构

2. 类外奇数边轨迹驱动的滑块单极位直到三阶停歇的五杆机构传动特征

1) 类外三边轨迹驱动的滑块单极位直到三阶停歇的五杆机构传动特征

在图 3.17 中，当 $k = 3$，$r_3 = 0.180$ m 时，$r_2 = r_3/k = 0.180/3 = 0.060$ m，$b = -r_2/(k+1) = -0.060/4 = -0.015$ m，滑块 5 的行程 H_5 对应于 x_P 在角位移 $\varphi = 0$、π 位置时的差 $x_P(\varphi = 0) - x_P(\varphi = \pi)$，由式(3.29)得 $H_5 = [4r_2\cos 0 + b\cos(4\times 0)] - [4r_2\cos\pi + b\cos(4\times\pi)] = 8r_2 = 0.480$ m。于是，该组合机构滑块 5 的传动特征如图 3.18 所示。

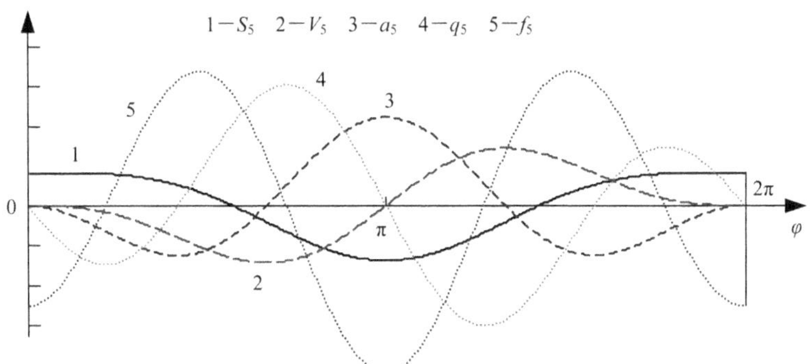

图 3.18　类外三边轨迹驱动的滑块单极位直到三阶停歇的五杆机构传动特征

2) 类外五边轨迹驱动的滑块单极位直到三阶停歇的五杆机构传动特征

在图 3.17 中，当 $k = 5$，$r_3 = 0.180$ m 时，$r_2 = r_3/k = 0.180/5 = 0.036$ m，$b = -r_2/(k+1) = -0.036/6 = -0.006$ m，滑块 5 的行程 H_5 对应于 x_P 在角位移 $\varphi = 0$、π 两个位置时的差 $x_P(\varphi = 0) - x_P(\varphi = \pi)$，由式(3.29)得 $H_5 = [6r_2\cos 0 + b\cos(6\times 0)] - [6r_2\cos\pi + b\cos(6\times\pi)] = 12r_2 = 0.432$ m。于是，该组合机构滑块 5 的传动特征如图 3.19 所示。

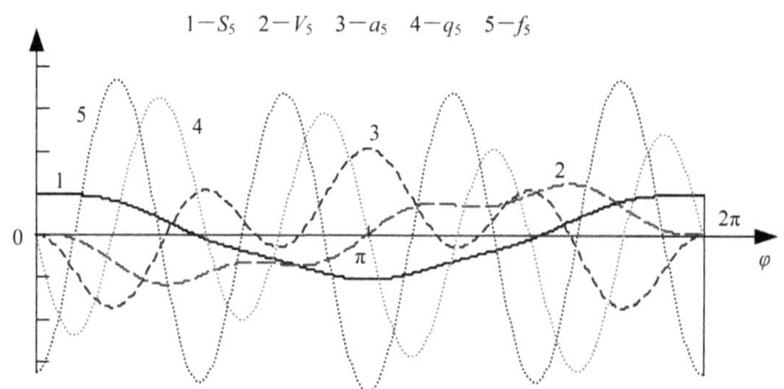

图 3.19　类外五边轨迹驱动的滑块单极位直到三阶停歇的五杆机构传动特征

3.3.3　类外偶数边轨迹驱动的滑块双极位直到三阶停歇的五杆机构

1. 类外偶数边轨迹驱动的滑块双极位直到三阶停歇的五杆机构设计

在图 3.16 中，当 k 取偶数值时，P 点的轨迹为弧角曲边正偶数边形，其中两条曲边在 $\varphi = 0$ 处与 x 轴垂直。当 $k = r_3/r_2 = 4$，$b = -r_2/(k+1) = -r_2/5$ 时，P 点的轨迹为含有四段近似直线的弧角曲边正四边形，如图 3.20 所示。设杆 1 的长度为 r_1，r_1 的大小为 $r_1 = r_3 + r_2$，在行星轮 2 的 P 点安装一个滑块 4，滑块 5

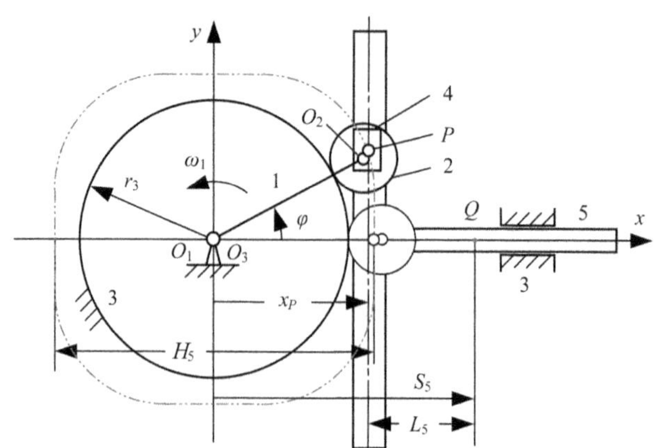

图 3.20　类外偶数边轨迹驱动的滑块双极位直到三阶停歇的五杆机构

与滑块 4、机架 3 分别形成移动副。滑块 5 上指定点 Q 的位移 $S_5 = x_P + L_5$，S_5 的任意阶导数等于 x_P 的任意阶导数。

2. 类外偶数边轨迹驱动的滑块双极位直到三阶停歇的五杆机构传动特征

1) 类外四边轨迹驱动的滑块双极位直到三阶停歇的五杆机构传动特征

在图 3.20 中，令 $k = r_3/r_2 = 4$，设 $r_3 = 0.180$ m，则 $r_2 = r_3/4 = 0.045$ m，$b = -r_2/(k+1) = -r_2/5 = -0.009$ m。

由式(3.29)得滑块 5 的行程 $H_5 = [5r_2\cos 0 + b\cos(5\times0)] - [5r_2\cos\pi + b\cos(5\times\pi)] = (5r_2 + b) - (-5r_2 - b) = 10r_2 + 2b = 0.432$ m。于是，该组合机构滑块 5 的传动特征如图 3.21 所示。

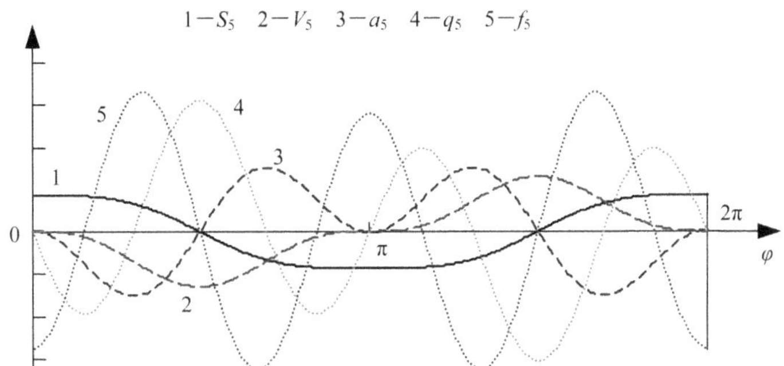

图 3.21　类外四边轨迹驱动的滑块双极位直到三阶停歇的五杆机构传动特征

2) 类外六边轨迹驱动的滑块双极位直到三阶停歇的五杆机构传动特征

在图 3.20 中，令 $k = r_3/r_2 = 6$，设 $r_3 = 0.180$ m，则 $r_2 = r_3/6 = 0.030$ m，$b = -r_2/(k+1) = -r_2/7 = -0.00428$ m。

滑块 5 的行程 $H_5 = [7r_2\cos 0 + b\cos(7\times0)] - [7r_2\cos\pi + b\cos(7\times\pi)] = (7r_2 + b) - (-5r_2 - b) = 14r_2 + 2b = 0.351$ m。于是，该组合机构滑块 5 的传动特征如图 3.22 所示。

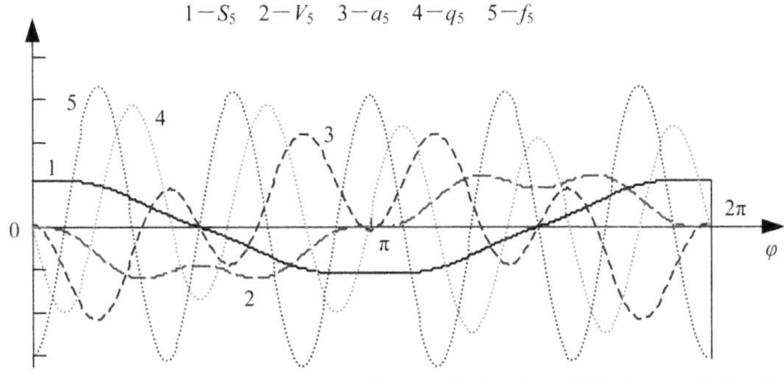

图 3.22　类外六边轨迹驱动的滑块双极位直到三阶停歇的五杆机构传动特征

3.4　连杆曲线驱动的滑块单端直到三阶停歇的平面六杆机构

3.4.1　曲柄摇块机构与连杆曲线含有近似直线段的几何关系

图 3.23 为曲柄摇块机构，设曲柄 1 的杆长 $O_1A = r_1$，角速度为 ω_1，导杆 2 的角位移为 δ，导杆 2 上 O_3A 的长度 $O_3A = S_1$，导杆 2 上 A、P 之间的有向长度为 $AP = c$。该曲柄摇块机构的位置方程及其解与式(2.1) ~ 式(2.16)相同。

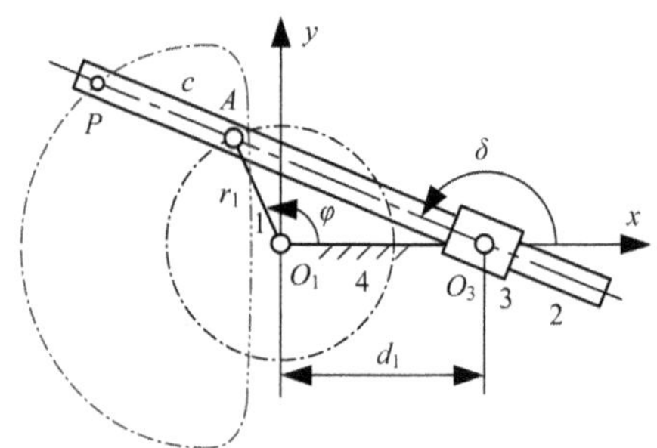

图 3.23　曲柄摇块机构与连杆曲线含有近似直线段的几何关系

导杆 2 上 P 点的轨迹坐标 x_P、y_P 分别为

$$\left.\begin{aligned}x_P &= d_1 + (S_1 + c)\cos\delta \\ y_P &= (S_1 + c)\sin\delta\end{aligned}\right\} \tag{3.43}$$

x_P 关于 φ 的一至三阶导数分别为

$$\frac{\mathrm{d}x_P}{\mathrm{d}\varphi} = \frac{\mathrm{d}S_1}{\mathrm{d}\varphi}\cos\delta - (S_1 + c)\sin\delta\frac{\mathrm{d}\delta}{\mathrm{d}\varphi} \tag{3.44}$$

$$\frac{\mathrm{d}^2x_P}{\mathrm{d}\varphi^2} = \frac{\mathrm{d}^2S_1}{\mathrm{d}\varphi^2}\cos\delta - 2\frac{\mathrm{d}S_1}{\mathrm{d}\varphi}\sin\delta\frac{\mathrm{d}\delta}{\mathrm{d}\varphi} - (S_1 + c)\cos\delta\left(\frac{\mathrm{d}\delta}{\mathrm{d}\varphi}\right)^2 - (S_1 + c)\sin\delta\frac{\mathrm{d}^2\delta}{\mathrm{d}\varphi^2} \tag{3.45}$$

$$\begin{aligned}\frac{\mathrm{d}^3x_P}{\mathrm{d}\varphi^3} = {}& \frac{\mathrm{d}^3S_1}{\mathrm{d}\varphi^3}\cos\delta - 3\frac{\mathrm{d}^2S_1}{\mathrm{d}\varphi^2}\frac{\mathrm{d}\delta}{\mathrm{d}\varphi}\sin\delta - 3\frac{\mathrm{d}S_1}{\mathrm{d}\varphi}\cos\delta\left(\frac{\mathrm{d}\delta}{\mathrm{d}\varphi}\right)^2 - 3\frac{\mathrm{d}S_1}{\mathrm{d}\varphi}\sin\delta\frac{\mathrm{d}^2\delta}{\mathrm{d}\varphi^2} \\ & + (S_1 + c)\sin\delta\left(\frac{\mathrm{d}\delta}{\mathrm{d}\varphi}\right)^3 - 3(S_1 + c)\cos\delta\frac{\mathrm{d}\delta}{\mathrm{d}\varphi}\frac{\mathrm{d}^2\delta}{\mathrm{d}\varphi^2} - (S_1 + c)\sin\delta\frac{\mathrm{d}^3\delta}{\mathrm{d}\varphi^3}\end{aligned} \tag{3.46}$$

当 $\varphi=0$ 时，$\delta=\pi$，$S_1=d_1-r_1$。δ、S_1 关于 φ 的一至三阶导数在 $\varphi=0$ 位置的数值分别为

$$\frac{\mathrm{d}S_1}{\mathrm{d}\varphi}=0\,,\quad \frac{\mathrm{d}\delta}{\mathrm{d}\varphi}=\frac{-r_1}{d_1-r_1}$$

$$\frac{\mathrm{d}^2S_1}{\mathrm{d}\varphi^2}=\left(\frac{r_1}{d_1-r_1}\right)^2(d_1-r_1)+r_1=\frac{r_1^2}{d_1-r_1}+r_1\,,\quad \frac{\mathrm{d}^2\delta}{\mathrm{d}\varphi^2}=0$$

$$\frac{\mathrm{d}^3S_1}{\mathrm{d}\varphi^3}=0\,,\quad \frac{\mathrm{d}^3\delta}{\mathrm{d}\varphi^3}=\left[d_1+2\left(\frac{r_1^2}{d_1-r_1}+r_1\right)\right]\frac{r_1}{(d_1-r_1)^2}$$

当 $\varphi=0$ 时，导杆 2 上 P 点的轨迹坐标 x_P 为 $x_P=r_1-c$。此时 x_P 的一至三阶导数的数值分别为

$$\frac{\mathrm{d}x_P}{\mathrm{d}\varphi}=0$$

$$\frac{\mathrm{d}^2x_P}{\mathrm{d}\varphi^2}=-\frac{r_1^2}{d_1-r_1}-r_1+(d_1-r_1+c)\frac{r_1^2}{(d_1-r_1)^2}$$

$$\frac{\mathrm{d}^3x_P}{\mathrm{d}\varphi^3}=0$$

令 $\mathrm{d}^2x_P/\mathrm{d}\varphi^2=0$，得到导杆 2 上产生近似直线段轨迹的尺寸关系为

$$-\frac{r_1^2}{d_1-r_1}-r_1+(d_1-r_1+c)\left(\frac{r_1}{d_1-r_1}\right)^2=0 \tag{3.47}$$

由式(3.47)得尺寸 c 的设计方程为

$$c=(d_1-r_1)^2/r_1 \tag{3.48}$$

由式(3.48)确定 c，当 $d_1>r_1$ 时，该几何条件对应的Ⅰ型摇块机构如图 3.23 所示。

当 $\varphi=\pi$ 时，$\delta=\pi$，$S_1=r_1+d_1$。δ、S_1 关于 φ 的一至三阶导数在 $\varphi=\pi$ 时的数值分别为

$$\frac{\mathrm{d}S_1}{\mathrm{d}\varphi}=0\,,\quad \frac{\mathrm{d}\delta}{\mathrm{d}\varphi}=\frac{r_1}{r_1+d_1}$$

$$\frac{\mathrm{d}^2S_1}{\mathrm{d}\varphi^2}=\frac{r_1^2}{r_1+d_1}-r_1\,,\quad \frac{\mathrm{d}^2\delta}{\mathrm{d}\varphi^2}=0$$

$$\frac{\mathrm{d}^3S_1}{\mathrm{d}\varphi^3}=0\,,\quad \frac{\mathrm{d}^3\delta}{\mathrm{d}\varphi^3}=\frac{r_1^2}{r_1+d_1}-r_1-2\left(\frac{r_1}{r_1+d_1}-1\right)\frac{r_1^2}{(r_1+d_1)^2}$$

x_P 的一至三阶导数在 $\varphi=\pi$，$\delta=\pi$ 时的数值分别为

$$\frac{\mathrm{d}x_P}{\mathrm{d}\varphi}=0$$

$$\frac{\mathrm{d}^2 x_P}{\mathrm{d}\varphi^2}=-\frac{r_1^2}{r_1+d_1}+r_1+(r_1+d_1+c)\left(\frac{r_1}{r_1+d_1}\right)^2$$

$$\frac{\mathrm{d}^3 x_P}{\mathrm{d}\varphi^3}=0$$

令 $\mathrm{d}^2x_P/\mathrm{d}\varphi^2=0$，得到导杆 2 上产生近似直线段轨迹的尺寸关系为

$$-\frac{r_1^2}{r_1+d_1}+r_1+(r_1+d_1+c)\left(\frac{r_1}{r_1+d_1}\right)^2=0 \tag{3.49}$$

由式(3.49)得尺寸 c 的设计方程为

$$c=-(d_1+r_1)^2/r_1 \tag{3.50}$$

式(3.50)中的“–”表示 c 沿 AO_3 方向取值。该几何条件所对应的Ⅱ型曲柄摇块机构如图 3.24 所示。

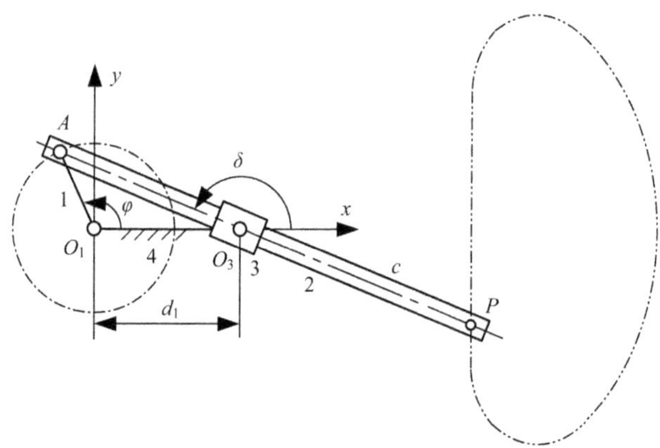

图 3.24　Ⅱ型曲柄摇块机构与连杆曲线含有近似直线段的几何关系

3.4.2　Ⅰ型摇块滑块单端直到三阶停歇的平面六杆机构

1. Ⅰ型摇块滑块单端直到三阶停歇的平面六杆机构设计

在图 3.23 所示的曲柄摇块机构中，在 P 点安装滑块 5、滑块 5 与导杆 2 形成转动副，移动构件 6 与滑块 5 和机架 4 分别形成移动副，它们组成平面六杆机构，如图 3.25 所示。

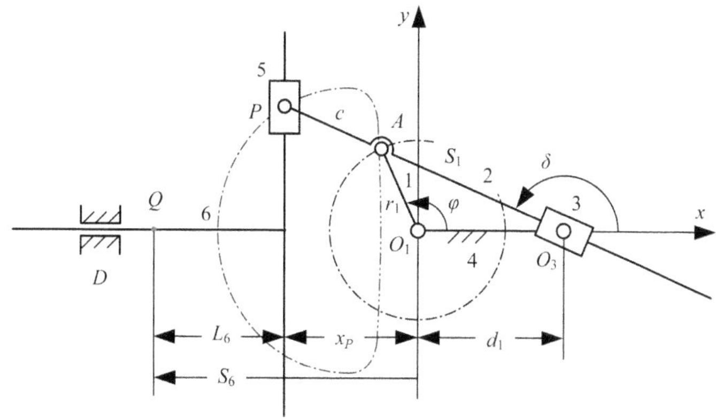

图 3.25　I 型摇块滑块单端直到三阶停歇的平面六杆机构

2. I 型摇块滑块单端直到三阶停歇的平面六杆机构设计传动特征

在图 3.25 中，在构件 6 上任意选取一点 Q，Q 点的位移 $S_6 = x_P - L_6$，S_6 的各阶导数与 x_P 的相同。这表明，该类机构的从动件在位移的一端($\varphi = 0$)具有直到三阶停歇的传动特征。构件 6 的行程 $H_6 = 2r_1$，行程速比系数 $K = [180°+2\arcsin(r_1/d_1)]/[180°-2\arcsin(r_1/d_1)]$。由于该种组合机构的传动角恒等于 90°，所以，机械效率相对较高。令 $r_1 = 0.140$ m，$d_1 = 0.280$ m，$H_6 = 0.280$ m，$\omega_1 = 1$，传动特征如图 3.26 所示。

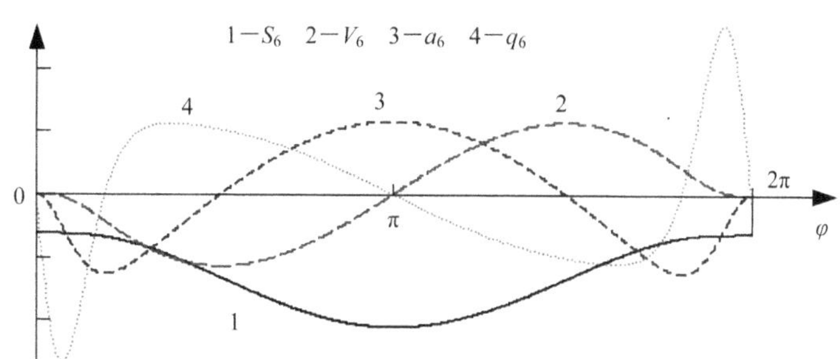

图 3.26　I 型摇块滑块单端直到三阶停歇的平面六杆机构传动函数

3.4.3　II 型摇块滑块单端直到三阶停歇的平面六杆机构

1. II 型摇块滑块单端直到三阶停歇的平面六杆机构设计

在图 3.24 所示的曲柄摇块机构中，在 P 点安装滑块 5、滑块 5 与导杆 2 形成转动副，移动构件 6 与滑块 5 和机架 4 分别形成移动副，它们组成平面六杆机构，如图 3.27 所示。

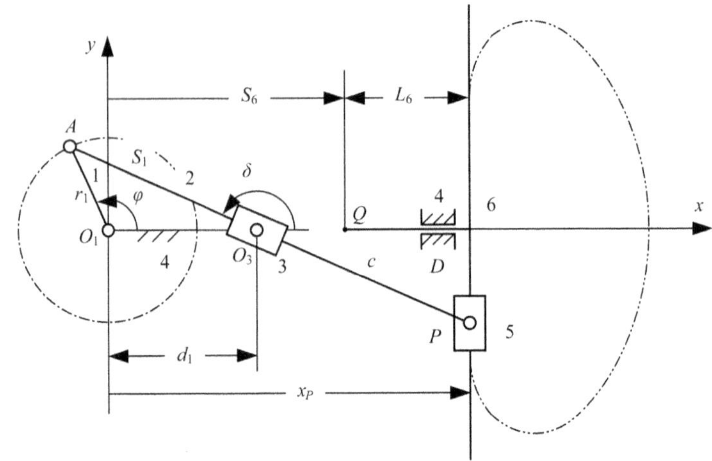

图 3.27　Ⅱ型摇块滑块单端直到三阶停歇的平面六杆机构

2. Ⅱ型摇块滑块单端直到三阶停歇的平面六杆机构设计传动特征

在图 3.27 中，在构件 6 上任意选取一点 Q，Q 点的位移 $S_6 = x_P - L_6$，S_6 的各阶导数与 x_P 的相同。这表明，该类机构的从动件在位移一端($\varphi = \pi$)具有直到三阶停歇的传动特征。构件 6 的行程 $H_6 = 2r_1$，行程速比系数 $K = [180^\circ + 2\arcsin(r_1/d_1)]/[180^\circ - 2\arcsin(r_1/d_1)]$。令 $r_1 = 0.140$ m，$d_1 = 0.280$ m，$H_6 = 0.280$ m，$\omega_1 = 1$，该组合机构的构件 6 的传动特征如图 3.28 所示。

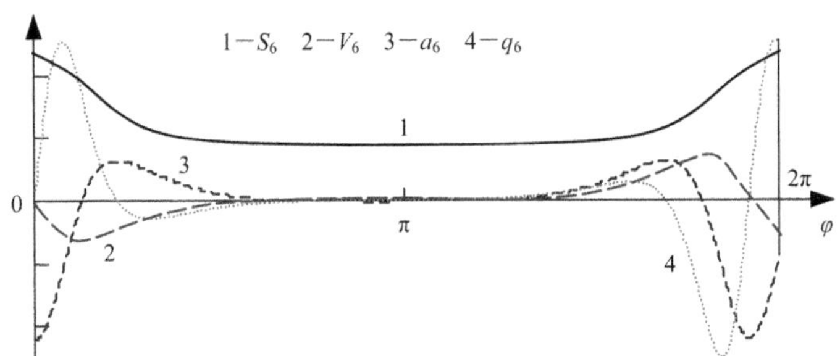

图 3.28　Ⅱ型摇块滑块单端直到三阶停歇的平面六杆机构传动函数

3.4.4　曲柄滑块机构与连杆曲线含有近似直线段的几何关系

在图 3.29 所示的曲柄滑块机构中，已知曲柄 1 的杆长 $O_1A = a$，角位移为 φ，角速度为 ω_1，连杆 2 的杆长 $AB = b$，角位移为 θ，连杆 2 上 A、P 之间的有向

长度为 $AP = c$，c 的方位角为 δ，滑块 3 的位移为 S_3。

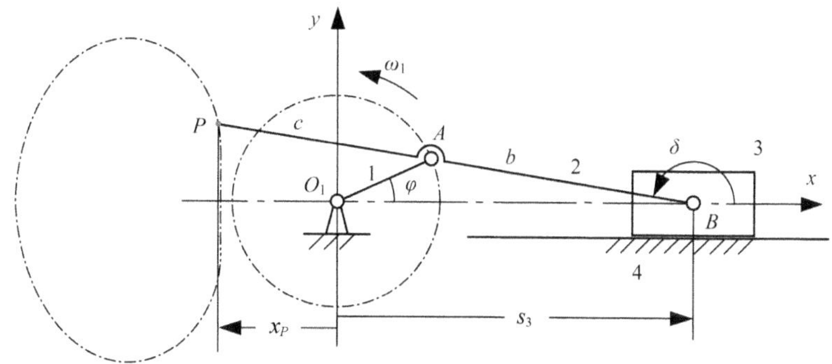

图 3.29　曲柄滑块机构与连杆曲线含有近似直线段的几何关系

在图 3.29 中，曲柄滑块机构的位移方程及其解分别为

$$a\sin\varphi = b\sin\delta \tag{3.51}$$

$$a\cos\varphi = S_3 + b\cos\delta \tag{3.52}$$

$$\delta = \arctan 2[a\sin\varphi/(-\sqrt{b^2-(a\sin\varphi)^2})] \tag{3.53}$$

$$S_3 = a\cos\varphi - b\cos\delta \tag{3.54}$$

对式(3.51)与式(3.52)求关于 φ 的一阶导数，得类速度方程及其解 $\omega_{L2} = \mathrm{d}\delta/\mathrm{d}\varphi$、$V_{L3} = \mathrm{d}S_3/\mathrm{d}\varphi$ 分别为

$$a\cos\varphi = b\cos\delta\omega_{L2} \tag{3.55}$$

$$-a\sin\varphi = V_{L3} - b\sin\delta\omega_{L2} \tag{3.56}$$

$$\omega_{L2} = a\cos\varphi/(b\cos\delta) \tag{3.57}$$

$$V_{L3} = -a\sin\varphi + b\omega_{L2}\sin\delta \tag{3.58}$$

对式(3.55)与式(3.56)求关于 φ 的一阶导数，得类加速度方程及其解 $\alpha_{L2} = \mathrm{d}^2\delta/\mathrm{d}\varphi^2$、$a_{L3} = \mathrm{d}^2S_3/\mathrm{d}\varphi^2$ 分别为

$$-a\sin\varphi = -b\omega_{L2}^2\sin\delta + b\alpha_{L2}\cos\delta \tag{3.59}$$

$$-a\cos\varphi = a_{L3} - b\omega_{L2}^2\cos\delta - b\alpha_{L2}\sin\delta \tag{3.60}$$

$$\alpha_{L2} = [-a\sin\varphi + b\omega_{L2}^2\sin\delta]/(b\cos\delta) \tag{3.61}$$

$$a_{L3} = -a\cos\varphi + b\omega_{L2}^2\cos\delta + b\alpha_{L2}\sin\delta \tag{3.62}$$

对式(3.59)与式(3.60)求关于 φ 的一阶导数，得类加速度方程及其解 $j_{L2} = \mathrm{d}^3\delta/\mathrm{d}\varphi^3$、$q_{L3} = \mathrm{d}^3S_3/\mathrm{d}\varphi^3$ 分别为

$$-a\cos\varphi = -3b\omega_{L2}\alpha_{L2}\sin\delta - b\omega_{L2}^3\cos\delta + bj_{L2}\cos\delta \tag{3.63}$$

$$a\sin\varphi = q_{L3} - 3b\omega_{L2}\alpha_{L2}\cos\delta + b\omega_{L2}^3\sin\delta - bj_{L2}\sin\delta \tag{3.64}$$

$$j_{L2} = [-a\cos\varphi + 3b\omega_{L2}\alpha_{L2}\sin\delta + b\omega_{L2}^3\cos\delta]/(b\cos\delta) \tag{3.65}$$

$$q_{L3} = a\sin\varphi + 3b\omega_{L2}\alpha_{L2}\cos\delta - b\omega_{L2}^3\sin\delta + bj_{L2}\sin\delta \tag{3.66}$$

在图 3. 29 中，连杆 2 上 P 点的坐标 x_P、y_P 分别为

$$\left.\begin{aligned} x_P &= a\cos\varphi + c\cos\delta \\ y_P &= a\sin\varphi + c\cos\delta \end{aligned}\right\} \tag{3.67}$$

P 点沿 x 方向的类速度 V_{Px}、类加速度 a_{Px} 和类加速度的一次变化率 q_{Px} 分别

$$V_{Px} = -a\sin\varphi - c\omega_{L2}\sin\delta \tag{3.68}$$

$$a_{Px} = -a\cos\varphi - c\alpha_{L2}\sin\delta - c\omega_{L2}^2\cos\delta \tag{3.69}$$

$$q_{Px} = a\sin\varphi - cj_{L2}\sin\delta - 3c\omega_{L2}\alpha_{L2}\cos\delta + c\omega_{L2}^3\sin\delta \tag{3.70}$$

当 $\varphi = 0$ 时，$\delta = \pi$，$S_3 = a + b$，δ 与 S_3 的一至三阶导数的数值分别为

$$\omega_{L2} = \frac{d\delta}{d\varphi} = -\frac{a}{b}, \quad V_{L3} = \frac{dS_3}{d\varphi} = 0$$

$$\alpha_{L2} = \frac{d^2\delta}{d\varphi^2} = 0, \quad a_{L3} = \frac{d^2S_3}{d\varphi^2} = -a - \frac{a^2}{b}$$

$$j_{L2} = \frac{d^3\delta}{d\varphi^3} = \frac{a}{b} - \frac{a^3}{b^3}, \quad q_{L3} = \frac{d^3S_3}{d\varphi^3} = 0$$

在 $\varphi = 0$ 位置，x_P 关于 φ 的一至三阶导数的数值分别为

$$\left.\frac{dx_P}{d\varphi}\right|_{\varphi=0} = \left. -a\sin\varphi - c\frac{d\delta}{d\varphi}\sin\delta\right|_{\varphi=0} = 0$$

$$\left.\frac{d^2x_P}{d\varphi^2}\right|_{\varphi=0} = \left. -a\cos\varphi - c\left(\frac{d\delta}{d\varphi}\right)^2\cos\delta - c\frac{d^2\delta}{d\varphi^2}\sin\delta\right|_{\varphi=0} = -a + c\left(\frac{a}{b}\right)^2$$

$$\left.\frac{d^3x_P}{d\varphi^3}\right|_{\varphi=0} = \left. a\sin\varphi + c\left(\frac{d\delta}{d\varphi}\right)^3\sin\delta - 3c\frac{d\delta}{d\varphi}\frac{d^2\delta}{d\varphi^2}\cos\delta - c\frac{d^3\delta}{d\varphi^3}\sin\delta\right|_{\varphi=0} = 0$$

令 $d^2x_P/d\varphi^2 = -a + c(a/b)^2 = 0$，得 a、b 和 c 之间的数值关系为

$$c = b^2/a \tag{3.71}$$

当式(3.71)成立时，P 点的轨迹在 $\varphi = 0$ 处具有直到三阶导数为零，表明该段轨迹与过($a - c$，0)点的垂直线直到三阶相切，称为曲柄滑块机构与 Ⅰ 型连杆曲线，如图 3. 29 所示。当 $b = a$ 时，P 点的轨迹在 $-0.5\pi \leqslant \varphi \leqslant 0.5\pi$ 区间内为一

条直线。

当 $\varphi=\pi$，$\delta=\pi$，$S_3=b-a$，δ 与 S_3 的一至三阶导数的数值分别为

$$\omega_{L2}=\frac{d\delta}{d\varphi}=\frac{a}{b}\text{，}\quad V_{L3}=\frac{dS_3}{d\varphi}=0$$

$$\alpha_{L2}=\frac{d^2\delta}{d\varphi^2}=0\text{，}\quad a_{L3}=\frac{d^2S_3}{d\varphi^2}=a-\frac{a^2}{b}$$

$$j_{L2}=\frac{d^3\delta}{d\varphi^3}=-\frac{a}{b}+\frac{a^3}{b^3}\text{，}\quad q_{L3}=\frac{d^3S_3}{d\varphi^3}=0$$

在 $\varphi=\pi$ 位置，x_P 关于 φ 的一至三阶导数的数值分别为

$$\left.\frac{dx_P}{d\varphi}\right|_{\varphi=\pi}=\left.-a\sin\varphi-c\frac{d\delta}{d\varphi}\sin\delta\right|_{\varphi=\pi}=0$$

$$\left.\frac{d^2x_P}{d\varphi^2}\right|_{\varphi=\pi}=\left.-a\cos\varphi-c\left(\frac{d\delta}{d\varphi}\right)^2\cos\delta-c\frac{d^2\delta}{d\varphi^2}\sin\delta\right|_{\varphi=\pi}=a+c\frac{a^2}{b^2}$$

$$\left.\frac{d^3x_P}{d\varphi^3}\right|_{\varphi=\pi}=\left.a\sin\varphi+c\left(\frac{d\delta}{d\varphi}\right)^3\sin\delta-3c\frac{d\delta}{d\varphi}\frac{d^2\delta}{d\varphi^2}\cos\delta-c\frac{d^3\delta}{d\varphi^3}\sin\delta\right|_{\varphi=\pi}=0$$

令 $d^2x_P/d\varphi^2=a+c\cdot a^2/b^2=0$，得 a、b 和 c 之间的数值关系为

$$c=-b^2/a \tag{3.72}$$

当式(3.72)成立时，P 点的轨迹在 $\varphi=\pi$ 处具有直到三阶导数为零，这表明该段轨迹与过 $P(-c-a，0)$点的垂直线达到三阶相切，称为曲柄滑块机构与Ⅱ型连杆曲线，如图 3. 30 所示。c 中的负号，表明 c 在 AB 的方向上。

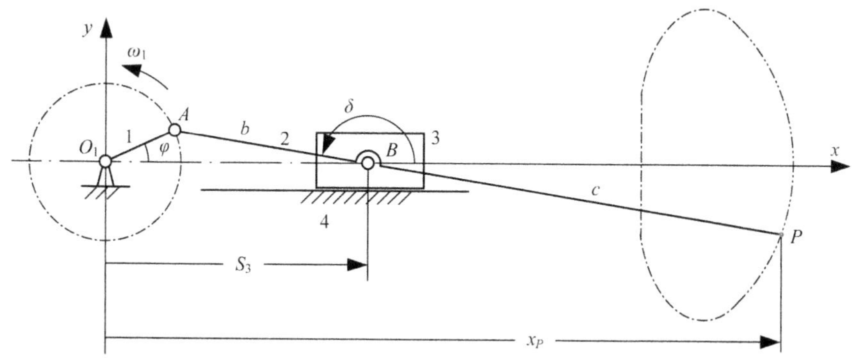

图 3.30　曲柄滑块机构与Ⅱ型连杆曲线含有近似直线段的几何关系

3.4.5 Ⅰ型滑块单端直到三阶停歇的平面六杆机构

在图 3. 29 中，在连杆 2 上的 P 点安装一个滑块 5，滑块 6 与滑块 5 和机架 4 分别形成移动副，于是，得到Ⅰ型滑块单端直到三阶停歇的平面六杆机构，如图 3. 31 所示。

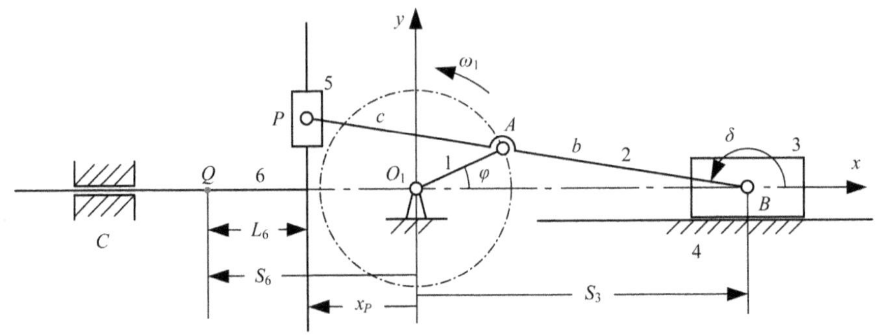

图 3.31 Ⅰ型滑块单端直到三阶停歇的平面六杆机构

在构件 6 上任意选取一点 Q，Q 点的位移 $S_6 = x_P - L_6$，S_6 的各阶导数与 x_P 的相同。这表明，该类机构的从动件在位移的一端(对应于 $\varphi = 0$)具有直到三阶停歇的传动特征。构件 6 的行程 $H_6 = 2r_1$，由于构件 6 的行程 $H_6 = 2r_1$，所以，该类组合机构的设计相当简单。

当 $H_6 = 0.280$ m，$L_6 = 0.150$ m，$a = 0.140$ m，$b = 0.350$ m，$c = AP = b^2/a = 0.35^2/0.14 = 0.875$ m，$\omega_1 = \mathrm{d}\varphi/\mathrm{d}t = 1$ 时。该组合机构的滑块 6 的传动特征如图 3. 32 所示。

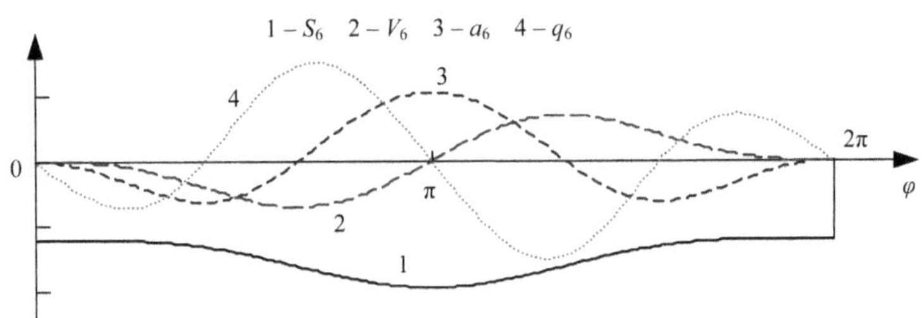

图 3.32 Ⅰ型滑块单端直到三阶停歇的平面六杆机构传动特征

3.4.6 Ⅱ型滑块单端直到三阶停歇的平面六杆机构

在图 3. 30 所示的曲柄滑块中，在 P 点安装一个滑块 5，滑块 6 与滑块 5 和机架 4 分别形成移动副，于是，得到Ⅱ型滑块单端直到三阶停歇的平面六杆机构，如图 3. 33 所示。

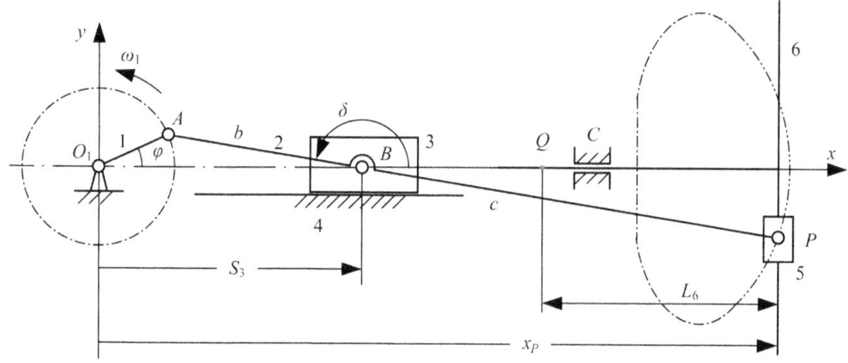

图 3.33　Ⅱ型滑块单端直到三阶停歇的平面六杆机构

在构件 6 上任意选取一点 Q，Q 点的位移 $S_6 = x_P - L_6$，S_6 的各阶导数与 x_P 的相同。这表明，该类机构的从动件在位移的一端(对应于 $\varphi = \pi$)具有直到三阶停歇的传动特征。

当 $H_6 = 0.280$ m，$L_6 = 0.350$ m，$a = 0.140$ m，$b = 0.300$ m，$c = AP = b^2/a = 0.3^2/0.14 = 0.643$ m，$\omega_1 = \mathrm{d}\varphi/\mathrm{d}t = 1$ 时。该组合机构的滑块 6 的传动特征如图 3.34 所示。

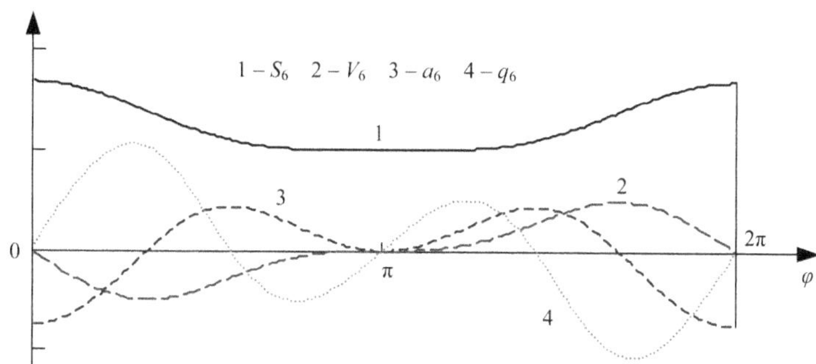

图 3.34　Ⅱ型滑块单端直到三阶停歇的平面六杆机构传动特征

第 4 章　直到五阶停歇的机构设计理论与传动性能

研究了输入端子机构的传动函数在某位置的一阶、二阶导数为零点以及输出端子机构的传动函数在对应位置的一阶导数为零，从而导致组合机构的输出构件具有直到五阶传动函数为零点的函数关系与几何构造，通过 6 种机构，展示了输出构件在位移单端、位移双端具有直到五阶停歇的机构设计理论与它们各自的传动特征。

4.1　类多边形轨迹与滑块单端直到五阶停歇的组合机构

4.1.1　类五边形轨迹与滑块单端直到五阶停歇的Ⅰ型七杆机构

1. 类五边形轨迹与滑块单端直到五阶停歇的Ⅰ型七杆机构设计

基于内行星轮上的类五边形轨迹，添加 RPR 型Ⅱ级杆组与 RPP 型Ⅱ级杆组后，得到图 4.1 所示的移动从动件 7 在位移单端具有直到五阶停歇的Ⅰ型平面七杆机构。

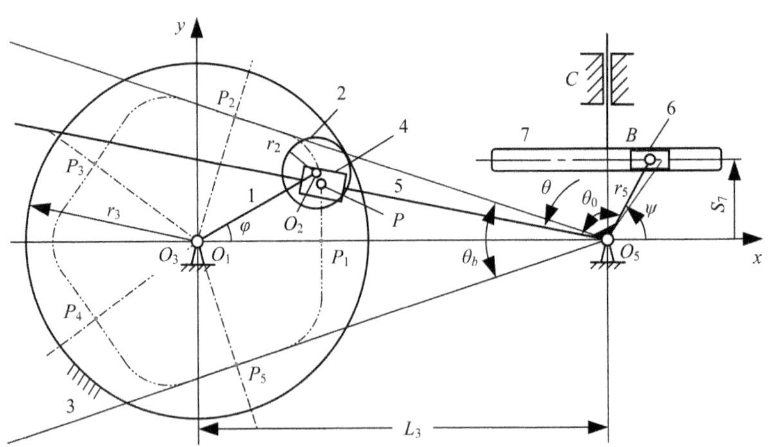

图 4.1　类五边形轨迹与滑块单端直到五阶停歇的Ⅰ型七杆机构

在图 4.1 中，$k = r_3/r_2 = 5$，摆杆 5 的摆角为 $\theta_b = \pi/5$ rad，固定转动中心 O_1、O_5之间的长度 $L_3 = (r_3 - r_2 + b)/\sin(0.5\theta_b)$，设 O_5、B 之间的长度为 r_5，滑块 7

的上极限位置对应 $\psi_s = \pi/2$，下极限位置对应 $\psi_x = \pi/2 - \theta_b$，摆杆 5 上的结构角 $\theta_0 = \pi/2 + 0.5\theta_b$，于是，移动滑块 7 的行程 $H_7 = r_5(1 - \cos\theta_b)$。可见，该类五边形轨迹与滑块单端直到五阶停歇的 I 型七杆机构的几何设计相当简单。滑块 7 在 $\theta = \pi + 0.5\theta_b$ 位置具有直到五阶停歇的传动特征。

在图 4.1 中，若行星轮上点的轨迹为类六边形，则摆杆 5 的摆角为 $\theta_b = \pi/3$ rad，此时，滑块 7 的行程 $H_7 = r_5(1 - \cos\theta_b)$将变大。

2. 类五边形轨迹与滑块单端直到五阶停歇的 I 型七杆机构传动函数

在图 4.1 中，摆杆 5 的各阶传动函数与 3.2.4 节的相同。

摆杆 5 上的结构角 $\theta_0 = (\pi + \theta_b)/2$，摆杆 5 上 O_5B 的角位移 $\psi = \theta - \theta_0$。于是，滑块 7 的位移 S_7 为

$$S_7 = r_5 \sin\psi = r_5 \sin(\theta - \theta_0) \tag{4.1}$$

对式(4.1)求关于 θ 的一至四阶导数，得类速度及其一至三阶导数分别为

$$V_{L7} = \mathrm{d}S_7 / \mathrm{d}\theta = r_5 \cos(\theta - \theta_0) \tag{4.2}$$

$$a_{L7} = \mathrm{d}^2 S_7 / \mathrm{d}\theta^2 = -r_5 \sin(\theta - \theta_0) \tag{4.3}$$

$$q_{L7} = \mathrm{d}^3 S_7 / \mathrm{d}\theta^3 = -r_5 \cos(\theta - \theta_0) \tag{4.4}$$

$$f_{L7} = \mathrm{d}^4 S_7 / \mathrm{d}\theta^4 = r_5 \sin(\theta - \theta_0) \tag{4.5}$$

当滑块 7 在上极限位置时，$\theta = \pi + \theta_b/2$，$\theta - \theta_0 = (\pi + \theta_b/2) - (\pi + \theta_b)/2 = \pi/2$ rad，由式(4.2)得滑块 7 的类速度 $\mathrm{d}S_7/\mathrm{d}\theta = 0$。由 3.2.4 节的研究得知，摆杆 5 在 O_5P_5 位置的 $\mathrm{d}\theta_{P5}/\mathrm{d}\varphi = 0$、$\mathrm{d}^2\theta_{P5}/\mathrm{d}\varphi^2 = 0$ 和 $\mathrm{d}^3\theta_{P5}/\mathrm{d}\varphi^3 = 0$。

滑块 7 的 $S_7 = S_7[\theta(\varphi)]$函数关于 φ 的五阶导数由四阶导数的数值获得，即 $h_7 = \mathrm{d}^5S_7/\mathrm{d}\varphi^5 = [\mathrm{d}^4S_7(i+1)/\mathrm{d}\varphi^4 - \mathrm{d}^4S_7(i)/\mathrm{d}\varphi^4]/(\Delta\varphi)$。为此，由式(1.6) ~ 式(1.10) 以及 1.2.1 节的原理，滑块 7 在 $\varphi = 8\pi/5$，$\theta = \pi + 0.5\theta_b$ 位置具有直到五阶停歇的传动特征。

3. 类五边形轨迹与滑块单端直到五阶停歇的 I 型七杆机构传动特征

在图 4.1 中，令 $k = r_3/r_2 = 5$，设 $r_3 = 0.125$ m，则 $r_2 = 0.025$ m，$b = -r_2/4 = -0.00625$ m，于是 $L_3 = (r_3 - r_2 + b)/\sin(0.5\theta_b) = (0.125 - 0.025 - 0.006\,25)/\sin18^\circ = 0.30338$ m。令 $H_7 = 0.020$ m，$r_5 = H_7/(1 - \cos\theta_b) = 0.2/(1 - \cos36^\circ) = 0.1047$ m。滑块 7 的传动特征如图 4.2 所示。

4.1.2 类六边形轨迹与滑块单端直到五阶停歇的 I 型七杆机构

1. 类六边形轨迹与滑块单端直到五阶停歇的 I 型七杆机构设计

在图 4.3 中，P 点的轨迹为弧角曲边正六边形，滑块 4 与行星轮 2 形成转动

副 P，摆杆 5 与滑块 4 形成移动副，与机架 3 形成转动副 O_5，与滑块 6 形成转动副 B，滑块 7 与滑块 6 形成移动副，与机架 3 形成移动副。$O_5B = r_5$，过 B_1 点作 O_5B_1 的垂线，在该垂线上任意选择一点 D，过 D 点作 O_5B_1 的平行线 DA，从而得到一个类六边形轨迹与滑块单端直到五阶停歇的 I 型七杆机构。在该机构中，$k = r_3/r_2 = 6$，摆杆 5 的摆角 $\theta_b = \pi/3$ rad。

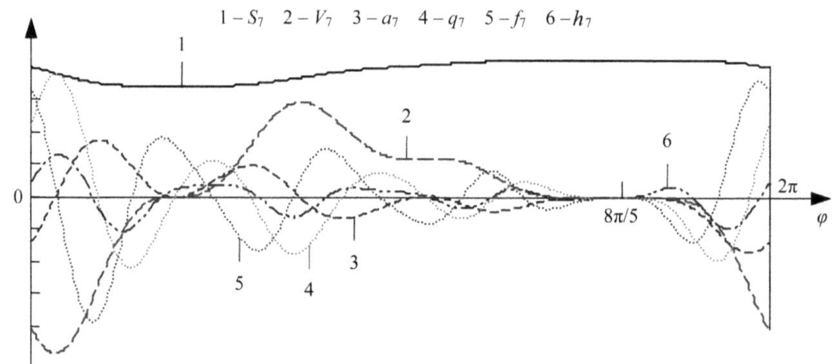

图 4.2　类五边形轨迹与滑块单端直到五阶停歇的 I 型七杆机构传动特征

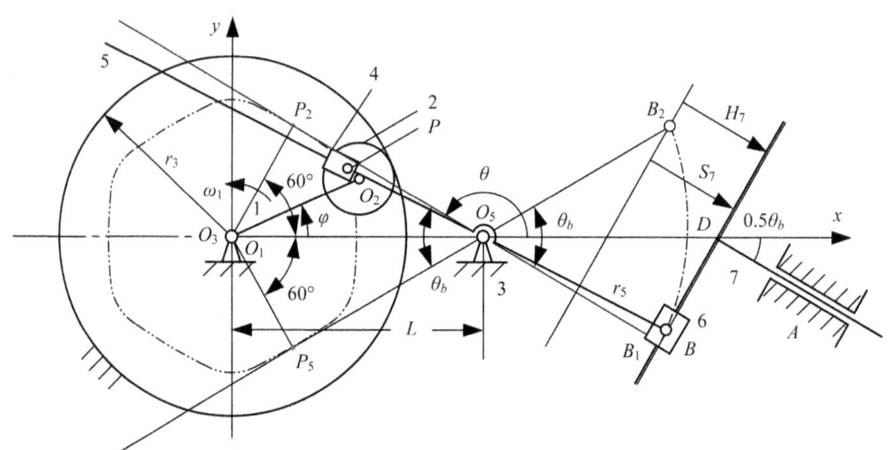

图 4.3　类六边形轨迹与滑块单端直到五阶停歇的 I 型七杆机构

滑块 7 的行程 H_7 为

$$H_7 = r_5(1-\cos\theta_b) \tag{4.6}$$

2. 类六边形轨迹与滑块单端直到五阶停歇的 I 型七杆机构传动函数

在图 4.3 中，摆杆 5 的各阶传动函数与 3.2.4 节的相同。

在图 4.3 中，设滑块 7 的位移为 S_7、杆 6、7 之间的相对位移为 S_{67}，则由杆 3、5、6 和 7 组成的余弦机构的位移方程为

$$S_7 = r_5\cos(0.5\theta_b + \theta - \pi) - r_5\cos\theta_b \tag{4.7}$$

$$S_{67} = r_5\sin(0.5\theta_b + \theta - \pi) \tag{4.8}$$

杆 7 的类速度 $V_{L7} = \mathrm{d}S_7/\mathrm{d}\theta$，杆 6、7 之间的类相对速度 $V_{L67} = \mathrm{d}S_{67}/\mathrm{d}\theta$ 分别为

$$V_{L7} = r_5\sin(0.5\theta_b + \theta) \tag{4.9}$$

$$V_{L67} = -R_5\cos(0.5\theta_b + \theta) \tag{4.10}$$

从动件 7 的类加速度 $a_{L7} = \mathrm{d}^2S_7/\mathrm{d}\theta^2$、类加速度的一次变化率 $q_{L7} = \mathrm{d}^3S_7/\mathrm{d}\theta^3$ 和类加速度的二次变化率 $f_{L7} = \mathrm{d}^4S_7/\mathrm{d}\theta^4$ 分别为

$$a_{L7} = r_5\cos(0.5\theta_b + \theta) \tag{4.11}$$

$$q_{L7} = -r_5\sin(0.5\theta_b + \theta) \tag{4.12}$$

$$f_{L7} = -r_5\cos(0.5\theta_b + \theta) \tag{4.13}$$

当 B 点到达 B_1 点时，滑块 7 达到下极限位置，此时 $\theta = \pi - 0.5\theta_b$，滑块 7 的类速度 $\mathrm{d}S_7/\mathrm{d}\theta = 0$。由 3.2.4 节的研究得知，摆杆 5 在 O_5P_2 位置的 $\mathrm{d}\theta_{P2}/\mathrm{d}\varphi = 0$、$\mathrm{d}^2\theta_{P2}/\mathrm{d}\varphi^2 = 0$ 和 $\mathrm{d}^3\theta_{P2}/\mathrm{d}\varphi^3 = 0$。为此，由式(1.6) ~ 式(1.10) 以及 1.2.1 节的原理，滑块 7 在 $\varphi = \pi/3$、$\theta = \pi - 0.5\theta_b$ 位置具有直到五阶停歇的传动特征。

3. 类六边形轨迹与滑块单端直到五阶停歇的 I 型七杆机构传动特征

在图 4.3 中，令 $k = r_3/r_2 = 6$，$r_3 = 0.360$ m，则 $\theta_b = \pi/3$，$r_2 = r_3/6 = 0.060$ m，$b = -r_2/(k-1) = -r_2/5 = -0.012$ m，$L = (r_3 - r_2 + b)/\sin30^\circ = r_2(6 - 1 - 1/5)/\sin30^\circ = 9.6r_2$。设滑块 7 的行程 $H_7 = 0.200$ m，则由式(4.6)得 $r_5 = H_7/(1 - \cos\theta_b) = 0.400$ m。滑块 7 的传动特征如图 4.4 所示。

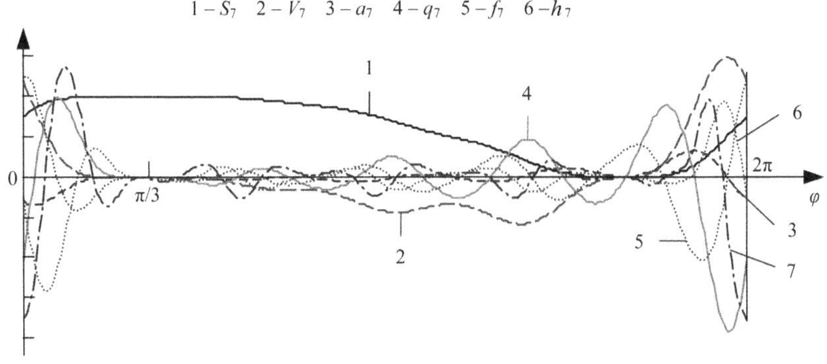

图 4.4　类六边形轨迹与滑块单端直到五阶停歇的 I 型七杆机构传动特征

4.2　类多边形轨迹与摆杆单端直到五阶停歇的组合机构

4.2.1　类五边形轨迹与摆杆单端直到五阶停歇的平面七杆机构

1. 类五边形轨迹与摆杆单端直到五阶停歇的平面七杆机构设计

图 4.5 所示为类五边形轨迹与摆杆单端直到五阶停歇的平面七杆机构，$k = r_3/r_2 = 5$，摆杆 5 的摆角 $\theta_b = \pi/5$。$L_3 = (r_3 - r_2 + b)/\sin(0.5\theta_b)$。在 O_5P_2 直线上选择一点 B_1，B_1 的任意位置为 B，$O_5B_1 = O_5B = r_5$，在 O_5P_2 直线的垂线上选一点 O_7，以 B 为转动中心安装一个滑块 6，摆杆 7 与机架 3 在 O_7 点形成转动副，在 B 点与滑块 6 形成移动副，摆杆 7 的两个极限位置分别为 O_7B_1 和 O_7B_2。

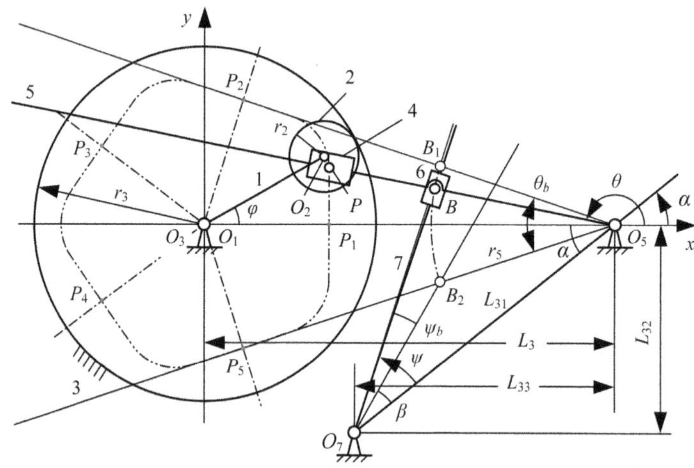

图 4.5　类五边形轨迹与摆杆单端直到五阶停歇的平面七杆机构

由 Rt△$O_7B_1O_5$ 得

$$\sin(\psi_b + \beta) = r_5 / L_{31} \tag{4.14}$$

当要求的摆角为 ψ_b 时，选择了 r_5 与 L_{31}，则 β 为

$$\beta = \arcsin(r_5 / L_{31}) - \psi_b \tag{4.15}$$

由 Rt△$O_7B_1O_5$ 得 α 为

$$\cos(0.5\theta_b + \alpha) = r_5 / L_{31} \tag{4.16}$$

$$\alpha = \arccos(r_5 / L_{31}) - 0.5\theta_b \tag{4.17}$$

为此得 $L_{32} = L_{31}\sin\alpha$，$L_{33} = L_{31}\cos\alpha$。由此可见，该类五边形轨迹与摆杆单

端直到五阶停歇的平面七杆机构的设计是很方便的。

2. 类五边形轨迹与摆杆单端直到五阶停歇的平面七杆机构传动函数

在图 4.5 中，设摆杆 7 的角位移为 ψ，O_7B 的长度为 S_7，由杆 3、5、6 和 7 组成的导杆机构的位移方程及其解分别为

$$L_{31} + r_5\cos(\theta-\alpha) = S_7\cos\psi \tag{4.18}$$

$$r_5\sin(\theta-\alpha) = S_7\sin\psi \tag{4.19}$$

$$S_7 = \sqrt{[L_3 + r_5\cos(\theta-\alpha)]^2 + [r_5\sin(\theta-\alpha)]^2} \tag{4.20}$$

$$\psi = \arctan 2\{r_5\sin(\theta-\alpha)/[L_3 + r_5\cos(\theta-\alpha)]\} \tag{4.21}$$

对式(4.18)、式(4.19)求关于 θ 的一阶导数，得类速度方程及其解 $V_{L7} = \mathrm{d}S_7/\mathrm{d}\theta$、$\omega_{L7} = \mathrm{d}\psi/\mathrm{d}\theta$，分别为

$$r_5\sin(\theta-\alpha) = S_7(\mathrm{d}\psi/\mathrm{d}\theta)\sin\psi - (\mathrm{d}S_7/\mathrm{d}\theta)\cos\psi \tag{4.22}$$

$$r_5\cos(\theta-\alpha) = S_7(\mathrm{d}\psi/\mathrm{d}\theta)\cos\psi + (\mathrm{d}S_7/\mathrm{d}\theta)\sin\psi \tag{4.23}$$

$$V_{L7} = -r_5\sin(\theta-\alpha-\psi) \tag{4.24}$$

$$\omega_{L7} = r_5\cos(\theta-\alpha-\psi)/S_7 \tag{4.25}$$

对式(4.24)、式(4.25)求关于 θ 的一阶导数，得 $a_{L7} = \mathrm{d}^2S_7/\mathrm{d}\theta^2$、$\alpha_{L7} = \mathrm{d}^2\psi/\mathrm{d}\theta^2$ 分别为

$$a_{L7} = -r_5(1-\mathrm{d}\psi/\mathrm{d}\theta)\cos(\theta-\alpha-\psi) \tag{4.26}$$

$$\alpha_{L7} = [-r_5(1-\mathrm{d}\psi/\mathrm{d}\theta)\sin(\theta-\alpha-\psi) - (\mathrm{d}S_7/\mathrm{d}\theta)(\mathrm{d}\psi/\mathrm{d}\theta)]/S_7 \tag{4.27}$$

对式(4.26)、式(4.27)求关于 θ 的一阶导数，得 $q_{L7} = \mathrm{d}^3S_7/\mathrm{d}\theta^3$、$j_{L7} = \mathrm{d}^3\psi/\mathrm{d}\theta^3$ 分别为

$$q_{L7} = r_5\alpha_{L7}\cos(\theta-\alpha-\psi) + r_5(1-\omega_{L7})^2\sin(\theta-\alpha-\psi) \tag{4.28}$$

$$\begin{aligned} j_{L7} = {}&[r_5\alpha_{L7}\sin(\theta-\alpha-\psi) - r_5(1-\omega_{L7})^2\cos(\theta-\alpha-\psi) \\ &- a_{L7}\omega_{L7} - 2V_{L7}\alpha_{L7}]/S_7 \end{aligned} \tag{4.29}$$

对式(4.28)、式(4.29)求关于 θ 的一阶导数，得 $f_{L7} = \mathrm{d}^4S_7/\mathrm{d}\theta^4$、$g_{L7} = \mathrm{d}^4\psi/\mathrm{d}\theta^4$ 分别为

$$\begin{aligned} f_{L7} = {}& r_5 j_{L7}\cos(\theta-\alpha-\psi) - 3r_5\alpha_{L7}(1-\omega_{L7})\sin(\theta-\alpha-\psi) \\ &+ r_5(1-\omega_{L7})^3\cos(\theta-\alpha-\psi) \end{aligned} \tag{4.30}$$

$$\begin{aligned} g_{L7} = {}&[r_5 j_{L7}\sin(\theta-\alpha-\psi) + 3r_5\alpha_{L7}(1-\omega_{L7})\cos(\theta-\alpha-\psi) \\ &+ r_5(1-\omega_{L7})^3\sin(\theta-\alpha-\psi) - q_{L7}\omega_{L7} - 3a_{L7}\alpha_{L7} - 3V_{L7}j_{L7}]/S_7 \end{aligned} \tag{4.31}$$

$$h_7 = \mathrm{d}^5S_7/\mathrm{d}\varphi^5 = [\mathrm{d}^4S_7(i+1)/\mathrm{d}\varphi^4 - \mathrm{d}^4S_7(i)/\mathrm{d}\varphi^4]/(\Delta\varphi)$$

$$p_7 = \mathrm{d}^5\psi/\mathrm{d}\theta^5 = [\mathrm{d}^4\psi(i+1)/\mathrm{d}\varphi^4 - \mathrm{d}^4\psi(i)/\mathrm{d}\varphi^4]/(\Delta\varphi)$$

当摆杆 5 在 O_5B_1 时，$\theta - \alpha - \psi = \pi/2$，于是 $d\psi/d\theta = 0$。由 3.2.4 节的研究得知，摆杆 5 在 O_5P_2 位置的 $d\theta_{P2}/d\varphi = 0$、$d^2\theta_{P2}/d\varphi^2 = 0$ 和 $d^3\theta_{P2}/d\varphi^3 = 0$。

由式(1.6) ~ 式(1.10) 以及 1.2.1 节的原理，摆杆 7 在 $\varphi = 2\pi/k$、$\theta = \pi - 0.5\theta_b$ 位置具有直到五阶停歇的传动特征。

3. 类五边形轨迹与摆杆单端直到五阶停歇的平面七杆机构传动特征

在图 4.5 中，令 $k = r_3 / r_2 = 5$，$\theta_b = \pi/k$ rad = 36°，设 $r_3 = 0.250$ m，则 $r_2 = r_3 / k = 0.050$ m，$b = -r_2 / 4 = -0.0125$ m。$L_3 = (r_3 - r_2 + b)/\sin(0.5\theta_b) = r_2 (5 - 1 - 1/4)/\sin18° = 0.60676$ m。

取 $\psi_b = 40°$，$r_5 = 0.160$ m，$L_{31} = 0.200$ m，由式(4.15)得 β 为

$$\beta = \arcsin(r_5 / L_{31}) - \psi_b = \arcsin(0.16 / 0.2) - 40° = 13.130°$$

由式(4.17)得 α 为

$$\alpha = \arccos(r_5 / L_{31}) - 0.5\theta_b = \arccos(0.16 / 0.2) - 0.5 \times 40° = 16.870°$$

$L_{32} = L_{31}\sin\alpha = 0.2\sin16.870° = 0.058$ m，$L_{33} = L_{31}\cos\alpha = 0.2\cos16.870° = 0.191$ m。摆杆 7 的传动特征如图 4.6 所示。

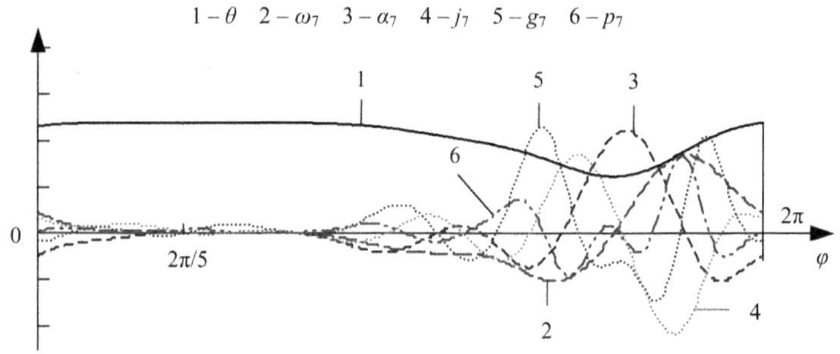

图 4.6　类五边形轨迹与摆杆单端直到五阶停歇的平面七杆机构传动特征

4.2.2　类六边形轨迹与摆杆单端直到五阶停歇的平面七杆机构

1. 类六边形轨迹与摆杆单端直到五阶停歇的平面七杆机构设计

在图 4.7 中，在 P_2O_5 直线上选择一点 B_1，$O_5B_1 = O_5B = r_5$，过 B_1 点作 O_5B_1 的垂线，在该垂线上选择一点 O_7，以 B 为转动中心安装一个滑块 6，摆杆 7 与机架 3 在 O_7 点形成转动副，在 B 点形成移动副，于是得到一个类六边形轨迹驱动的摆杆单端具有直到五阶停歇的平面七杆机构。摆杆 7 的两个极限位置分别为 O_7B_1 和 O_7B_2，设摆杆 7 的摆角为 ψ_b，设固定转动中心 O_5、O_7 之间的长度为 L_3，L_3 与 x 轴的夹角为 β。$k = r_3/r_2 = 6$，摆杆 5 的摆角 $\theta_b = \pi/3$ rad。

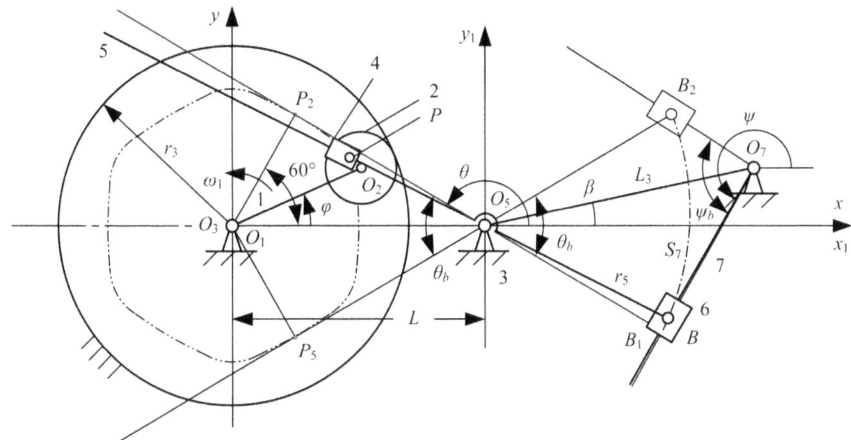

图 4.7　类六边形轨迹与摆杆单端直到五阶停歇的平面七杆机构

在 $x_1O_5y_1$ 坐标系中，B_1、B_2 和 O_7 点的坐标分别为 $B_1[r_5\cos(-\pi/6), r_5\sin(-\pi/6)]$，$B_2[r_5\cos(\pi/6), r_5\sin(\pi/6)]$，$O_7[L_3\cos\beta, L_3\sin\beta]$。直线 O_7B_1 在 $x_1O_5y_1$ 坐标系中的方程为

$$\begin{vmatrix} x_1 & y_1 & 1 \\ L_3\cos\beta & L_3\sin\beta & 1 \\ r_5\cos(-\pi/6) & r_5\sin(-\pi/6) & 1 \end{vmatrix} = 0$$

展开后得

$$[(L_3\sin\beta + r_5\sin(\pi/6)]x_1 + [(-L_3\cos\beta + r_5\cos(\pi/6)]y_1$$
$$-L_3\cdot r_5\sin(\pi/6+\beta) = 0 \tag{4.32}$$

y_1 与 x_1 的直线方程为

$$y_1 = \frac{-L_3\sin\beta - r_5\sin(\pi/6)}{-L_3\cos\beta + r_5\cos(\pi/6)}x_1 + \frac{L_3\cdot r_5\sin(\pi/6+\beta)}{-L_3\cos\beta + r_5\cos(\pi/6)} \tag{4.33}$$

直线 O_7B_2 的方程为

$$\begin{vmatrix} x_1 & y_1 & 1 \\ L_3\cos\beta & L_3\sin\beta & 1 \\ r_5\cos(\pi/6) & r_5\sin(\pi/6) & 1 \end{vmatrix} = 0$$

展开后得

$$[(L_3\sin\beta - r_5\sin(\pi/6)]x_1 + [-L_3\cos\beta + r_5\cos(\pi/6)]y_1$$
$$+L_3\cdot r_5\sin(\pi/6-\beta) = 0 \tag{4.34}$$

y_1 与 x_1 的直线方程为

$$y_1 = \frac{-L_3 \sin\beta + r_5 \sin(\pi/6)}{-L_3 \cos\beta + r_5 \cos(\pi/6)} x_1 - \frac{L_3 \cdot r_5 \sin(\pi/6 - \beta)}{-L_3 \cos\beta + r_5 \cos(\pi/6)} \tag{4.35}$$

为此，摆杆 7 的摆角 ψ_b 与两条直线方程的关系为

$$\tan\psi_b = \frac{\dfrac{-L_3 \sin\beta + r_5 \sin(\pi/6)}{-L_3 \cos\beta + r_5 \cos(\pi/6)} - \dfrac{-L_3 \sin\beta - r_5 \sin(\pi/6)}{-L_3 \cos\beta + r_5 \cos(\pi/6)}}{1 + \dfrac{-L_3 \sin\beta + r_5 \sin(\pi/6)}{-L_3 \cos\beta + r_5 \cos(\pi/6)} \cdot \dfrac{-L_3 \sin\beta - r_5 \sin(\pi/6)}{-L_3 \cos\beta + r_5 \cos(\pi/6)}} \tag{4.36}$$

化简式(4.36)得 L_3 的设计式为

$$\begin{aligned} &\tan(\pi - \psi_b) L_3^2 + 2R_5 \cos\beta[\sin(\pi/6) - \cos(\pi/6)\tan(\pi - \psi_b)] L_3 \\ &+ r_5^2 \tan(\pi - \psi_b)[\cos^2(\pi/6) - \sin^2(\pi/6)] - 2r_5^2 \sin(\pi/6)\cos(\pi/6) = 0 \end{aligned} \tag{4.37}$$

令 k_A、k_B 和 k_C 分别为

$$k_A = \tan(\pi - \psi_b)$$

$$k_B = 2r_5 \cos\beta[\sin(\pi/6) - \cos(\pi/6)\tan(\pi - \psi_b)]$$

$$k_C = r_5^2 \tan(\pi - \psi_b)[\cos^2(\pi/6) - \sin^2(\pi/6)] - 2r_5^2 \sin(\pi/6)\cos(\pi/6)$$

得关于 L_3 的设计方程与关于 L_3 的解分别为

$$k_A L_3^2 + k_B L_3 + k_C = 0 \tag{4.38}$$

$$L_3 = [-k_B - \sqrt{k_B^2 - 4k_A \cdot k_C}]/(2k_A) \tag{4.39}$$

由式(4.39)得知，一旦选择了合适的结构角 β 与杆长 r_5 之后，L_3 可以方便地求解出来。

2. 类六边形轨迹与摆杆单端直到五阶停歇的平面七杆机构传动函数

在图 4.7 中，设摆杆 7 的角位移为 ψ，O_7B 的长度为 S_7，由杆 3、5、6 和 7 组成的导杆机构的位移方程及其解分别为

$$L_3 + r_5 \cos(\theta - \beta) = S_7 \cos(\psi - \beta - \pi) \tag{4.40}$$

$$r_5 \sin(\theta - \beta) = S_7 \sin(\psi - \beta - \pi) \tag{4.41}$$

$$S_7 = \sqrt{[L_3 + r_5 \cos(\theta - \beta)]^2 + [r_5 \sin(\theta - \beta)]^2} \tag{4.42}$$

$$\psi = \pi + \beta + \arctan 2[r_5 \sin(\theta - \beta)/(L_3 + r_5 \cos(\theta - \beta))] \tag{4.43}$$

对式(4.40)、式(4.41)求关于 θ 的一阶导数，得类速度方程及其解 $V_{L7} = dS_7/d\theta$、$\omega_{L7} = d\psi/d\theta$，分别为

$$r_5 \sin(\theta - \beta) = S_7 (d\psi/d\theta)\sin(\psi - \beta - \pi) - (dS_7/d\theta)\cos(\psi - \beta - \pi) \tag{4.44}$$

$$r_5 \cos(\theta - \beta) = S_7 (d\psi/d\theta)\cos(\psi - \beta - \pi) + (dS_7/d\theta)\sin(\psi - \beta - \pi) \tag{4.45}$$

$$V_{L7} = -r_5 \sin(\theta - \psi + \pi) \tag{4.46}$$

$$\omega_{L7} = r_5 \cos(\theta - \psi + \pi) / S_7 \tag{4.47}$$

对式(4.46)、式(4.47)求关于 θ 的一阶导数，得 $a_{L7} = d^2S_7/d\theta^2$、$\alpha_{L7} = d^2\psi/d\theta^2$ 分别为

$$a_{L7} = -r_5(1-\omega_{L7})\cos(\theta - \psi + \pi) \tag{4.48}$$

$$\alpha_{L7} = [-r_5(1-\omega_{L7})\sin(\theta - \psi + \pi) - V_{L7}\omega_{L7}] / S_7 \tag{4.49}$$

对式(4.48)、式(4.49)求关于 θ 的一阶导数，得 $q_{L7} = d^3S_7/d\theta^3$、$j_{L7} = d^3\psi/d\theta^3$ 分别为

$$q_{L7} = r_5\alpha_{L7}\cos(\theta - \psi + \pi) + r_5(1-\omega_{L7})^2\sin(\theta - \psi + \pi) \tag{4.50}$$

$$\begin{aligned} j_{L7} = [&r_5\alpha_{L7}\sin(\theta - \psi + \pi) - r_5(1-\omega_{L7})^2\cos(\theta - \psi + \pi) \\ &-a_{L7}\omega_{L7} - 2V_{L7}\alpha_{L7}] / S_7 \end{aligned} \tag{4.51}$$

对式(4.50)、式(4.51)求关于 θ 的一阶导数，得 $f_{L7} = d^4S_7/d\theta^4$、$g_{L7} = d^4\psi/d\theta^4$ 分别为

$$\begin{aligned} f_{L7} = &-3r_5\alpha_{L7}(1-\omega_{L7})\sin(\theta - \psi + \pi) + r_5 j_{L7}\cos(\theta - \psi + \pi) \\ &+r_5(1-\omega_{L7})^3\cos(\theta - \psi + \pi) \end{aligned} \tag{4.52}$$

$$\begin{aligned} g_{L7} = [&r_5 j_{L7}\sin(\theta - \psi + \pi) + 3r_5\alpha_{L7}(1-\omega_{L7})\cos(\theta - \psi + \pi) \\ &+r_5(1-\omega_{L7})^3\sin(\theta - \psi + \pi) - q_{L7}\omega_{L7} - 3a_{L7}\alpha_{L7} - 3V_{L7}j_{L7}] / S_7 \end{aligned} \tag{4.53}$$

当 $\theta - (\psi - \pi) = +\pi/2$ 时，摆杆 7 上的 B 点处于下极限位置 O_7B_1，由式(4.47)得知，$\omega_{L7} = d\psi/d\theta$。于是，由 3.2.4 节的研究得知，摆杆 5 在 O_5P_2 位置的 $d\theta_{P2}/d\varphi = 0$、$d^2\theta_{P2}/d\varphi^2 = 0$ 和 $d^3\theta_{P2}/d\varphi^3 = 0$。由式(1.6) ~ 式(1.10) 以及 1.2.1 节的原理，摆杆 7 在 $\varphi = \pi/3$、$\theta = \pi - 0.5\theta_b$ 位置具有直到五阶停歇的传动特征。

3. 类六边形轨迹与摆杆单端直到五阶停歇的平面七杆机构传动特征

在图 4.7 中，令 $k = r_3/r_2 = 6$，$\theta_b = \pi/3$ rad，$r_3 = 0.360$ m，则 $r_2 = r_3/6 = 0.060$ m，$b = -r_2/(k-1) = -r_2/5 = -0.012$ m。$L = (r_3 - r_2 + b)/\sin(0.5\theta_b) = r_2(6 - 1 - 1/5)/\sin(\pi/6) = 9.6r_2 = 0.576$ m。

已知摆杆 7 的摆角 $\psi_b = 75° = 5\pi/12$ rad，设 $r_5 = 0.280$ m，$\beta = 15° = \pi/12$ rad，则由式(4.39)得 L_3 为

$$k_A = -\tan\psi_b = -\tan(5\pi/12) = -3.732$$

$$\begin{aligned} k_B &= 2r_5\cos\beta[\sin(\pi/6) + \cos(\pi/6)\tan\psi_b] \\ &= 2\times 0.28\cos(\pi/12)[\sin(\pi/6) + \cos(\pi/6)\tan(5\pi/12)] = 2.0187 \end{aligned}$$

$$k_C = -r_5^2 \tan\psi_b[\cos^2(\pi/6) - \sin^2(\pi/6)] - 2r_5^2 \sin(\pi/6)\cos(\pi/6)$$
$$= -0.28^2 \tan(5\pi/12)[\cos^2(\pi/6) - \sin^2(\pi/6)] - 2\times 0.28^2 \sin(\pi/6)\cos(\pi/6)$$
$$= -0.2142$$

$$L_3 = [-k_B - \sqrt{k_B^2 - 4k_A \cdot k_C}]/(2k_A)$$
$$= [-2.0187 - \sqrt{2.0187^2 - 4\times 3.732\times 0.2142}]/(-2\times 3.732) = 0.396\ \text{m}$$

于是，得到摆杆 7 的传动特征如图 4.8 所示。

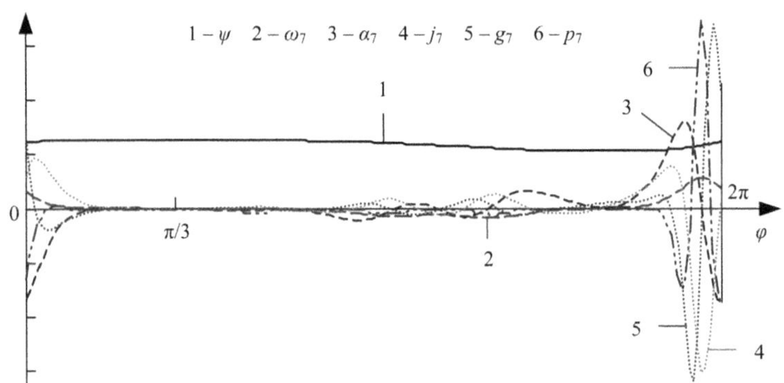

图 4.8　类六边形轨迹与摆杆单端直到五阶停歇的平面七杆机构传动特征

推论：当 $\beta = 0$ 时，摆杆 7 的摆角 $\psi_b = 120°$，摆杆 7 与机架 3 所形成的转动副 O_7 的位置根据需要任意设置，摆杆 7 在位移两端具有直到五阶的停歇的传动特征。

为此，由式(2.1) ~ 式(2.5)的函数关系得知，图 4.7 所示机构的摆杆 7 在 O_7B_1 位置具有直到五阶停歇的传动特征。

4.3　类多边形轨迹与从动件双端直到五阶停歇的组合机构

4.3.1　类六边形轨迹与摆杆双端直到五阶停歇的 I 型七杆机构

1. 类六边形轨迹与摆杆双端直到五阶停歇的 I 型七杆机构设计

在图 4.9 中，P 点的轨迹为弧角曲边正六边形，滑块 4 与行星轮 2 形成转动副 P，摆杆 5 与滑块 4 形成移动副，与机架 3 形成转动副 O_5，与滑块 6 形成转动副 B，摆杆 7 与滑块 6 形成移动副，与机架 3 形成移动副 O_7。$O_5B = r_5$，过 B_1 点作 O_5B_1 的垂线，该垂线与 x 轴的交点为 O_7，从而得到一个类六边形轨迹与摆杆双端直到五阶停歇的 I 型七杆机构。在该机构中，$k = r_3/r_2 = 6$，摆杆 5 的摆角 $\theta_b = \pi/3$，摆杆 7 的摆角 $\psi_b = \pi - \pi/3$。

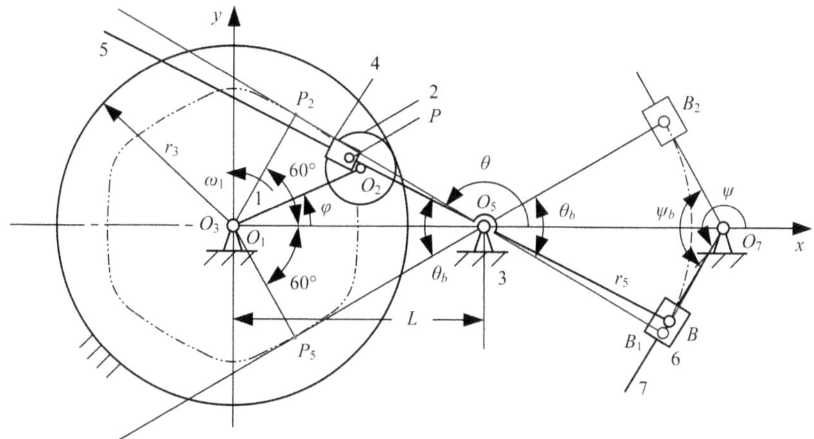

图 4.9　类六边形轨迹与摆杆双端直到五阶停歇的 I 型七杆机构

2. 类六边形轨迹与摆杆双端直到五阶停歇的 I 型七杆机构传动特征

在图 4.9 中，摆杆 7 的各阶传动函数与 4.2.2 节的相同。

令 $k=r_3/r_2=6$，$r_3=0.360$ m，则 $\theta_b=\pi/3$，$\psi_b=2\pi/3$，$r_2=r_3/6=0.060$ m，$b=-r_2/(k-1)=-r_2/5=-0.012$ m，取 $r_5=0.280$ m。摆杆 7 的传动特征如图 4.10 所示。

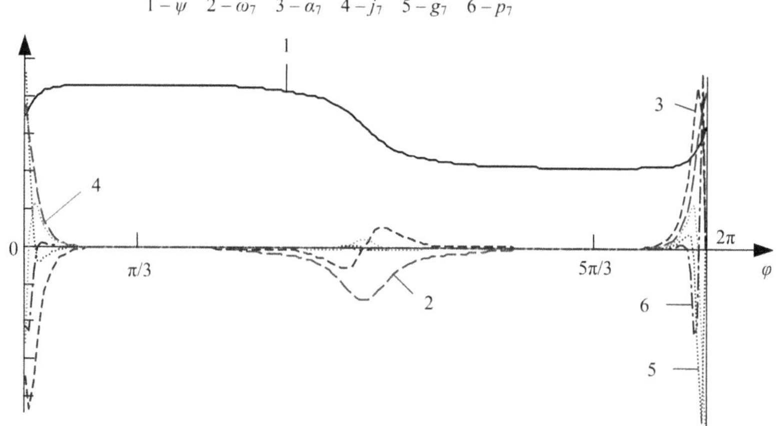

图 4.10　类六边形轨迹与摆杆双端直到五阶停歇的 I 型七杆机构传动特征

4.3.2　类五边形轨迹与滑块双端直到五阶停歇的八杆机构

1. 类五边形轨迹与滑块双端直到五阶停歇的八杆机构设计

在图 4.1 中，在摆杆 5 上焊接一个扇形齿轮，扇形齿轮的转动中心在 O_5、半径为 r_5，在 x 轴上安装一个齿轮 8，齿轮 8 的半径 $r_8=r_5/5$，在齿轮 8 上焊接

一个杆 O_8B，$O_8B = r_{81}$，滑块 6 与构件 8 形成转动副，与滑块 7 形成移动副。于是，得到类五边形轨迹与滑块双端直到五阶停歇的八杆机构，如图 4.11 所示。

当摆杆 5 在 O_5P_2、O_5P_5 位置时，B 点到达 $O_8B \perp O_8O_5$ 的位置，即构件 8 的摆角 $\psi_b = \pi$。

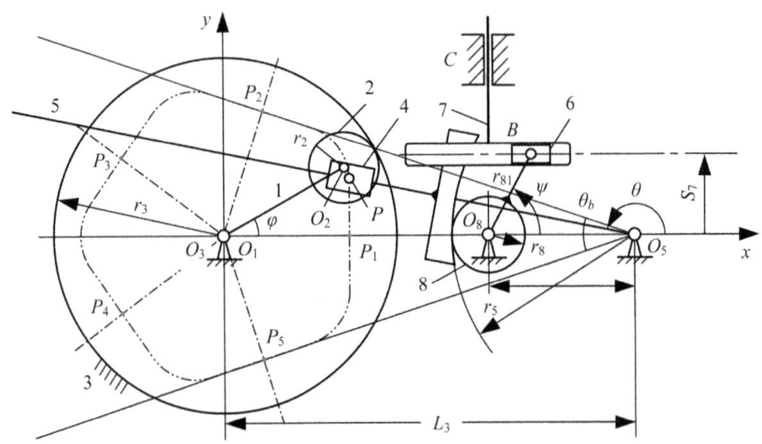

图 4.11　类五边形轨迹与滑块双端直到五阶停歇的八杆机构

2. 类五边形轨迹与滑块双端直到五阶停歇的八杆机构传动函数

摆杆 5 的传动函数与 4.1.1 节相同。

当 $\theta = \pi - 0.5\theta_b$ 时，$\psi = \pi/2$；当 $\theta = \pi + 0.5\theta_b$ 时，$\psi = 3\pi/2$，于是，得构件 8 的角位移 ψ 为

$$\psi = \pi[1 + (\theta - \pi)/\theta_b] \tag{4.54}$$

滑块 7 的行程 H_7 为

$$H_7 = 2r_{81} \tag{4.55}$$

滑块 7 的位移 S_7 为

$$S_7 = r_{81}\sin\psi = r_{81}\sin\{\pi[1 + (\theta - \pi)/\theta_b]\} \tag{4.56}$$

对式(4.56)求关于 θ 的一至四阶导数，得类速度及其一至三阶导数分别为

$$V_{L7} = dS_7/d\theta = r_{81}(\pi/\theta_b)\cos\{\pi[1 + (\theta - \pi)/\theta_b]\} \tag{4.57}$$

$$a_{L7} = d^2S_7/d\theta^2 = -r_{81}(\pi/\theta_b)^2\sin\{\pi[1 + (\theta - \pi)/\theta_b]\} \tag{4.58}$$

$$q_{L7} = d^3S_7/d\theta^3 = -r_{81}(\pi/\theta_b)^3\cos\{\pi[1 + (\theta - \pi)/\theta_b]\} \tag{4.59}$$

$$f_{L7} = d^4S_7/d\theta^4 = r_{81}(\pi/\theta_b)^4\sin\{\pi[1 + (\theta - \pi)/\theta_b]\} \tag{4.60}$$

3. 类五边形轨迹与滑块双端直到五阶停歇的八杆机构传动特征

在图 4.11 中，令 $k = r_3/r_2 = 5$，设 $r_3 = 0.125$ m，则 $r_2 = 0.025$ m，$b = -r_2/4 = -0.00625$ m，于是 $L_3 = (r_3 - r_2 + b)/\sin(0.5\theta_b) = (0.125 - 0.025 - 0.006\ 25)/\sin 18^\circ = 0.30338$ m。取 $r_5 = 0.150$ m，$r_8 = r_5/5 = 0.030$ m。取 $H_7 = 0.240$ m，$r_{81} = H_7/2 = 0.120$ m。滑块 7 的传动特征如图 4.12 所示。

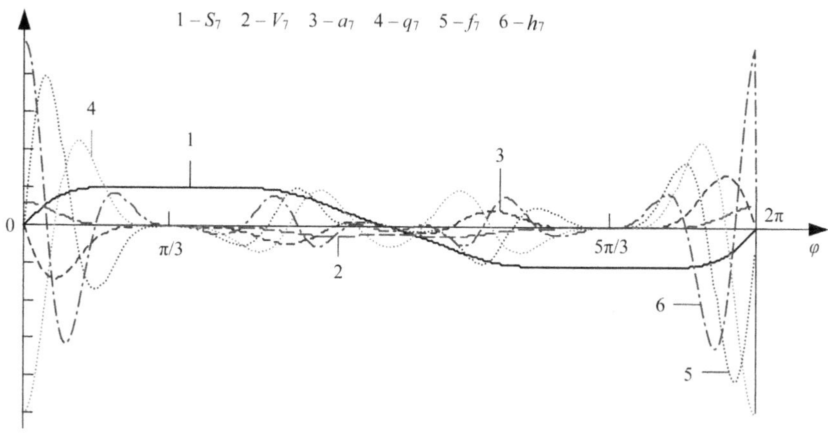

图 4.12　类五边形轨迹与滑块双端直到五阶停歇的八杆机构传动特征

第 5 章　直到三阶停歇的空间机构设计理论与传动性能

平面基本机构不仅可以方便地构造出从动件在一个或两个极限位置做直到三阶停歇、直到五阶停歇的平面组合机构，而且可以容易地构造出从动件在一个或两个极限位置做直到三阶停歇的空间组合机构。研究了一阶传动函数为零的一类空间基本机构与平面基本机构在对应位置一阶传动函数为零，导致空间组合机构的摆动从动件或移动从动件在一个或两个极限位置做直到三阶停歇的函数关系与几何构造，通过 18 种空间组合机构，展示了空间基本机构与平面基本机构之组合方式，从而实现了空间机构的从动件在一个或两个极限位置具有直到三阶停歇的设计方法，研究了它们的传动特征。

5.1　Ⅰ型正交轴从动件直到三阶停歇的空间六杆机构

5.1.1　Ⅰ型正交轴空间四杆机构

1. Ⅰ型正交轴空间四杆机构的设计

图 5.1 所示为一种正交轴空间四杆机构，设主动件 1 的固定转动轴线 O_1O_1 在 xyz 坐标系的 x 轴上且做匀速转动，主动件 1 上的驱动销轴的轴线 O_3A 与轴线 O_1O_1 夹 ψ_{YB} 角，$2\psi_{YB}$ 则为从动件 3 关于 y 轴的摆角，钢球 2 安装在主动件 1 上的驱动销轴上，从动件 3 通过平槽面与钢球 2 形成高副。只要主动件 1 上的驱动销轴的轴线 O_3A 与轴线 O_1O_1 夹 ψ_{YB} 角，则从动件 3 的摆角就等于 $2\psi_{YB}$，为此，该种空间四杆机构的尺寸设计相当简单，制造也相当简单且其传动角恒等于 $\pi/2$。

2. Ⅰ型正交轴空间四杆机构的传动函数与传动特征

图 5.1 所示的Ⅰ型正交轴空间四杆机构的运动分析如图 5.2(a)、图 5.2(b)所示。在图 5.2(a) 所示的 xyz 坐标系中，设主动件 1 的几何轴线在 x 轴上，当它绕 x 轴转 $-\varphi$ 角度时，其上的单位矢量 $\boldsymbol{V}$ 从初始位置 O_3A_0 运动到一般位置 O_3A，从动件 3 上平槽面的对称平面 P_0 从中间位置摆动到对应位置 P，从动件 3 关于

y 轴的角位移为 ψ。当 O_3A 绕 x 轴转一周时，O_3A 的轨迹为一个圆锥面，A 点的轨迹为一个圆，圆心在 O_1，同时，平面 P 经历两个极限位置 P_q、P_h，它们之间的夹角就是从动件 3 的摆角 $2\psi_{YB}$，$r_{30}=r_1/\sin\psi_{YB}$。若令 A_0 的坐标为(x_0，y_0，z_0)，$x_0=-\cos\psi_{YB}$，$y_0=-\sin\psi_{YB}$，$z_0=0$，如图 5.2(b)所示，A 点的坐标为(x、y、z)，当 A 点绕 x 轴转 $-\varphi$ 角度时，A、A_0 点之间的变换关系为

$$\begin{bmatrix} x \\ y \\ z \end{bmatrix}=\begin{bmatrix} 1 & 0 & 0 \\ 0 & \cos(-\varphi) & -\sin(-\varphi) \\ 0 & \sin(-\varphi) & \cos(-\varphi) \end{bmatrix}\begin{bmatrix} x_0 \\ y_0 \\ z_0 \end{bmatrix}=\begin{bmatrix} x_0 \\ y_0\cos\varphi+z_0\sin\varphi \\ -y_0\sin\varphi+z_0\cos\varphi \end{bmatrix} \tag{5.1}$$

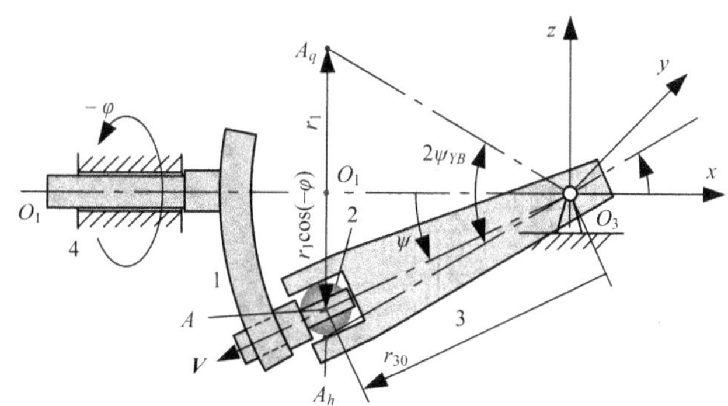

图 5.1　Ⅰ型正交轴空间四杆机构

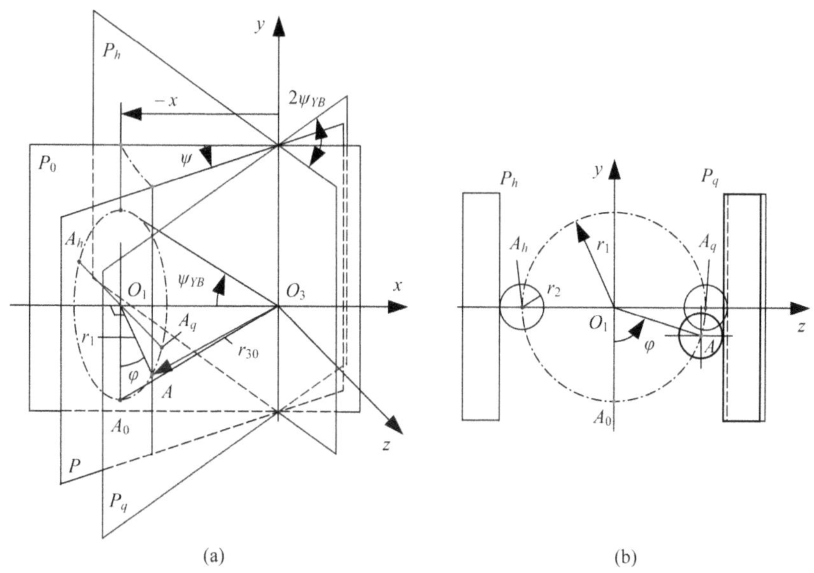

图 5.2　Ⅰ型正交轴空间四杆机构的原理图

由于 $z_0 = 0$，所以 $y = y_0\cos\varphi$，$z = -y_0\sin\varphi$。$-y_0/(-x_0) = \tan\psi_{YB}$，如图 5.2(a) 所示，为此，从动件 3 关于 y 轴的角位移 ψ 为

$$\tan\psi = z/(-x) = -y_0\sin\varphi/(-x_0) = \tan\psi_{YB}\sin\varphi$$

$$\psi = \arctan(\tan\psi_{YB}\sin\varphi) \tag{5.2}$$

当 $\varphi = \pi/2$ 时，$\psi = \psi_{YB}$；$\varphi = 3\pi/2$ 时，$\psi = -\psi_{YB}$。对式(5.2)求关于 φ 的一至四阶导数，得从动件 3 的类角速度 $\omega_{L3} = d\psi/d\varphi$、类角加速度 $\alpha_{L3} = d^2\psi/d\varphi^2$ 和类角加速度的一至三次变化率 $j_{L3} = d^3\psi/d\varphi^3$、$g_{L3} = d^4\psi/d\varphi^4$ 和 $p_{L3} = d^5\psi/d\varphi^5$ 分别为

$$\omega_{L3} = \tan\psi_{YB}\cos^2\psi\cdot\cos\varphi \tag{5.3}$$

$$\alpha_{L3} = -\tan\psi_{YB}[\sin(2\psi)\cos\varphi\cdot\omega_{L3} + \cos^2\psi\cdot\sin\varphi] \tag{5.4}$$

$$\begin{aligned} j_{L3} = -\tan\psi_{YB}[&2\omega_{L3}^2\cos(2\psi)\cos\varphi - 2\omega_{L3}\sin(2\psi)\sin\varphi \\ &+\alpha_{L3}\sin(2\psi)\cos\varphi + \cos^2\psi\cdot\cos\varphi] \end{aligned} \tag{5.5}$$

$$\begin{aligned} g_{L3} = -\tan\psi_{YB}[&-4\omega_{L3}^3\sin(2\psi)\cos\varphi - 6\omega_{L3}^2\cos(2\psi)\sin\varphi \\ &+6\omega_{L3}\cdot\alpha_{L3}\cos(2\psi)\cos\varphi - 3\omega_{L3}\sin(2\psi)\cos\varphi \\ &-3\alpha_{L3}\sin(2\psi)\sin\varphi + j_{L3}\sin(2\psi)\cos\varphi - \cos^2\psi\sin\varphi] \end{aligned} \tag{5.6}$$

$$\begin{aligned} p_{L3} = -\tan\psi_{YB}[&-8\omega_{L3}^4\cos(2\psi)\cos\varphi + 16\omega_{L3}^3\sin(2\psi)\sin\varphi \\ &-12\omega_{L3}^2\cdot j_{L3}\sin(2\psi)\cos\varphi - 12\omega_{L3}^2\cos(2\psi)\cos\varphi - 12\omega_{L3}\cdot j_{L3}\cos(2\psi)\sin\varphi \\ &-12\omega_{L3}^2\cdot\alpha_{L3}\sin(2\psi)\cos\varphi - 12\omega_{L3}\cdot\alpha_{L3}\cos(2\psi)\sin\varphi + 6\alpha_{L3}^2\cos(2\psi)\cos\varphi \\ &+8\omega_{L3}\cdot j_{L3}\cos(2\psi)\cos\varphi + 4\omega_{L3}\sin(2\psi)\sin\varphi - 3j_{L3}\sin(2\psi)\cos\varphi \\ &-3\alpha_{L3}\sin(2\psi)\cos\varphi - 4j_{L3}\sin(2\psi)\sin\varphi + g_{L3}\sin(2\psi)\cos\varphi - \cos^2\psi\cdot\cos\varphi] \end{aligned} \tag{5.7}$$

令 $\psi_{YB} = \pi/6$，$\omega_1 = 1$，当 $\varphi = \pi/2$ 与 $\varphi = 3\pi/2$ 时，从动件 3 达到两个极限位置，此时 $\psi = \pm\psi_{YB}$，$\omega_{L3} = 0$。该空间四杆机构的传动特征如图 5.3 所示，$\psi = \psi(\varphi)$ 关于 $\varphi = \pi$ 满足 $\psi(\varphi) = -\psi(\varphi + \pi)$ 的关系。

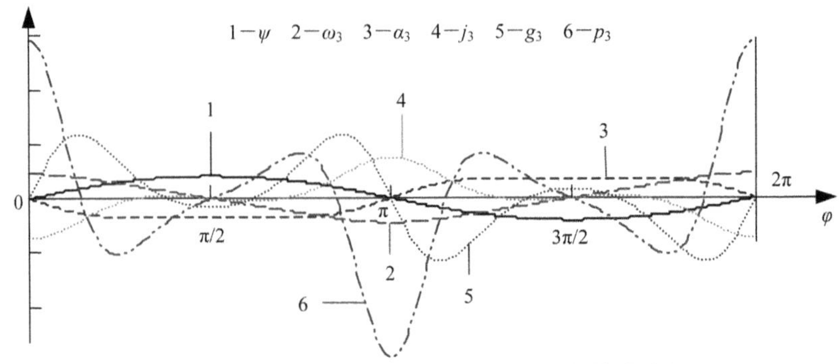

图 5.3 Ⅰ型正交轴空间四杆机构传动特征

5.1.2　Ⅰ型正交轴摆杆单端直到三阶停歇的空间六杆机构

1. Ⅰ型正交轴摆杆单端直到三阶停歇的空间六杆机构设计

在图 5.1 所示的正交轴空间四杆机构的基础上安装一个 RPR 型Ⅱ级组，于是得到一种正交轴空间六杆机构，如图 5.4 所示。图中 O_3B 是构件 3 上的一部分，$O_3B = r_3$，O_3B 关于 x 轴的方位角为 ψ。输出构件 5 做往复摆动，O_5B_1、O_5B_2 为极限位置，角位移为 θ，摆角为 θ_b。设机架上 O_3O_5 的长度和方位角分别为 L_6 与 β。若从动件 5 的摆角 θ_b 为已知，则该种正交轴空间六杆机构的尺寸设计如下。

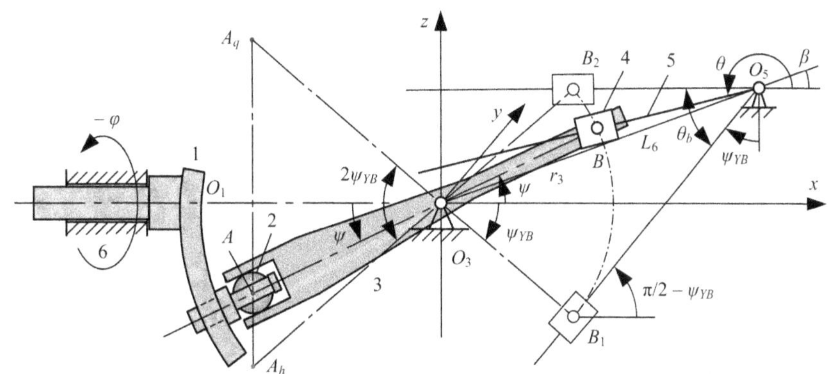

图 5.4　Ⅰ型正交轴摆杆单端直到三阶停歇的空间六杆机构

在 xO_3z 平面坐标系中，B_1、B_2和 O_5点的坐标分别为 B_1 $[r_3\cos(-\psi_{YB}), r_3\sin(-\psi_{YB})]$，$B_2$ $(r_3\cos\psi_{YB}, r_3\sin\psi_{YB})$，$O_5$ $[r_3\cos(-\psi_{YB})+L_5\cos(\pi/2-\psi_{YB}), r_3\sin(-\psi_{YB})+L_5\sin(\pi/2-\psi_{YB})]$。

直线 B_1O_5 的斜率 $k_1=\tan(\pi/2-\psi_{YB})$，直线 B_1O_5 的方程为

$$z+r_3\sin\psi_{YB}=\tan(\pi/2-\psi_{YB})(x-r_3\cos\psi_{YB}) \tag{5.8}$$

直线 B_2O_5 的斜率 $k_2=\tan(\pi/2-\psi_{YB}-\theta_b)$，直线 B_2O_5 的方程为

$$z-r_3\sin\psi_{YB}=\tan(\pi/2-\psi_{YB}-\theta_b)(x-r_3\cos\psi_{YB}) \tag{5.9}$$

从式(5.8)、式(5.9)中消去 z，得 O_5 点的 x 坐标为

$$2r_3\sin\psi_{YB}=\tan(\pi/2-\psi_{YB})(x-r_3\cos\psi_{YB})-\tan(\pi/2-\psi_{YB}-\theta_b)(x-r_3\cos\psi_{YB})$$

$$[\tan(\pi/2-\psi_{YB})-\tan(\pi/2-\psi_{YB}-\theta_b)]x$$

$$=2r_3\sin\psi_{YB}+\tan(\pi/2-\psi_{YB})r_3\cos\psi_{YB}-\tan(\pi/2-\psi_{YB}-\theta_b)r_3\cos\psi_{YB}$$

$$x=\frac{2\sin\psi_{YB}+\tan(\pi/2-\psi_{YB})\cos\psi_{YB}-\tan(\pi/2-\psi_{YB}-\theta_b)\cos\psi_{YB}}{\tan(\pi/2-\psi_{YB})-\tan(\pi/2-\psi_{YB}-\theta_b)}r_3 \tag{5.10}$$

O_5点的 z 坐标为

$$z=\tan(\pi/2-\psi_{YB})(x-r_3\cos\psi_{YB})-r_3\sin\psi_{YB} \tag{5.11}$$

O_3O_5的长度 L_6 与 β 分别为

$$L_6=\sqrt{z^2+x^2} \tag{5.12}$$

$$\beta=\arctan(z/x) \tag{5.13}$$

由式(5.12)、式(5.13)得知，ψ_{YB} 为独立变量，当选择了 r_3 与已知要求的摆角 θ_b 时，尺寸设计十分简单。

2. Ⅰ型正交轴摆杆单端直到三阶停歇的空间六杆机构传动函数

在图 5.4 中，Ⅰ型正交轴空间四杆机构的传动函数见式(5.2)～式(5.7)。设摆杆 5 的角位移为 θ，O_5B 的长度为 S_5，由杆 3、4、5 和 6 组成的导杆机构的位移方程及其解分别为

$$\left.\begin{aligned}-L_6+r_3\cos(\psi-\beta)=S_5\cos(\theta-\beta)\\ r_3\sin(\psi-\beta)=S_5\sin(\theta-\beta)\end{aligned}\right\} \tag{5.14}$$

$$S_5=\sqrt{[-L_6+r_3\cos(\psi-\beta)]^2+[r_3\sin(\psi-\beta)]^2} \tag{5.15}$$

$$\theta=\beta+\arctan2\{r_3\sin(\psi-\beta)/[(r_3\cos(\psi-\beta)-L_6]\} \tag{5.16}$$

对式(5.14)求关于 ψ 的一阶导数，得类速度方程及其解 $V_{L4}=dS_5/d\psi$、$\omega_{L5}=d\theta/d\psi$ 分别为

$$r_3\sin(\psi-\beta)=S_5(d\theta/d\psi)\sin(\theta-\beta)-(dS_5/d\psi)\cos(\theta-\beta) \tag{5.17}$$

$$r_3\cos(\psi-\beta)=S_5(d\theta/d\psi)\cos(\theta-\beta)+(dS_5/d\psi)\sin(\theta-\beta) \tag{5.18}$$

$$V_{L4}=r_3\sin(\theta-\psi) \tag{5.19}$$

$$\omega_{L5}=(r_3/S_5)\cos(\theta-\psi) \tag{5.20}$$

对式(5.19)、式(5.20)求关于 ψ 的一阶导数，得类加速度 $a_{L4}=d^2S_5/d\psi^2$、类角加速度 $\alpha_{L5}=d^2\theta/d\psi^2$ 分别为

$$a_{L4}=r_3(\omega_{L5}-1)\cos(\theta-\psi) \tag{5.21}$$

$$\alpha_{L5}=-[r_3(\omega_{L5}-1)\sin(\theta-\psi)+V_{L4}\omega_{L5}]/S_5 \tag{5.22}$$

对式(5.21)、式(5.22)求关于 ψ 的一阶导数，得类加速度的一次变化率 $q_{L4}=d^3S_5/d\psi^3$、类角加速度的一次变化率 $j_{L5}=d^3\theta/d\psi^3$ 分别为

$$q_{L4}=r_3\alpha_{L5}\cos(\theta-\psi)-r_3(\omega_{L5}-1)^2\sin(\theta-\psi) \tag{5.23}$$

$$j_{L5}=-[r_3\alpha_{L5}\sin(\theta-\psi)+r_3(\omega_{L5}-1)^2\cos(\theta-\psi)+2V_{L4}\alpha_{L5}+\omega_{L5}a_{L4}]/S_5 \tag{5.24}$$

对式(5.23)、式(5.24)求关于 ψ 的一阶导数，得类加速度的二次变化率 $f_{L4}=d^4S_5/d\psi^4$、类角加速度的二次变化率 $g_{L5}=d^4\theta/d\psi^4$ 分别为

$$f_{L4} = r_3 j_{L5}\cos(\theta-\psi) - 3r_3\alpha_{L5}(\omega_{L5}-1)\sin(\theta-\psi) - r_3(\omega_{L5}-1)^3\cos(\theta-\psi) \tag{5.25}$$

$$\begin{aligned} g_{L5} = &[-r_3 j_{L5}\sin(\theta-\psi) - 3r_3\alpha_{L5}(\omega_{L5}-1)\cos(\theta-\psi) \\ &+r_3(\omega_{L5}-1)^3\sin(\theta-\psi) - q_{L4}\omega_{L5} - 3a_{L4}\alpha_{L5} - 3V_{L4}j_{L5}]/S_5 \end{aligned} \tag{5.26}$$

对式(5.25)、式(5.26)求关于 ψ 的一阶导数，得类加速度的三次变化率 $h_{L4} = \mathrm{d}^5S_5/\mathrm{d}\psi^5$、类角加速度的三次变化率 $p_{L5} = \mathrm{d}^5\theta/\mathrm{d}\psi^5$ 分别为

$$\begin{aligned} h_{L4} = &r_3 g_{L5}\cos(\theta-\psi) - 4r_3 j_{L5}(\omega_{L5}-1)\sin(\theta-\psi) - 3r_3\alpha_{L5}^2\sin(\theta-\psi) \\ &-6r_3\alpha_{L5}(\omega_{L5}-1)^2\cos(\theta-\psi) + r_3(\omega_{L5}-1)^4\sin(\theta-\psi) \end{aligned} \tag{5.27}$$

$$\begin{aligned} p_{L5} = &[-r_3 g_{L5}\sin(\theta-\psi) - 4r_3 j_{L5}(\omega_{L5}-1)\cos(\theta-\psi) \\ &-3r_3\alpha_{L5}^2\cos(\theta-\psi) + 6r_3\alpha_{L5}(\omega_{L5}-1)^2\sin(\theta-\psi) \\ &+r_3(\omega_{L5}-1)^4\cos(\theta-\psi) - f_{L4}\omega_{L5} - 4q_{L4}\alpha_{L5} - 6a_{L4}j_{L5} - 4V_{L4}g_{L5}]/S_5 \end{aligned} \tag{5.28}$$

由式(5.2)知道，当 $\varphi = 3\pi/2$ 时，$\psi = -\psi_{YB}$，所以，在结构设计时，令 $\theta-\psi = \theta+\psi_{YB} = 3\pi/2$，此时，摆杆 5 上的 B 点位于下极限位置 O_5B_1，由式(5.20)得知，$\mathrm{d}\psi/\mathrm{d}\theta = 0$。于是，摆杆 5 在 O_5B_1 位置的 $\mathrm{d}\theta_{B1}/\mathrm{d}\varphi = 0$、$\mathrm{d}^2\theta_{B1}/\mathrm{d}\varphi^2 = 0$ 和 $\mathrm{d}^3\theta_{B1}/\mathrm{d}\varphi^3 = 0$。

由式(1.1) ~ 式(1.3)得摆杆 5 在 O_5B_1 位置具有直到三阶停歇的传动特征。

3. Ⅰ型正交轴摆杆单端直到三阶停歇的空间六杆机构传动特征

在图 5.4 所示的机构中，设 $\psi_{YB} = \pi/6 = 30^\circ$，$r_3 = 0.120\ \mathrm{m} = 120\ \mathrm{mm}$，摆杆 5 的摆角 $\theta_b = 5\pi/12 = 75^\circ$，由式(5.10) ~ 式(5.13)得 L_6 与 β 为

$$\begin{aligned} x &= \frac{2\sin\psi_{YB} + \tan(\pi/2-\psi_{YB})\cos\psi_{YB} - \tan(\pi/2-\psi_{YB}-\theta_b)\cos\psi_{YB}}{\tan(\pi/2-\psi_{YB}) - \tan(\pi/2-\psi_{YB}-\theta_b)} r_3 \\ &= \frac{2\sin 30^\circ + \tan 60^\circ\cos 30^\circ + \tan 15^\circ\cos 30^\circ}{\tan 60^\circ + \tan 15^\circ} 0.12 = 0.1639\ \mathrm{m} \end{aligned}$$

$$\begin{aligned} z &= \tan(\pi/2-\psi_{YB})(x - r_3\cos\psi_{YB}) - r_3\sin\psi_{YB} \\ &= \tan 60^\circ(0.1639 - 0.12\cos 30^\circ) - 0.12\sin 30^\circ = 0.0439\ \mathrm{m} \end{aligned}$$

$$L_6 = \sqrt{z^2+x^2} = \sqrt{0.0439^2+0.1639^2} = 0.1696\ \mathrm{m}$$

$$\beta = \arctan(z/x) = \arctan(0.0439/0.1639) = 15^\circ$$

于是，该组合机构的摆杆 5 的传动特征如图 5.5 所示，摆杆 5 仅在 O_5B_1 位置做直到三阶停歇的传动特征。

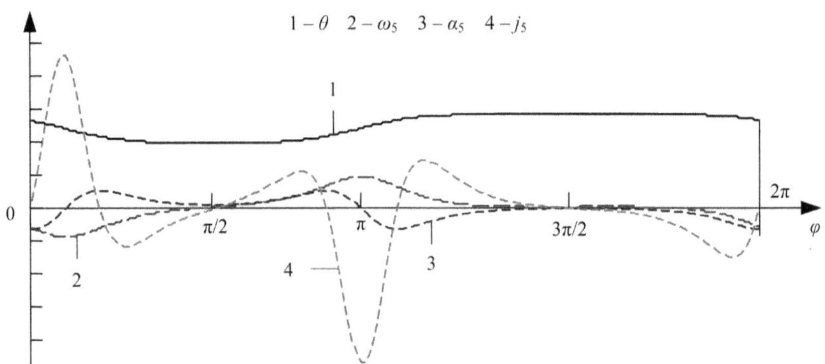

图 5.5　I 型正交轴摆杆单端直到三阶停歇的空间六杆机构传动特征

5.1.3　I 型正交轴摆杆双端直到三阶停歇的空间六杆机构

1. I 型正交轴摆杆双端直到三阶停歇的空间六杆机构设计

在图 5.4 中，令 $\beta = 0$，得到 I 型正交轴摆杆双端直到三阶停歇的空间六杆机构，如图 5.6 所示。当 $\beta = 0$ 时，$L_6 = r_3/\cos\psi_{YB}$。由式(5.2)知道，当 $\varphi = \pi/2$ 时，$\psi = \psi_{YB}$，$\theta - \psi = \theta - \psi_{YB} = \pi/2$，由式(5.20)得 $\omega_{L5} = 0$；当 $\varphi = 3\pi/2$ 时，$\psi = -\psi_{YB}$，$\theta - \psi = \theta + \psi_{YB} = 3\pi/2$，$\omega_{L5} = 0$，所以，摆杆 5 在两个极限位置 O_5B_1、O_5B_2 都具有直到三阶停歇的传动特征。

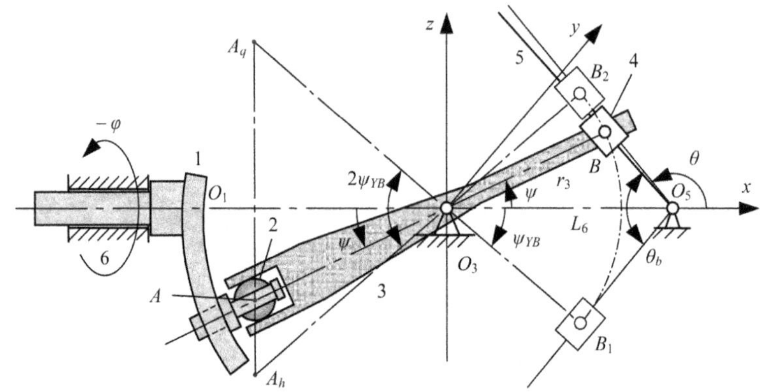

图 5.6　I 型正交轴摆杆双端直到三阶停歇的空间六杆机构

2. I 型正交轴摆杆双端直到三阶停歇的空间六杆机构传动函数

在图 5.6 中，I 型正交轴空间四杆机构的传动函数见式(5.2) ~ 式(5.7)。设摆杆 5 的角位移为 θ，O_5B 的长度为 S_5，由杆 3、4、5 和 6 组成的导杆机构的位移方程及其解分别为

$$L_6 + S_5\cos\theta = r_3\cos\psi \tag{5.29}$$

$$S_5 \sin\theta = r_3 \sin\psi \tag{5.30}$$

$$\theta = \arctan 2(r_3 \sin\psi)/(r_3 \cos\psi - L_6) \tag{5.31}$$

$$S_5 = (r_3 \cos\psi - L_6)/\cos\theta \tag{5.32}$$

θ 与 S_5 的一至五阶导数与式(5.19) ~ 式(5.28)相同。

3. Ⅰ型正交轴摆杆双端直到三阶停歇的空间六杆机构传动特征

在图 5.6 中，设 $\psi_{YB} = \pi/6$ rad= 30°，$r_3 = 80$ mm = 0.080 m，则 $L_6 = r_3/\cos\psi_{YB} = 80/\cos(\pi/6) = 92.376$ mm = 0.092376 m，摆杆 5 的摆角 $\theta_b = \pi - 2\psi_{YB} = 2\pi/3 = 120°$。

在以上几何条件下，该组合机构的摆杆 5 的传动特征如图 5.7 所示。

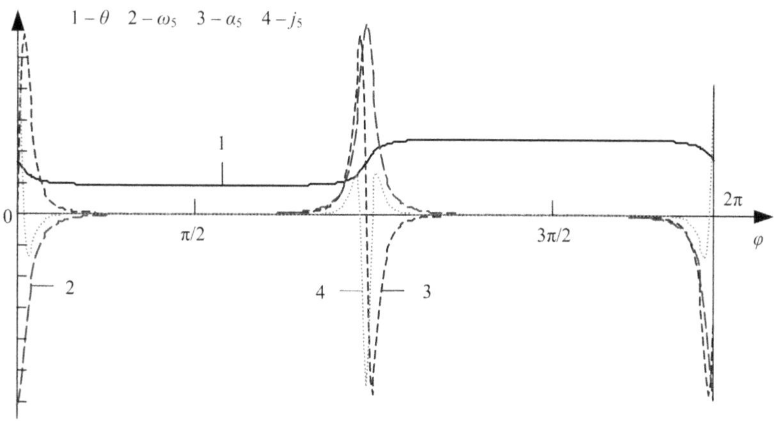

图 5.7　Ⅰ型正交轴摆杆双端直到三阶停歇的空间六杆机构传动特征

5.1.4　Ⅰ型正交轴滑块单端直到三阶停歇的空间六杆机构

1. Ⅰ型正交轴滑块单端直到三阶停歇的空间六杆机构设计

图 5.8 为Ⅰ型正交轴滑块单端直到三阶停歇的空间六杆机构。定义 $\varphi = 0$ 时，$\psi = 0$，杆 3、4、5 和 6 组成余弦机构，设构件 3 上 O_3B 的长度为 r_3，滑块 6 的倾角 $\psi_\alpha = \psi_{YB}$，输出构件 5 的行程 $H_5 = r_3[1 - \cos(2\psi_\alpha)]$，当已知输出构件的行程 H_5 时，该种组合机构的尺寸设计十分简单。

2. Ⅰ型正交轴滑块单端直到三阶停歇的空间六杆机构传动函数

Ⅰ型正交轴空间四杆机构的传动函数见式(5.2) ~ 式(5.7)，杆 3、4、5 和 6 组成余弦机构，滑块 5 的位移 S_5 为

$$S_5 = r_3 \cos(\psi_\alpha + \psi) \tag{5.33}$$

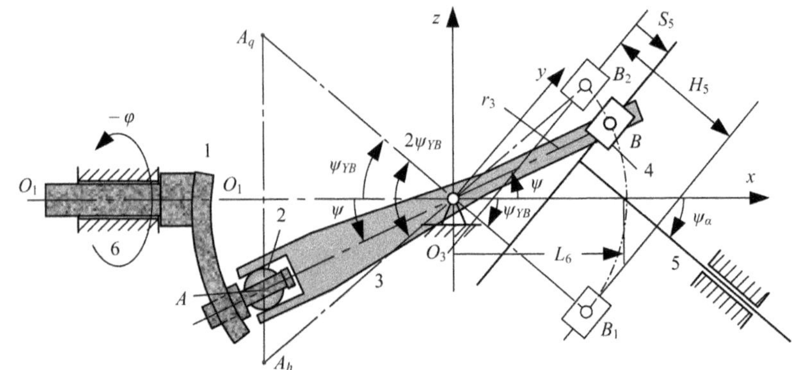

图 5.8　Ⅰ型正交轴滑块单端直到三阶停歇的空间六杆机构

滑块 5 的类速度 $V_{L5} = dS_5/d\psi$ 为

$$V_{L5} = -r_3 \sin(\psi_\alpha + \psi) \tag{5.34}$$

滑块 5 的类加速度 $a_{L5} = d^2S_5/d\psi^2$，类加速度的一至三次变化率 $q_{L5} = d^3S_5/d\psi^3$、$f_{L5} = d^4S_5/d\psi^4$、$h_{L5} = d^5S_5/d\psi^5$ 分别为

$$a_{L5} = -r_3 \cos(\psi_\alpha + \psi) \tag{5.35}$$

$$q_{L5} = r_3 \sin(\psi_\alpha + \psi) \tag{5.36}$$

$$f_{L5} = r_3 \cos(\psi_\alpha + \psi) \tag{5.37}$$

$$h_{L5} = -r_3 \sin(\psi_\alpha + \psi) \tag{5.38}$$

当杆 5 达到下极限位置时，$\varphi = 3\pi/2$，$\psi = -\psi_\alpha$，$\psi + \psi_\alpha = 0$，由式(5.3)得杆 5 处于 O_3B_1 位置时，$\omega_{L3} = d\psi/d\varphi = 0$；由式(5.34)得 $V_{L5} = dS_5/d\psi = 0$。为此，由式(1. 6) ~ 式(1.8)的函数关系得 dS_5/dt、d^2S_5/dt^2 和 d^3S_5/dt^3 的值分别为零。所以，该组合机构的输出构件 5 在下极限位置具有直到三阶停歇的传动特征。

3. Ⅰ型正交轴滑块单端直到三阶停歇的空间六杆机构传动特征

在图 5.8 所示的Ⅰ型正交轴滑块单端直到三阶停歇的空间六杆机构中，若从动件的行程 $H_5 = 0.240$ m，取 $\psi_\alpha = \psi_{YB} = 30° = \pi/6$ rad，则 $r_3 = H_5 / [1 - \cos(2\psi_\alpha)] = 0.240/[1 - \cos(\pi/3)] = 0.480$ m。

由式(1.6) ~ 式(1.10)得该种组合机构的滑块 5 的传动特征如图 5.9 所示，图形显示，输出构件 5 仅在 $\varphi = 3\pi/2$ 位置做直到三阶的停歇。

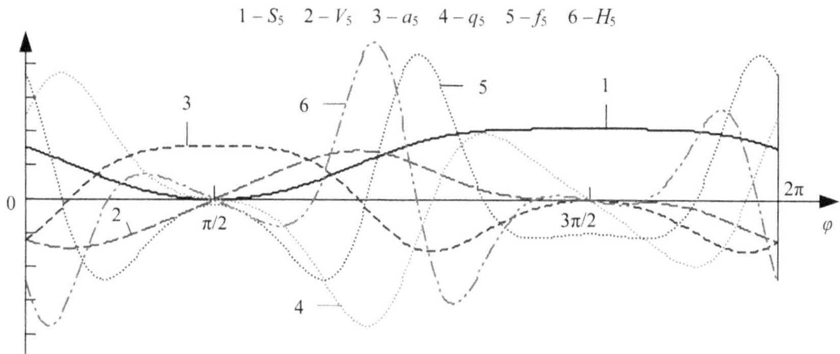

图 5.9 Ⅰ型正交轴滑块单端直到三阶停歇的空间六杆机构传动特征

5.2 Ⅱ型正交轴从动件直到三阶停歇的空间六杆机构

5.2.1 Ⅱ型正交轴空间四杆机构

1. Ⅱ型正交轴空间四杆机构的设计

Ⅱ型正交轴空间四杆机构如图 5.10 所示，主动件 1 的固定转动轴线 O_1O_1 在 xyz 坐标系的 x 轴上且做匀速转动，主动件 1 上的驱动销轴的轴线 AA 与轴线 O_1O_1 平行，曲柄的长度为 r_1，从动件 3 关于 y 轴摆动，摆角为 $2\psi_{YB}$，角位移为 ψ，钢球 2 安装在曲柄 1 的驱动销轴上，通过平槽面与钢球 2 形成高副。

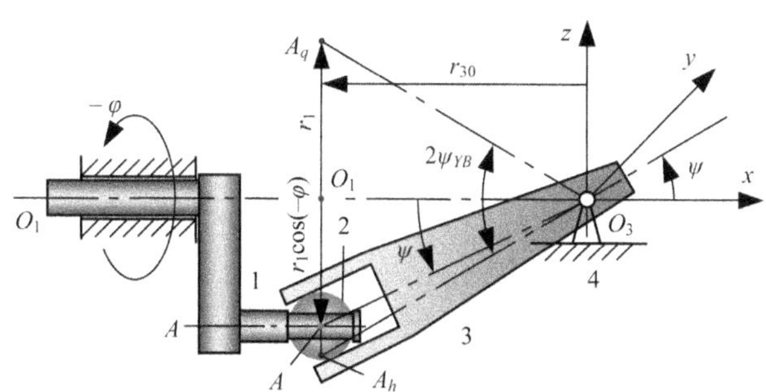

图 5.10 Ⅱ型正交轴空间四杆机构

2. Ⅱ型正交轴空间四杆机构的传动函数

令 $k_0 = r_1/r_{30}$，摆杆 3 的半摆角 $\psi_{YB} = \arctan(k_0)$，摆杆 3 的角位移 ψ、类角速度 $\omega_{L3} = d\psi/d\varphi$、类角加速度 $\alpha_{L3} = d^2\psi/d\varphi^2$、类角加速度的一至三次变化率 $j_{L3} = d^3\psi/d\varphi^3$、$g_{L3} = d^4\psi/d\varphi^4$、$p_{L3} = d^5\psi/d\varphi^5$ 分别为

$$\tan\psi = r_1\cos\varphi / r_{30} = k_0\cos\varphi$$

$$\psi = \arctan(k_0 \cos\varphi) \tag{5.39}$$

$$\omega_{L3} = -k_0 \cos^2 \psi \sin\varphi \tag{5.40}$$

$$\alpha_{L3} = k_0[\omega_{L3} \sin(2\psi) \sin\varphi - \cos^2 \psi \cos\varphi] \tag{5.41}$$

$$\begin{aligned} j_{L3} = k_0[&\alpha_{L3} \sin(2\psi) \sin\varphi + 2\omega_{L3}^2 \cos(2\psi) \sin\varphi \\ &+ 2\omega_{L3} \sin(2\psi) \cos\varphi + \cos^2 \psi \sin\varphi] \end{aligned} \tag{5.42}$$

$$\begin{aligned} g_{L3} = k_0[&j_{L3} \sin(2\psi) \sin\varphi + 6\omega_{L3}\alpha_{L3} \cos(2\psi) \sin\varphi \\ &+3\alpha_{L3} \sin(2\psi) \cos\varphi - 4\omega_{L3}^3 \sin(2\psi) \sin\varphi + 6\omega_{L3}^2 \cos(2\psi) \cos\varphi \\ &- 3\omega_{L3} \sin(2\psi) \sin\varphi + \cos^2 \psi \cos\varphi] \end{aligned} \tag{5.43}$$

$$\begin{aligned} p_{L3} = k_0[&g_{L3} \sin(2\psi) \sin\varphi + 8\omega_{L3} j_{L3} \cos(2\psi) \sin\varphi + 4 j_{L3} \sin(2\psi) \cos\varphi \\ &+6\alpha_{L3}^2 \cos(2\psi) \sin\varphi - 24\omega_{L3}^2 \alpha_{L3} \sin(2\psi) \sin\varphi + 20\omega_{L3}\alpha_{L3} \cos(2\psi) \cos\varphi \\ &- 6\alpha_{L3} \sin(2\psi) \sin\varphi - 8\omega_{L3}^4 \cos(2\psi) \sin\varphi - 16\omega_{L3}^3 \sin(2\psi) \cos\varphi \\ &-12\omega_{L3}^2 \cos(2\psi) \sin\varphi - 4\omega_{L3} \sin(2\psi) \cos\varphi - \cos^2 \psi \sin\varphi] \end{aligned} \tag{5.44}$$

3. Ⅱ型正交轴空间四杆机构的传动特征

令 $\psi_{YB} = \pi/6$ rad= 30°，$k_0 = \tan(\psi_{YB}) = \tan(\pi/6) = 0.57735$，$\omega_1 = 1$，该空间四杆机构的传动特征如图 5.11 所示，$\psi$ 关于 $\varphi = \pi$ 满足 $\psi(\varphi) = -\psi(\varphi + \pi)$的关系。在 $\varphi = 0$、π 的邻域里，α_{L3}、j_{L3}、g_{L3}、p_{L3} 的数值都比较小；在 $\varphi = \pi/2$、$3\pi/2$ 的邻域里，α_{L3}、j_{L3}、g_{L3}、p_{L3} 的数值都比较大。

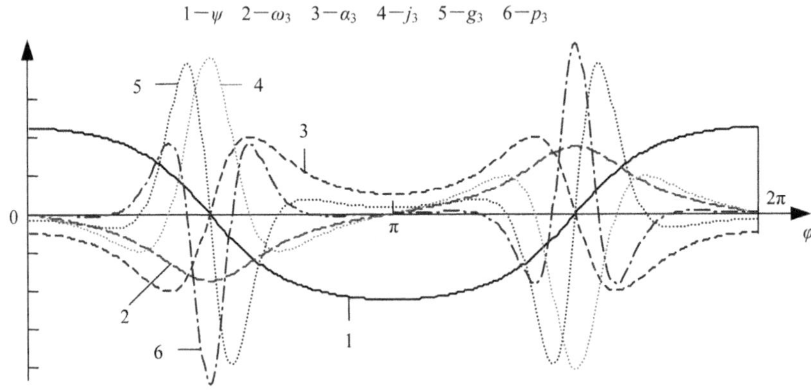

图 5.11　Ⅱ型正交轴空间四杆机构传动特征

5.2.2　Ⅱ型正交轴摆杆单端直到三阶停歇的空间六杆机构

Ⅱ型正交轴摆杆单端直到三阶停歇的空间六杆机构如图 5.12 所示。Ⅱ型正交轴空间四杆机构的设计与分析见 5.2.1 节。杆 3、4、5 和 6 组成的导杆机构的设计与分析见 5.1.2 节。

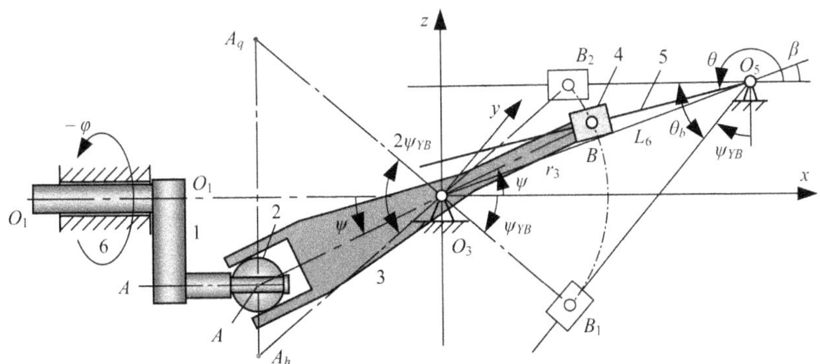

图 5.12 Ⅱ型正交轴摆杆单端直到三阶停歇的空间六杆机构

设 $\psi_{YB} = \pi/6$ rad= 30°，$r_3 = 0.120$ m = 120 mm，摆杆 5 的摆角 $\theta_b = 5\pi/12$ rad= 75°，由式(5.12)得 $L_6 = 0.1697$ m，由式(5.13)得 $\beta = \pi/12$ rad= 15°。

Ⅱ型正交轴摆杆单端直到三阶停歇的空间六杆机构的传动特征如图 5.13 所示，摆杆 5 在 O_5B_1 位置做直到三阶的停歇。

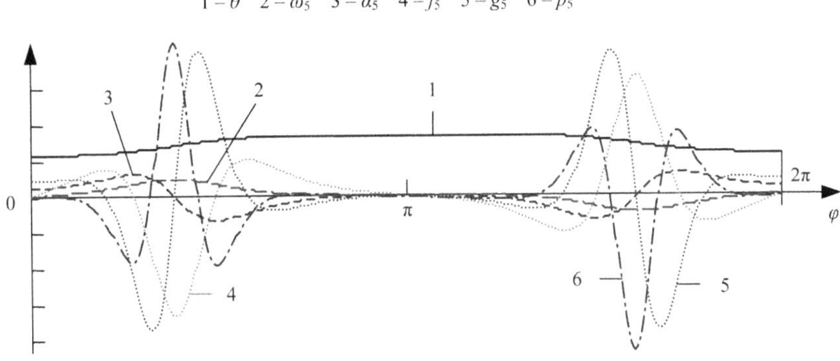

图 5.13 Ⅱ型正交轴摆杆单端直到三阶停歇的空间六杆机构传动特征

5.2.3 Ⅱ型正交轴摆杆双端直到三阶停歇的空间六杆机构

Ⅱ型正交轴摆杆双端直到三阶停歇的空间六杆机构如图 5.14 所示。Ⅱ型正交轴空间四杆机构的设计与分析见 5.2.1 节。杆 3、4、5 和 6 组成的导杆机构的设计与分析见 5.1.3 节。

设 $\psi_{YB} = \pi/6$ rad= 30°，$r_3 = 120$ mm = 0.120 m，则 $L_6 = r_3/\cos(\psi_{YB}) = 0.12/\cos(\pi/6) = 0.13856$ m，摆杆 5 的摆角 $\theta_b = \pi - 2\psi_{YB} = 2\pi/3$ rad= 120°。

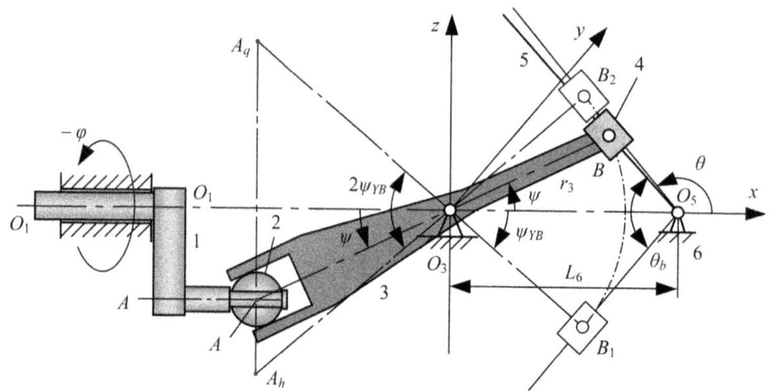

图 5.14　Ⅱ型正交轴摆杆双端直到三阶停歇的空间六杆机构

Ⅰ型正交轴摆杆双端直到三阶停歇的空间六杆机构的传动特征如图 5.15 所示，摆杆 5 在 O_5B_1、O_5B_2 位置做直到三阶的停歇。

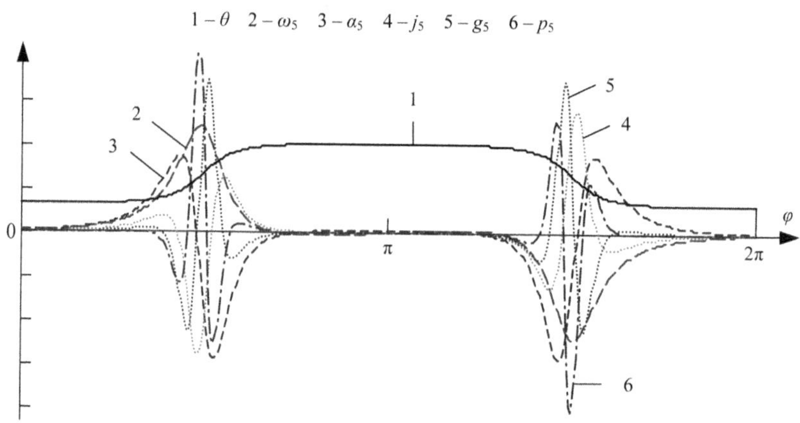

图 5.15　Ⅱ型正交轴摆杆双端直到三阶停歇的空间六杆机构传动特征

5.2.4　Ⅱ型正交轴滑块单端直到三阶停歇的空间六杆机构

Ⅱ型正交轴滑块单端直到三阶停歇的空间六杆机构如图 5.16 所示。Ⅱ型正交轴空间四杆机构的设计与分析见 5.2.1 节。杆 3、4、5 和 6 组成的导杆机构的设计与分析见 5.1.4 节。

设 H_5 = 0.240 m，取 $\psi_\alpha = \psi_{YB} = 30° = \pi/6$ rad，则 $r_3 = H_5/[1-\cos(2\psi_\alpha)] = 0.240/[1-\cos(\pi/3)] = 0.480$ m。

Ⅱ型正交轴滑块单端直到三阶停歇的空间六杆机构的传动特征如图 5.17 所示，滑块 5 在 O_3B_1 位置做直到三阶的停歇。

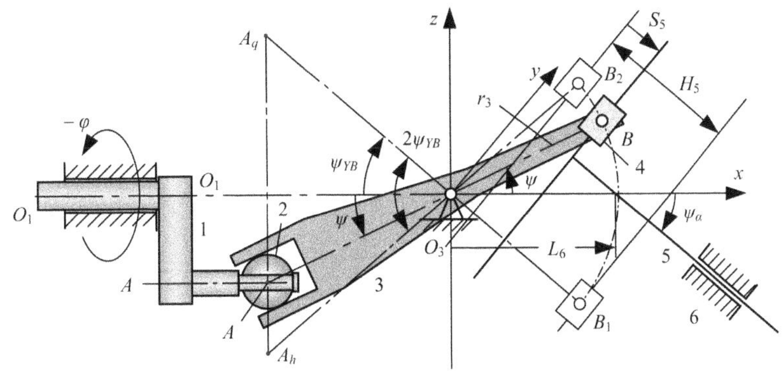

图 5.16　Ⅱ型正交轴滑块单端直到三阶停歇的空间六杆机构

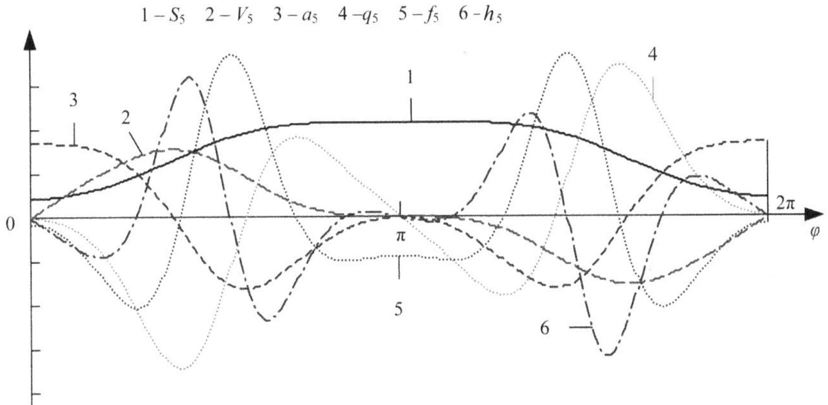

图 5.17　Ⅱ型正交轴滑块单端直到三阶停歇的空间六杆机构传动特征

5.3　Ⅲ型正交轴从动件直到三阶停歇的空间六杆机构

5.3.1　Ⅲ型正交轴空间四杆机构

1. Ⅲ型正交轴空间四杆机构设计

Ⅲ型正交轴空间四杆机构如图 5.18 所示，主动件 1 的固定转动轴线 O_1O_1 在 xO_3y 平面里，O_1O_1 与$-x$ 轴的夹角为 α_z。钢球 2 安装在主动件 1 的销轴上，球心 A 与 O_3 的连线 O_3A 与轴线 O_1O_1 的夹角为 ψ_{YB}，从动件 3 通过平槽面与钢球 2 形成高副，平槽面的 C 向视图如图 5.18 所示，从动件 3 关于 y 轴摆动。该种空间四杆机构的设计与制造均较简单，传动角恒等于 $\pi/2$。

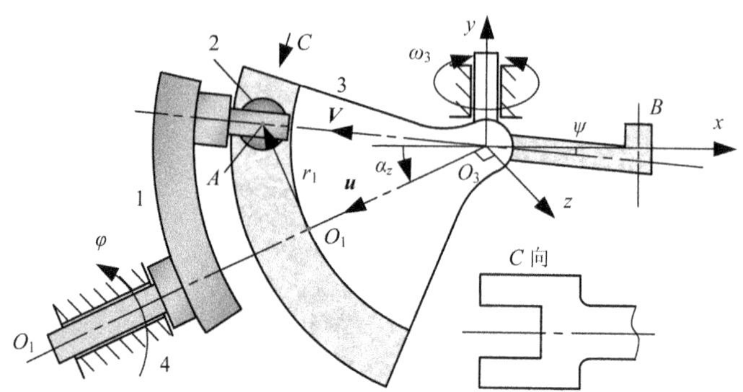

图 5.18　Ⅲ型正交轴空间四杆机构

2. Ⅲ型正交轴空间四杆机构传动函数

Ⅲ型正交轴空间四杆机构的传动原理如图 5.19(a)所示，设主动件 1 的固定转动轴线用单位矢量 $\boldsymbol{u}$ 表示，$\boldsymbol{u}$ 通过坐标系 xyz 的原点 O_3 且在 xO_3y 平面里，$\boldsymbol{u}$ 沿着 O_3O_1 方向，$\boldsymbol{u}$ 与 $-x$ 成 α_z 角。设 A 表示主动件 1 上钢球 2 的中心，O_3A 用单位矢量 $\boldsymbol{V}$ 表示，A_0 为 A 处于最低位置时的一点，在 xO_3y 平面里，O_3A_0 为单位矢量 $\boldsymbol{V}_0$，O_3A_0 绕单位矢量 $\boldsymbol{u}$ 转 φ 角度时，O_3A_0 到达一般位置 O_3A，此时，从动件 3 上平槽面的对称平面从在 xO_3y 平面里的初始位置 P_{xy} 运动到对应位置 P，其关于 y 轴的角位移为 ψ。当单位矢量 $\boldsymbol{V}$ 绕单位矢量 $\boldsymbol{u}$ 转一周时，单位矢量 $\boldsymbol{V}$ 的轨迹为一个以 O_3 为顶点的圆锥面，同时，平面 P 经历两个极限位置 P_q、P_h，它们之间的夹角就等于从动件 3 的摆角 $2\psi_\alpha$。单位矢量 $\boldsymbol{u}$ 与 $\boldsymbol{V}$ 之间的夹角即为主动件上驱动销轴的轴线 O_3A 与固定转动轴线 O_1O_1 所夹的锐角 ψ_{YB}。当 $\alpha_z=\psi_{YB}$ 时，O_3A_0 在 x 轴上，如图 5.19(b)所示。

在图 5.19(a)中，若令 A_0 点的坐标为$(x_0,\ y_0,\ z_0)$，单位矢量 $\boldsymbol{V}_0$ 的三个分量为 V_{0x}、V_{0y}、V_{0z}，则 $x_0=V_{0x}=-\cos(\psi_{YB}-\alpha_z)$，$y_0=V_{0y}=-\sin(\psi_{YB}-\alpha_z)$，$z_0=V_{0z}=0$。$O_1$ 点的坐标为$(u_x,\ u_y,\ u_z)$，$u_x=-\cos\psi_{YB}\cos\alpha_z$，$u_y=\cos\psi_{YB}\sin\alpha_z$，$u_z=0$。令动点 A 的坐标为$(x,\ y,\ z)$，单位矢量 $\boldsymbol{V}$ 的三个分量为 V_x、V_y、V_z，则初始点 A_0 与动点 A 之间的变换关系等价于单位矢量 $\boldsymbol{V}_0$ 绕通过坐标原点的单位矢量 $\boldsymbol{u}$ 转动 φ 角而到达 $\boldsymbol{V}$ 的变换关系，而且该变换关系同样等价于以下的变换关系。首先，让矢量 $\boldsymbol{u}$ 与 $\boldsymbol{V}_0$ 作为一体绕 z 轴转$+\alpha_z$ 角，使矢量 $\boldsymbol{u}$ 落在 x 轴上，$\boldsymbol{u}$ 到达 $\boldsymbol{u}'$、$\boldsymbol{V}_0$ 到达 $\boldsymbol{V}'$，其次，让矢量 $\boldsymbol{V}'$绕 x 轴转 $-\varphi$ 角而得到矢量 $\boldsymbol{V}''$，最后，让矢量 $\boldsymbol{u}'$与 $\boldsymbol{V}''$ 作为一体绕 z 轴转$-\alpha_z$ 角，使矢量 $\boldsymbol{u}'$返回原来的位置上，于是得到了 $\boldsymbol{V}$ 的位置，如图 5.20 所示。矢量 $\boldsymbol{V}$ 与矢量 $\boldsymbol{V}_0$ 的变换矩阵 $\boldsymbol{T}$ 为

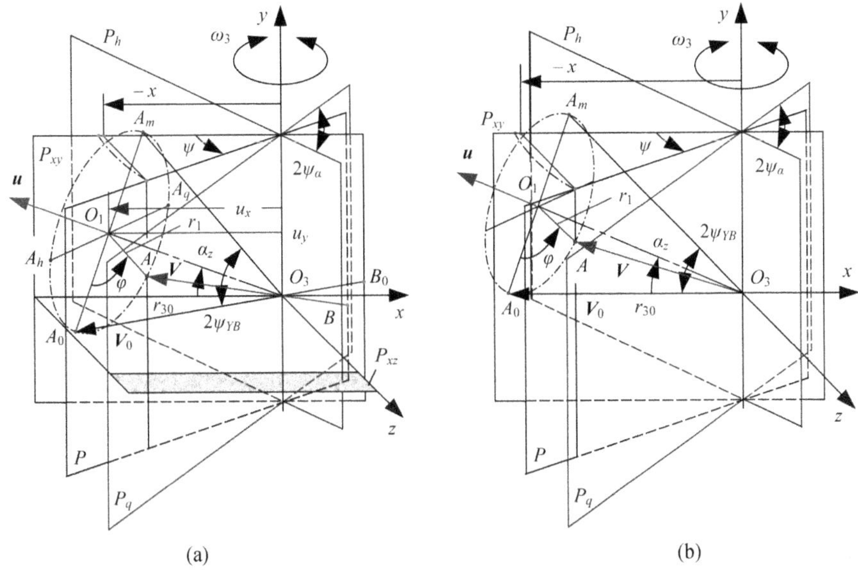

图 5.19　Ⅲ型正交轴空间四杆机构传动原理图

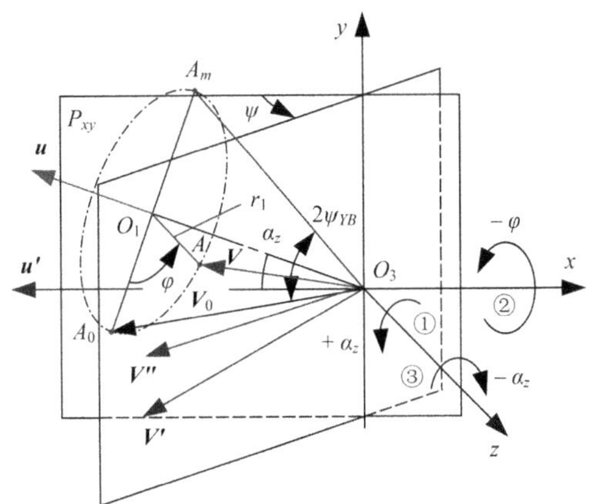

图 5.20　Ⅲ型正交轴矢量变换图

$\boldsymbol{T}=\boldsymbol{R}_{\varphi,u}=\boldsymbol{R}_{-\alpha_z,z}\,\boldsymbol{R}_{-\varphi,x}\,\boldsymbol{R}_{+\alpha_z,z}$，$\boldsymbol{V}$ 与 $\boldsymbol{V}_0$ 的变换关系为

$$\boldsymbol{V}=\boldsymbol{R}_{\varphi,u}\boldsymbol{V}_0=\boldsymbol{R}_{-\alpha_z,z}\,\boldsymbol{R}_{-\varphi,x}\,\boldsymbol{R}_{+\alpha_z,z}\,\boldsymbol{V}_0 \tag{5.45}$$

式(5.45)中，$\boldsymbol{R}_{-\alpha_z,z}$、$\boldsymbol{R}_{-\varphi,x}$、$\boldsymbol{R}_{+\alpha_z,z}$ 和 $\boldsymbol{R}_{\varphi,u}$ 的表达式分别为

$$\boldsymbol{R}_{+\alpha_z,z}=\begin{bmatrix}\cos\alpha_z & -\sin\alpha_z & 0\\ \sin\alpha_z & \cos\alpha_z & 0\\ 0 & 0 & 1\end{bmatrix} \tag{5.46}$$

$$\boldsymbol{R}_{-\varphi,x}=\begin{bmatrix}1 & 0 & 0\\ 0 & \cos(-\varphi) & -\sin(-\varphi)\\ 0 & \sin(-\varphi) & \cos(-\varphi)\end{bmatrix} \tag{5.47}$$

$$\boldsymbol{R}_{-\alpha_z,z}=\begin{bmatrix}\cos(-\alpha_z) & -\sin(-\alpha_z) & 0\\ \sin(-\alpha_z) & \cos(-\alpha_z) & 0\\ 0 & 0 & 1\end{bmatrix} \tag{5.48}$$

$$\boldsymbol{R}_{\varphi,u}=\begin{bmatrix}\sin^2\alpha_z\cos\varphi+\cos^2\alpha_z & \sin\alpha_z\cos\alpha_z(\cos\varphi-1) & \sin\alpha_z\sin\varphi\\ \sin\alpha_z\cos\alpha_z(\cos\varphi-1) & \sin^2\alpha_z+\cos^2\alpha_z\cos\varphi & \cos\alpha_z\sin\varphi\\ -\sin\alpha_z\sin\varphi & -\cos\alpha_z\sin\varphi & \cos\varphi\end{bmatrix} \tag{5.49}$$

设 $\boldsymbol{V}=[V_x,\ V_y,\ V_z]^{\mathrm{T}}$，$\boldsymbol{V}_0=[V_{0x},\ V_{0y},\ V_{0z}]^{\mathrm{T}}$，则 $\boldsymbol{V}$ 与 $\boldsymbol{V}_0$ 之间的变换关系为

$$\begin{bmatrix}V_x\\ V_y\\ V_z\end{bmatrix}=\begin{bmatrix}\sin^2\alpha_z\cos\varphi+\cos^2\alpha_z & \sin\alpha_z\cos\alpha_z(\cos\varphi-1) & \sin\alpha_z\sin\varphi\\ \sin\alpha_z\cos\alpha_z(\cos\varphi-1) & \sin^2\alpha_z+\cos^2\alpha_z\cos\varphi & \cos\alpha_z\sin\varphi\\ -\sin\alpha_z\sin\varphi & -\cos\alpha_z\sin\varphi & \cos\varphi\end{bmatrix}\begin{bmatrix}V_{0x}\\ V_{0y}\\ V_{0z}\end{bmatrix} \tag{5.50}$$

于是从动件 3 的角位移 ψ 为

$$\begin{aligned}\tan\psi&=\frac{z}{-x}=\frac{V_z}{-V_x}=\frac{-(\sin\alpha_z V_{0x}+\cos\alpha_z V_{0y})\sin\varphi}{-[(\sin^2\alpha_z\cos\varphi+\cos^2\alpha_z)V_{0x}+\sin\alpha_z\cos\alpha_z(\cos\varphi-1)V_{0y}]}\\ &=\frac{(\tan\alpha_z+V_{0y}/V_{0x})\sin\varphi}{\sin\alpha_z\tan\alpha_z\cos\varphi+\cos\alpha_z+\sin\alpha_z(\cos\varphi-1)(V_{0y}/V_{0x})}\\ &=\frac{[\tan\alpha_z+\tan(\psi_{YB}-\alpha_z)]\sin\varphi}{\sin\alpha_z\tan\alpha_z\cos\varphi+\cos\alpha_z+\sin\alpha_z(\cos\varphi-1)\tan(\psi_{YB}-\alpha_z)}\end{aligned} \tag{5.51}$$

$$\psi=\arctan\left\{\frac{[\tan\alpha_z+\tan(\psi_{YB}-\alpha_z)]\sin\varphi}{\sin\alpha_z\tan\alpha_z\cos\varphi+\cos\alpha_z+\sin\alpha_z(\cos\varphi-1)\tan(\psi_{YB}-\alpha_z)}\right\} \tag{5.52}$$

当 $0\leqslant\varphi\leqslant\pi$ 时，ψ 关于 y 轴的转角为正值，当 $\pi<\varphi<2\pi$ 时，ψ 关于 y 轴的转角为负值。在式(5.52)中定义 k_1、k_2 和 k_3 分别为

$$k_1=\tan\alpha_z+\tan(\psi_{YB}-\alpha_z)$$

$$k_2=\sin\alpha_z\tan\alpha_z+\sin\alpha_z\tan(\psi_{YB}-\alpha_z)$$

$$k_3=\cos\alpha_z-\sin\alpha_z\tan(\psi_{YB}-\alpha_z)$$

将式(5.52)改写成如下形式：

$$\tan\psi(k_2\cos\varphi+k_3)=k_1\sin\varphi \tag{5.53}$$

对式(5.53)求关于 φ 的一阶导数，得从动件 3 的类角速度方程与类角速度 $\omega_{L3}=$

$\mathrm{d}\psi/\mathrm{d}\varphi$ 为

$$(\omega_{L3}/\cos^2\psi)(k_2\cos\varphi+k_3)-k_2\tan\psi\sin\varphi=k_1\cos\varphi$$

$$\omega_{L3}(k_2\cos\varphi+k_3)-k_2\tan\psi\cos^2\psi\sin\varphi=k_1\cos^2\psi\cos\varphi$$

$$\omega_{L3}(k_2\cos\varphi+k_3)-0.5k_2\sin(2\psi)\sin\varphi=k_1\cos^2\psi\cos\varphi \tag{5.54}$$

$$\omega_{L3}=[k_1\cos^2\psi\cos\varphi+0.5k_2\sin(2\psi)\sin\varphi]/(k_2\cos\varphi+k_3) \tag{5.55}$$

对式(5.54)求关于 φ 的一阶导数，得类加速度方程及其解 $\alpha_{L3}=\mathrm{d}^2\psi/\mathrm{d}\varphi^2$ 分别为

$$\alpha_{L3}(k_2\cos\varphi+k_3)-k_2\omega_{L3}\sin\varphi-k_2\omega_{L3}\cos(2\psi)\sin\varphi-0.5k_2\sin(2\psi)\cos\varphi$$
$$=-k_1\omega_{L3}\sin(2\psi)\cos\varphi-k_1\cos^2\psi\sin\varphi$$

$$\alpha_{L3}(k_2\cos\varphi+k_3)-[k_2\sin\varphi+k_2\cos(2\psi)\sin\varphi-k_1\sin(2\psi)\cos\varphi]\omega_{L3}$$
$$=0.5k_2\sin(2\psi)\cos\varphi-k_1\cos^2\psi\sin\varphi \tag{5.56}$$

定义 $k_{4\varphi}$、$k_{5\varphi}$ 和 $k_{6\varphi}$ 分别为

$$k_{4\varphi}=k_2\cos\varphi+k_3$$

$$k_{5\varphi}=-k_2\sin\varphi-k_2\cos(2\psi)\sin\varphi+k_1\sin(2\psi)\cos\varphi$$

$$k_{6\varphi}=0.5k_2\sin(2\psi)\cos\varphi-k_1\cos^2\psi\sin\varphi$$

$$k_{4\varphi}\alpha_{L3}+k_{5\varphi}\omega_{L3}=k_{6\varphi} \tag{5.57}$$

$$\alpha_{L3}=(k_{6\varphi}-k_{5\varphi}\omega_{L3})/k_{4\varphi} \tag{5.58}$$

对式(5.57)求关于 φ 的一阶导数，得类加速度的一次变化率方程及其解 $j_{L3}=\mathrm{d}^3\psi/\mathrm{d}\varphi^3$ 分别为

$$k_{4\varphi1}=\mathrm{d}k_{4\varphi}/\mathrm{d}\varphi=-k_2\sin\varphi$$

$$k_{5\varphi1}=\mathrm{d}k_{5\varphi1}/\mathrm{d}\varphi=-k_2\cos\varphi+2k_2\omega_{L3}\sin(2\psi)\sin\varphi-k_2\cos(2\psi)\cos\varphi$$
$$+2k_1\omega_{L3}\cos(2\psi)\cos\varphi-k_1\sin(2\psi)\sin\varphi$$

$$k_{6\varphi1}=\mathrm{d}k_{6\varphi}/\mathrm{d}\varphi=k_2\omega_{L3}\cos(2\psi)\cos\varphi-0.5k_2\sin(2\psi)\sin\varphi$$
$$+k_1\sin(2\psi)\omega_{L3}\sin\varphi-k_1\cos^2\psi\cos\varphi$$

$$k_{4\varphi}j_{L3}+k_{4\varphi1}\alpha_{L3}+k_{5\varphi1}\omega_{L3}+k_{5\varphi}\alpha_{L3}=k_{6\varphi1} \tag{5.59}$$

$$j_{L3}=(k_{6\varphi1}-k_{4\varphi1}\alpha_{L3}-k_{5\varphi1}\omega_{L3}-k_{5\varphi}\alpha_{L3})/k_{4\varphi} \tag{5.60}$$

$g_{L3}=\mathrm{d}^4\psi/\mathrm{d}\varphi^4$、$p_{L3}=\mathrm{d}^5\psi/\mathrm{d}\varphi^5$ 通过数值方法得到。

摆杆 3 的摆角 ψ_α 可通过 A 点的轨迹在 xO_3z 坐标系中的投影求得，如图 5.21 所示。A 点的轨迹是关于 $\boldsymbol{u}$ 轴的圆，圆的半径 $r_1=\sin\psi_{YB}$，当该圆向 xO_3z 坐标系投影时，椭圆的长轴 $a=r_1=\sin\psi_{YB}$，短轴 $b=r_1\cos\alpha_z=\sin\psi_{YB}\cos\alpha_z$，$b/a=\cos\alpha_z$，$O_1O_3=-u_x=\cos\psi_{YB}\cos\alpha_z$，椭圆在 $z'O_1x$ 坐标系中的方程为

$$\left.\begin{aligned} z &= a\cos\delta \\ x &= b\sin\delta \end{aligned}\right\} \tag{5.61}$$

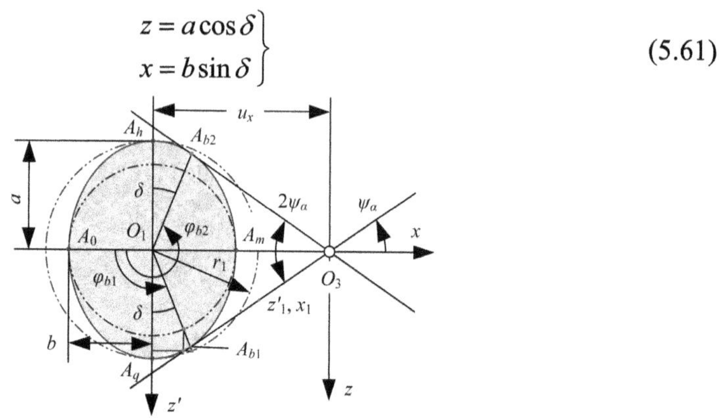

图 5.21　摆杆 3 摆角的求解图

椭圆在 $A_{b1}(z_{b1}，x_{b1})$点与 $A_{b1}O_3$ 相切，切线的斜率 k_t 为

$$k_t = \mathrm{d}x/\mathrm{d}z = b\cos\delta/(-a\sin\delta) = \cos\alpha_z\cos\delta/(-\sin\delta) \tag{5.62}$$

过 A_{b1} 点切线的方程为

$$x_1 - b\sin\delta = k_t(z_1' - a\cos\delta) = (z_1' - a\cos\delta)\cos\alpha_z\cos\delta/(-\sin\delta) \tag{5.63}$$

切线通过 O_3 点，令 $z'_1 = 0$，$x_1 = -u_x = \cos\psi_{YB}\cos\alpha_z$，将该条件代入式(5.63)，得 δ 与 ψ_{YB} 的关系分别为

$$\cos\psi_{YB}\cos\alpha_z - \sin\psi_{YB}\cos\alpha_z\sin\delta = \sin\psi_{YB}\cos\alpha_z\cos^2\delta/\sin\delta$$

$$\cos\psi_{YB}\sin\delta - \sin\psi_{YB}\sin^2\delta = \sin\psi_{YB}\cos^2\delta$$

$$\cos\psi_{YB}\sin\delta = \sin\psi_{YB}\cos^2\delta + \sin\psi_{YB}\sin^2\delta$$

$$\cos\psi_{YB}\sin\delta = \sin\psi_{YB} \tag{5.64}$$

$$\delta = \arcsin(\tan\psi_{YB}) \tag{5.65}$$

$$\psi_{YB} = \arctan(\sin\delta) \tag{5.66}$$

令椭圆在 $A_{b1}(z_{b1}, x_{b1})$点的切线斜率 $k_t = \cos\alpha_z\cos\delta/(-\sin\delta) = \cos\alpha_z/(-\tan\delta)$ 与过 A_{b1}、O_3 点的直线斜率 $\tan(\pi/2+\psi_\alpha)$ 重合，得 δ 与 ψ_α 的关系分别为

$$k_t = \cos\alpha_z\cos\delta/(-\sin\delta) = \cos\alpha_z/(-\tan\delta) = \tan(\pi/2+\psi_\alpha)$$

$$\delta = \arctan\{\cos\alpha_z/[-\tan(\pi/2+\psi_\alpha)]\} \tag{5.67}$$

$$\psi_\alpha = \arctan 2[\cos\alpha_z/(-\tan\delta)] - \pi/2 \tag{5.68}$$

主动件 1 达到 A_{b1}、A_{b2} 点对应的角度分别为 $\varphi_{b1} = \pi/2 + \delta$，$\varphi_{b2} = 3\pi/2 - \delta$。当已知摆杆 3 的摆角 ψ_α 与 α_z 时，由式(5.67)解出 δ，由式(5.66)解出 ψ_{YB}。

3. Ⅲ型正交轴空间四杆机构传动特征

已知摆杆 3 的摆角 $\psi_\alpha = \pi/6$ rad= 30°，取相位角 $\alpha_z = 5\pi/36$ rad= 25°，由式(5.67)

解出运动极限角 $\varphi_{b1}=\pi/2+\delta=\pi/2+27.621°\times\pi/180$ rad，由式(5.66)解出结构角 $\psi_{YB}=24.873°\times\pi/180$ rad，该空间四杆机构的传动特征如图 5.22 所示，$\psi=\psi(\varphi)$ 关于 $\varphi=\pi$ 满足 $\psi(\varphi)=-\psi(\varphi+\pi)$的关系。

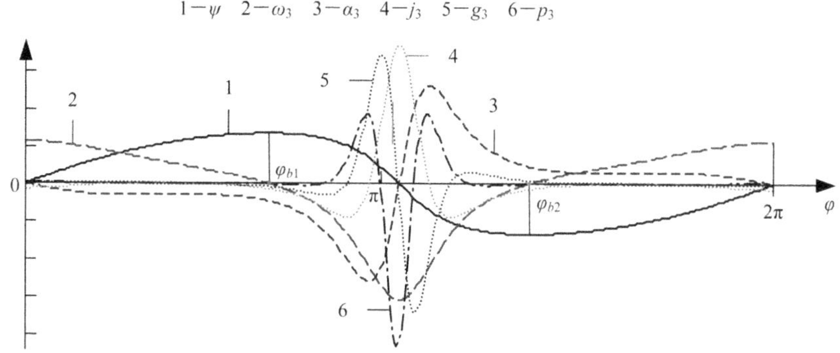

图 5.22　Ⅲ型正交轴空间四杆机构的传动特征

5.3.2　Ⅲ型正交轴摆杆单端直到三阶停歇的空间六杆机构

1. Ⅲ型正交轴摆杆单端直到三阶停歇的空间六杆机构设计

Ⅲ型正交轴摆杆单端直到三阶停歇的空间六杆机构设计如图 5.23 所示。在图 5.23 中，O_3B 是构件 2 上的一部分，O_3B 与 O_3A 都在 xO_3z 平面里，O_3B 与 O_3A 之间的夹角为 γ，结构参数 γ 的引入是为了使摆杆 6 的固定转动中心 O_6 获得任意的设计位置。α_z 是 O_3O_1 与$-x$ 轴之间关于 y 轴转动的结构角。设 O_3O_1 上的单位矢量为 $\boldsymbol{u}$，当 O_3A_0 绕 $\boldsymbol{u}$ 转 φ 角度时，设 O_3B 关于 x 轴的角位移为 ψ_3，摆杆 6 做往复摆动，角位移为 θ，摆角为 θ_b。从动件 3 上 O_3B 的角位移 ψ_3 为

$$\psi_3=\psi+\gamma \tag{5.69}$$

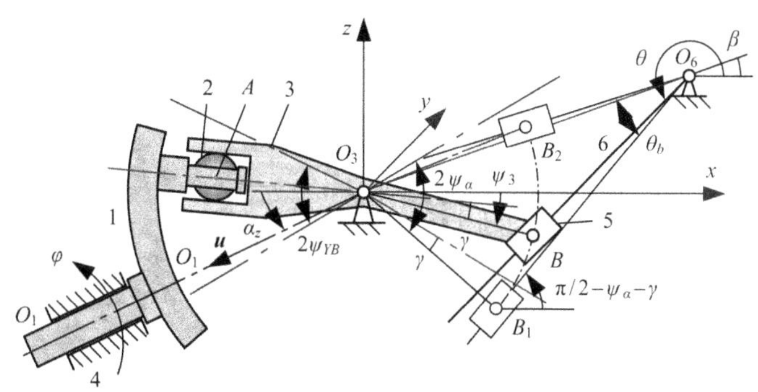

图 5.23　Ⅲ型正交轴摆杆单端直到三阶停歇的空间六杆机构

设机架 4 上 O_3O_6 的长度和方位角分别为 L_6 与 β。若摆杆 6 的摆角 θ_b 为已知，则该种正交轴空间六杆机构的尺寸设计如下。

当 $0\leqslant\varphi\leqslant\pi$ 时，ψ 关于 y 轴的转角为正值，O_3B 在 xO_3z 平面坐标系 x 轴的下方；当 $\pi<\varphi<2\pi$ 时，ψ 关于 y 轴的转角为负值，O_3B 在 xO_3z 平面坐标系 x 轴的上方。在 xO_3z 平面坐标系中，B_1 点的坐标为$[r_3\cos(-\psi_\alpha-\gamma)$，$r_3\sin(-\psi_\alpha-\gamma)]$，$B_2$ 点的坐标为$[r_3\cos(\psi_\alpha-\gamma)$，$r_3\sin(\psi_\alpha-\gamma)]$，$O_6$ 点的坐标为(x,z)。

直线 B_1O_6 的斜率 $k_1=\tan(\pi/2-\psi_\alpha-\gamma)$，直线 B_1O_6 的方程为

$$z+r_3\sin(\psi_\alpha+\gamma)=\tan(\pi/2-\psi_\alpha-\gamma)[x-r_3\cos(\psi_\alpha+\gamma)] \tag{5.70}$$

直线 B_2O_6 的斜率 $k_2=\tan(\pi/2-\psi_\alpha-\gamma-\theta_b)$，直线 B_2O_6 的方程为

$$z-r_3\sin(\psi_\alpha-\gamma)=\tan(\pi/2-\psi_\alpha-\gamma-\theta_b)[x-r_3\cos(\psi_\alpha-\gamma)] \tag{5.71}$$

从式(5.70)、式(5.71)中消去 z，得 O_5 点的坐标 x 为

$$\begin{aligned}&r_3\sin(\psi_\alpha+\gamma)+r_3\sin(\psi_\alpha-\gamma)\\&=\tan(\pi/2-\psi_\alpha-\gamma)[x-r_3\cos(\psi_\alpha+\gamma)]\\&\quad-\tan(\pi/2-\psi_\alpha-\gamma-\theta_b)[x-r_3\cos(\psi_\alpha-\gamma)]\\&\quad[\tan(\pi/2-\psi_\alpha-\gamma)-\tan(\pi/2-\psi_\alpha-\gamma-\theta_b)]x\\&=r_3\sin(\psi_\alpha+\gamma)+r_3\sin(\psi_\alpha-\gamma)+r_3\tan(\pi/2-\psi_\alpha-\gamma)\cos(\psi_\alpha+\gamma)\\&\quad-r_3\tan(\pi/2-\psi_\alpha-\gamma-\theta_b)\cos(\psi_\alpha-\gamma)\end{aligned}$$

$$\begin{aligned}x=&[\sin(\psi_\alpha+\gamma)+\sin(\psi_\alpha-\gamma)+\tan(\pi/2-\psi_\alpha-\gamma)\cos(\psi_\alpha+\gamma)\\&-\tan(\pi/2-\psi_\alpha-\gamma-\theta_b)\cos(\psi_\alpha-\gamma)]r_3/[\tan(\pi/2-\psi_\alpha-\gamma)\\&-\tan(\pi/2-\psi_\alpha-\gamma-\theta_b)]\end{aligned} \tag{5.72}$$

$$z=\tan(\pi/2-\psi_\alpha-\gamma)[x-r_3\cos(\psi_\alpha+\gamma)]-r_3\sin(\psi_\alpha+\gamma) \tag{5.73}$$

$$L_6=\sqrt{z^2+x^2} \tag{5.74}$$

$$\beta=\arctan(z/x) \tag{5.75}$$

由式(5.74)、式(5.75)得知，当选择了 r_3、γ，已知摆角 θ_b 时，尺寸设计十分简单。

2. Ⅲ型正交轴摆杆单端直到三阶停歇的空间六杆机构传动函数

在图 5.23 中，设 $O_3B=r_3$，摆杆 6 的角位移为 θ，O_6B 的长度为 S_5，由杆 3、4、5 和 6 组成的导杆机构的位移方程及其解分别为

$$\left.\begin{aligned}-L_6+r_3\cos(\psi_3-\beta)=S_5\cos(\theta-\beta)\\r_3\sin(\psi_3-\beta)=S_5\sin(\theta-\beta)\end{aligned}\right\} \tag{5.76}$$

$$S_5=\sqrt{[-L_6+r_3\cos(\psi_3-\beta)]^2+[r_3\sin(\psi_3-\beta)]^2} \tag{5.77}$$

$$\theta=\beta+\arctan2[r_3\sin(\psi_3-\beta)/(r_3\cos(\psi_3-\beta)-L_6] \tag{5.78}$$

对位移方程求关于 ψ 的一阶导数，得类速度方程及其解 $V_{L5} = dS_5/d\psi$、$\omega_{L6} = d\theta/d\psi$ 分别为

$$r_3 \sin(\psi_3 - \beta) = S_5(d\theta / d\psi)\sin(\theta - \beta) - (dS_5 / d\psi)\cos(\theta - \beta) \tag{5.79}$$

$$r_3 \cos(\psi_3 - \beta) = S_5(d\theta / d\psi)\cos(\theta - \beta) + (dS_5 / d\psi)\sin(\theta - \beta) \tag{5.80}$$

$$V_{L5} = r_3 \sin(\theta - \psi_3) \tag{5.81}$$

$$\omega_{L6} = (r_3 / S_5)\cos(\theta - \psi_3) \tag{5.82}$$

对式(5.81)、式(5.82)求关于 ψ 的一、二阶导数，得 $a_{L5} = d^2S_5/d\psi^2$、$\alpha_{L6} = d^2\theta/d\psi^2$，$q_{L5} = d^3S_6/d\psi^3$、$j_{L6} = d^3\theta/d\psi^3$ 分别为

$$a_{L5} = r_3(\omega_{L6} - 1)\cos(\theta - \psi_3) \tag{5.83}$$

$$\alpha_{L6} = -[r_3(\omega_{L6} - 1)\sin(\theta - \psi_3) + V_{L5}\omega_{L6}] / S_5 \tag{5.84}$$

$$q_{L5} = r_3\alpha_{L6}\cos(\theta - \psi_3) - r_3(\omega_{L6} - 1)^2 \sin(\theta - \psi_3) \tag{5.85}$$

$$j_{L6} = -[r_3\alpha_{L6}\sin(\theta - \psi_3) + r_3(\omega_{L6} - 1)^2\cos(\theta - \psi_3) + 2V_{L5}\alpha_{L6} + \omega_{L6}a_{L5}] / S_5 \tag{5.86}$$

3. Ⅲ型正交轴摆杆单端直到三阶停歇的空间六杆机构传动特征

在图 5.23 中，设 $\psi_\alpha = 2\pi/9$ rad= 40°，$\alpha_z = \pi/6$ rad= 30°，由式(5.67)解出 δ 为

$$\begin{aligned}\delta &= \arctan\{\cos\alpha_z / [-\tan(\pi / 2 + \psi_\alpha)]\} \\ &= \arctan\{\cos 30^\circ / [-\tan(90^\circ + 40^\circ)]\} = 36.005^\circ\end{aligned}$$

由式(5.66)解出 ψ_{YB} 为

$$\psi_{YB} = \arctan(\sin\delta) = \arctan(\sin 36.005^\circ) = 30.4495^\circ$$

主动件 1 达到 A_{b1}、A_{b2} 的角度分别为 $\varphi_{b1} = 90^\circ + \delta = 126.005^\circ$，$\varphi_{b2} = 270^\circ - \delta = 233.995^\circ$。

设 $r_3 = 0.120$ m = 120 mm，摆杆 6 的摆角 $\theta_b = 2\pi/9$ rad= 60°，$\gamma = \pi/18$ rad= 10°，由式(5.72) ~ 式(5.75)得 L_6 与 β 分别为

$$\begin{aligned}x &= 0.12(\sin 50^\circ + \sin 30^\circ + \tan 40^\circ\cos 50^\circ + \tan 20^\circ\cos 30^\circ) / (\tan 40^\circ + \tan 20^\circ) \\ &= 0.21152 \text{ m}\end{aligned}$$

$$z = \tan 40^\circ(0.21152 - 0.12\cos 50^\circ) - 0.12\sin 50^\circ = 0.02084 \text{ m}$$

$$L_6 = \sqrt{0.02084^2 + 0.21152^2} = 0.21254 \text{ m}$$

$$\beta = \arctan(0.02084 / 0.21152) = 5.6269^\circ$$

Ⅲ型正交轴摆杆单端直到三阶停歇的空间六杆机构的传动特征如图 5.24 所

示。在 $\varphi_{b2}=270^\circ-\delta=233.995^\circ$位置，摆杆 6 做直作三阶的停歇。

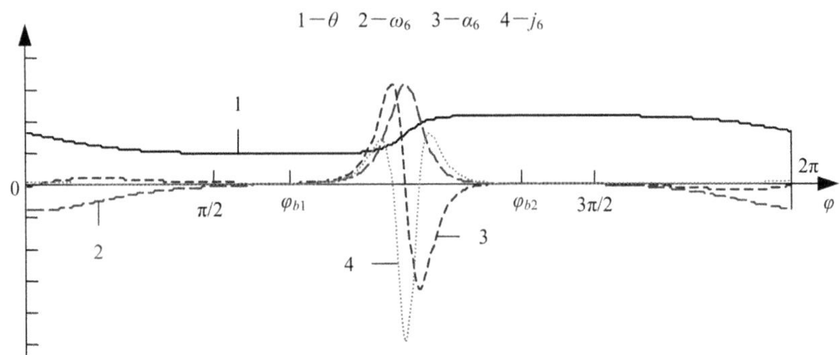

图 5.24　Ⅲ型正交轴摆杆单端直到三阶停歇的空间六杆机构传动特征

5.3.3　Ⅲ型正交轴摆杆双端直到三阶停歇的空间六杆机构

在图 5.23 中，当 $\beta=0$、$\gamma=0$ 时，得到图 5.25 所示的Ⅲ型正交轴摆杆双端直到三阶停歇的空间六杆机构。摆杆 6 的摆角 $\theta_b=\pi-2\psi_\alpha$，$O_3O_6=L_6=r_3/\cos\psi_\alpha$。

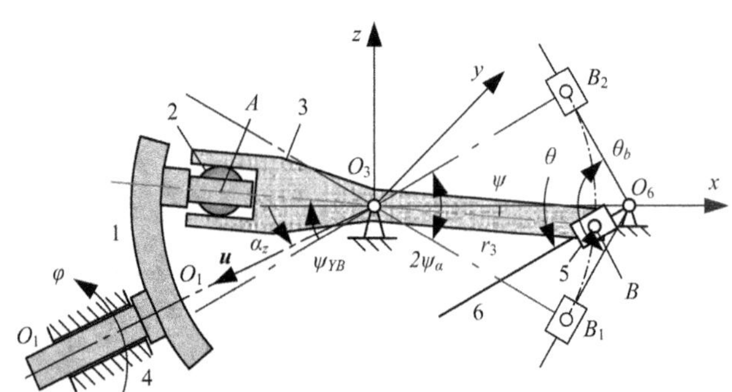

图 5.25　Ⅲ型正交轴摆杆双端直到三阶停歇的空间六杆机构

令 $\psi_\alpha=2\pi/9$ rad= 40°，$\alpha_z=\pi/6$ rad= 30°，$r_3=0.080$ m = 80 mm。

$$L_6=r_3/\cos\psi_\alpha=80/\cos40^\circ=104.432\text{mm}$$

由式(5.67)解出 $\delta=36.005^\circ$，由式(5.66)解出 $\psi_{YB}=30.4495^\circ$。$\varphi_{b1}=90^\circ+\delta=126.005^\circ$，$\varphi_{b2}=270^\circ-\delta=233.995^\circ$。

Ⅲ型正交轴摆杆双端直到三阶停歇的空间六杆机构的传动特征如图 5.26 所示，在 $\varphi_{b1}=90^\circ+\delta=126.005^\circ$，$\varphi_{b2}=270^\circ-\delta=233.995^\circ$位置，摆杆 6 做直到三阶的停歇。

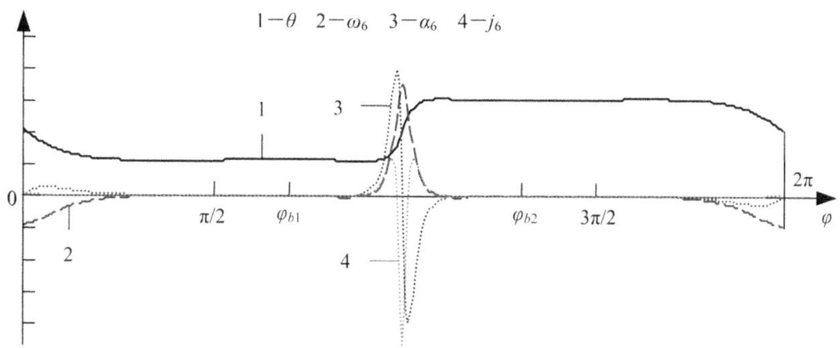

图 5.26　Ⅲ型正交轴摆杆双端直到三阶停歇的空间六杆机构传动特征

5.3.4　Ⅲ型正交轴滑块单端直到三阶停歇的空间六杆机构

Ⅲ型正交轴滑块单端直到三阶停歇的空间六杆机构如图 5.27 所示。滑块 6 的行程 $H_6 = r_3[1 - \cos(2\psi_\alpha)]$。

设 $H_6 = 0.240$ m，$\psi_\alpha = 2\pi/9$ rad= 40°，$\alpha_z = \pi/6$ rad= 30°，则

$$r_3 = H_6 /[1 - \cos(2\psi_\alpha)] = 0.240/[1 - \cos(4\pi/9)] = 0.290 \text{ m}$$

$$L_6 = r_3/\cos\psi_\alpha = 80/\cos 40° = 104.432 \text{ mm}$$

由式(5.67)解出 $\delta = 36.005°$，由式(5.66)解出 $\psi_{YB} = 30.4495°$。$\varphi_{b1} = 90° + \delta = 126.005°$，$\varphi_{b2} = 270° - \delta = 233.995°$。

Ⅲ型正交轴滑块单端直到三阶停歇的空间六杆机构的传动特征如图 5.28 所示，在 $\varphi_{b2} = 270° - \delta = 233.995°$位置，滑块 6 做直到三阶的停歇。

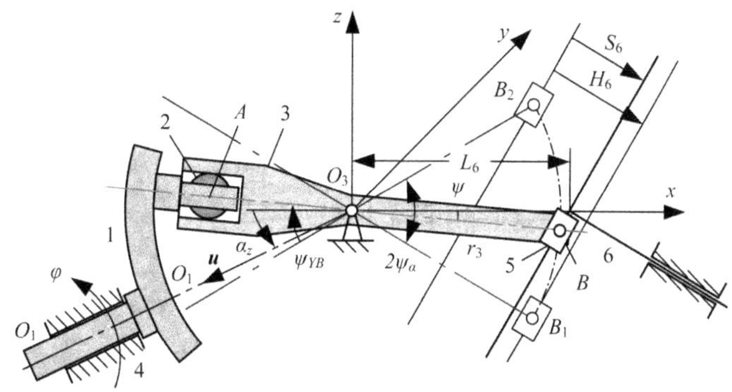

图 5.27　Ⅲ型正交轴滑块单端直到三阶停歇的空间六杆机构

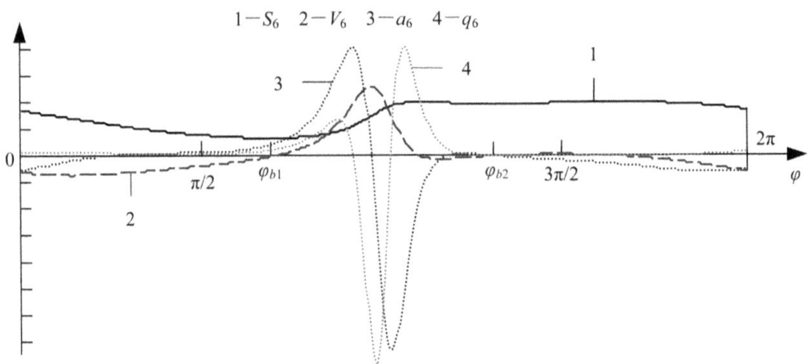

图 5.28　Ⅲ型正交轴滑块单端直到三阶停歇的空间六杆机构传动特征

5.4　Ⅳ型斜交轴从动件直到三阶停歇的空间六杆机构

5.4.1　Ⅳ型斜交轴空间四杆机构

Ⅳ型斜交轴空间四杆机构如图 5.29 所示，主动件 1 的固定转动轴线为 O_1O_1，由$-x$ 轴绕 z 轴转 α_z 角、再绕 y 轴转 α_y 角得到，O_1O_1 上的单位矢量为 $\boldsymbol{u}$，钢球 2 安装在主动件 1 的销轴上，球心 A 与 O_3 的连线 O_3A 与轴线 O_1O_1 夹角为 ψ_{ZYB}，从动件 3 通过平槽面与钢球 2 形成高副，从动件 3 关于 y 轴摆动。该种空间四杆机构的设计与Ⅱ型正交轴空间四杆机构一样简单，传动角恒等于 π/2。

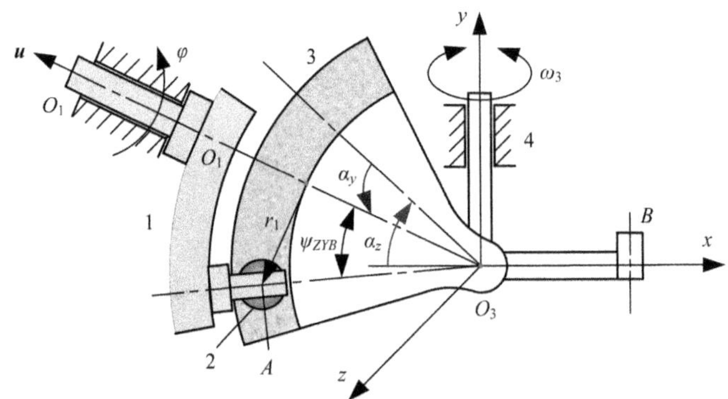

图 5.29　Ⅳ型斜交轴空间四杆机构

图 5.30 为Ⅳ型斜交轴空间四杆机构的运动分析简图，单位矢量 $\boldsymbol{u}$ 通过坐标系 xyz 的原点 O_3，$\boldsymbol{u}$ 在 xO_3y 平面上的投影 $\boldsymbol{u}_{xy}$ 与$-x$ 轴成 α_z 角，$\boldsymbol{u}$ 在 xO_3z 平面上的投影 $\boldsymbol{u}_{xz}$ 与$-x$ 轴成 α_y 角，$\boldsymbol{u}$ 与 $\boldsymbol{u}_{xz}$ 组成的平面为 P_0。

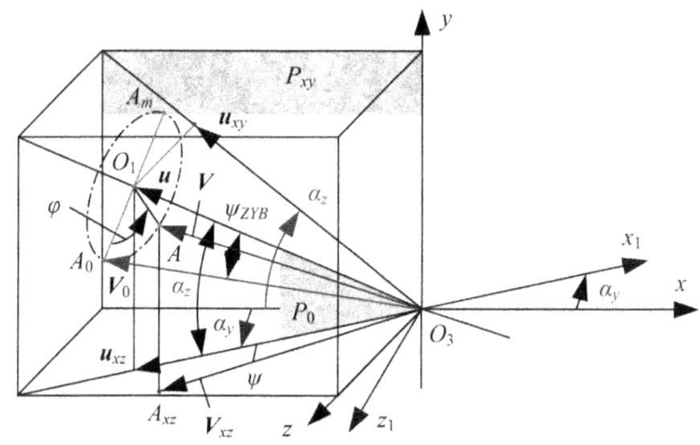

图 5.30　Ⅳ型斜交轴空间四杆机构的运动分析简图

在图 5.30 中，设 A_0 表示主动件 1 的驱动销轴之轴线位于最低位置时的一点，O_3A_0 用单位矢量 $\boldsymbol{V}_0$ 表示，令 $\boldsymbol{V}_0$ 与 $\boldsymbol{u}$ 之间的空间夹角为 ψ_{ZYB}。单位矢量 $\boldsymbol{V}_0$ 绕单位矢量 $\boldsymbol{u}$ 转动 φ 角而到达 $\boldsymbol{V}$，$\boldsymbol{V}$ 在 xO_3z 平面上的投影为 $\boldsymbol{V}_{xz}$，$\boldsymbol{V}_{xz}$ 与 $\boldsymbol{u}_{xz}$ 之间的夹角为摆杆 3 的摆角 ψ。ψ 的位移零点与 $-x$ 轴成 α_y 角。令坐标系 x_1yz_1 是坐标系 xyz 关于 y 轴转 α_y 角得到，当以坐标系 x_1yz_1 研究摆杆 3 的摆动时，摆杆 3 的摆角 ψ 与式(5.52)相同。

图 5.30 在 xO_3z 平面中的投影如图 5.31 所示，$\boldsymbol{u}_{xz}$ 与 $-x$ 轴夹了 $+\alpha_y$ 角。该 $+\alpha_y$ 角度只影响输出的相位而不影响摆角的大小，在图 5.31 中，若让摆杆 3 上的 O_3B_{b1} 相对于 $A_{b1}O_3$ 绕 y 轴转过 $-\alpha_y$ 角，则摆杆 3 上 O_3B 部分的运动规律与Ⅲ型正交轴空间四杆机构的相同。

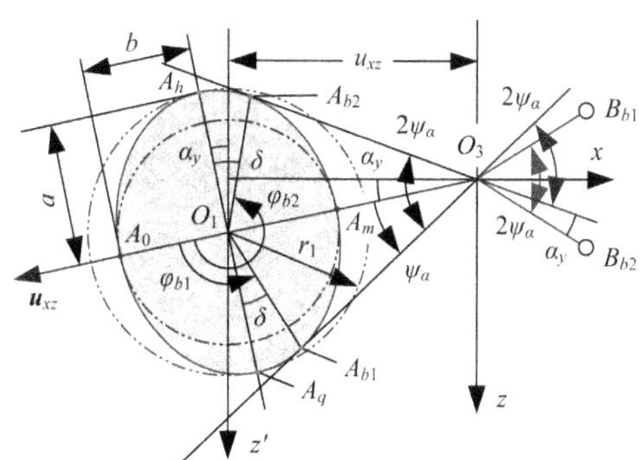

图 5.31　Ⅳ型斜交轴空间四杆机构摆动极限位置

5.4.2　Ⅳ型斜交轴空间六杆机构的传动特征

只要将图 5.23、图 5.25、图 5.27 中的Ⅱ型正交轴空间四杆机构换成Ⅳ型斜交轴空间四杆机构，则得到对应于Ⅳ型斜交轴驱动的空间六杆机构，其传动特征与Ⅲ型对应的空间六杆机构的传动特征相同，如图 5.24、图 5.26、图 5.28 所示。

5.5　空间曲柄摇杆型从动件直到三阶停歇的空间六杆机构

5.5.1　空间Ⅰ型曲柄摇杆机构

图 5.32 为空间Ⅰ型曲柄摇杆机构，输入轴线 O_1O_1 在 x 轴上、输出轴线在 y 轴上，连杆 2 两端转动副的轴线也相互垂直，四个转动副的轴线相交于 O_3 点。当曲柄 1 做匀速转动时，从动件 3 绕 y 轴做往复摆动。

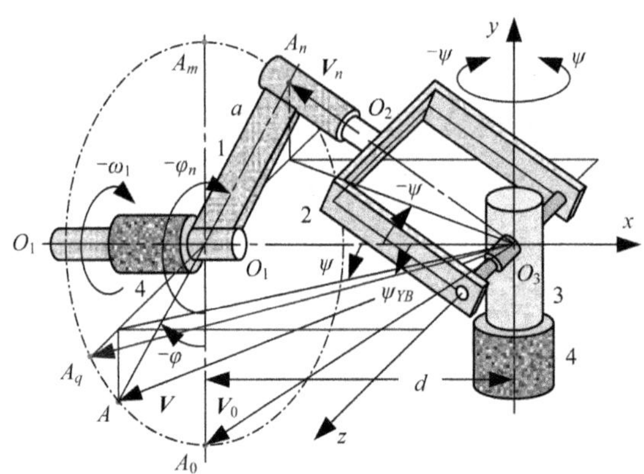

图 5.32　空间Ⅰ型曲柄摇杆机构

在图 5.32 所示的坐标系中，当曲柄 1 绕 x 轴转 $-\varphi$ 角度时，其上的单位矢量 $\boldsymbol{V}$ 从初始位置 $O_3A_0 = \boldsymbol{V}_0$ 运动到一般位置 O_3A，从动件 3 关于 y 轴的角位移为 ψ。当 O_3A 绕 x 轴转一周时，O_3A 的轨迹为一个圆锥面，从动件 3 关于 y 轴的摆角为 $2\psi_{YB}$。A_0 的坐标为 $x_0 = -\cos\psi_{YB}$，$y_0 = -\sin\psi_{YB}$，$z_0 = 0$，则 A 点的坐标(x, y, z)与 A_0 点的坐标(x_0, y_0, z_0)之间的变换关系为

$$\begin{bmatrix} x \\ y \\ z \end{bmatrix} = \begin{bmatrix} 1 & 0 & 0 \\ 0 & \cos(-\varphi) & -\sin(-\varphi) \\ 0 & \sin(-\varphi) & \cos(-\varphi) \end{bmatrix} \begin{bmatrix} x_0 \\ y_0 \\ z_0 \end{bmatrix} = \begin{bmatrix} x_0 \\ y_0\cos\varphi + z_0\sin\varphi \\ -y_0\sin\varphi + z_0\cos\varphi \end{bmatrix}$$
$$= \begin{bmatrix} -\cos\psi_{YB} \\ -\sin\psi_{YB}\cos\varphi \\ \sin\psi_{YB}\sin\varphi \end{bmatrix} \tag{5.87}$$

由于 $z_0 = 0$，$(-y_0)/(-x_0) = \tan\psi_{YB}$，$z/(-x) = \tan\psi$，所以，从动件 2 关于 y 轴的角位移 ψ 为

$$\tan\psi = z/(-x) = -y_0\sin\varphi/(-x_0) = \tan\psi_{YB}\sin\varphi \tag{5.88}$$

$$\psi = \arctan(\tan\psi_{YB}\sin\varphi) \tag{5.89}$$

式(5.89)与式(5.2)相同，这表明，图 5.32 所示的全为低副的空间 I 型曲柄摇杆机构与图 5.1 所示的含有一个高副的 I 型正交轴空间四杆机构具有相同的运动规律。

5.5.2　空间 I 型曲柄摇杆从动件直到三阶停歇的空间六杆机构

用图 5.32 所示的机构代替图 5.4、图 5.6、图 5.8 中的 I 型正交轴空间四杆机构，得到空间 I 型曲柄摇杆从动件直到三阶停歇的空间六杆机构，其传动特征与 I 型对应的空间六杆机构的传动特征相同，如图 5.5、图 5.7、图 5.9 所示。

5.5.3　空间 II 型曲柄摇杆机构

1. 空间 II 型曲柄摇杆机构的设计

图 5.33 为空间 II 型曲柄摇杆机构，输入、输出轴线相互垂直，连杆 2 两端转动副的轴线在一个平面上成 θ 角，连杆 2 的杆长为 b，四个转动副的轴线相交于 O_3 点。主动件 1 的杆长 $O_1A = a$，当主动件 1 做匀速转动时，从动件 3 绕 y 轴做往复摆动，从动件 3 的杆长 $O_3B = c$。

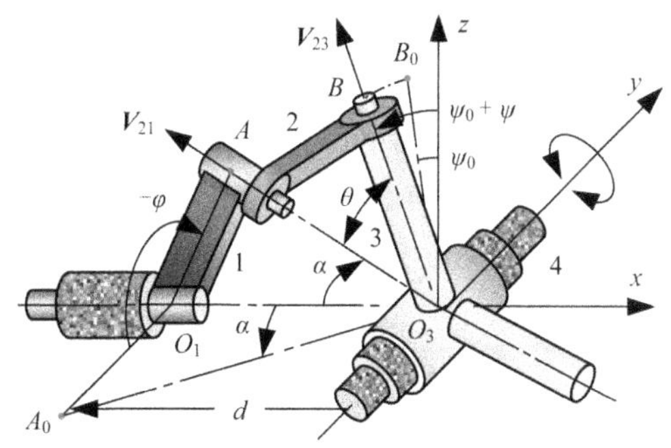

图 5.33　空间 II 型曲柄摇杆机构

在图 5.33 所示的坐标系中，设主动件 1 的固定转动几何轴线 O_1O_1 在 x 轴上，其上的单位矢量 $\boldsymbol{V}_{21}$ 与 $-x$ 轴线的夹角为 α，当它绕 x 轴转 $-\varphi$ 角度时，$\boldsymbol{V}_{21}$ 从初始位置 O_3A_0 运动到一般位置 O_3A；从动件 2 上的单位矢量 $\boldsymbol{V}_{23}$ 与单位矢量 $\boldsymbol{V}_{21}$ 成 θ 角，相交于坐标系的原点 O_3；摇杆 3 关于 y 轴摆动的角位移为 $\psi_0 + \psi$。

若令 A_0 点的坐标(x_0, y_0, z_0)为 $x_0=-d$，$y_0=-a=-d\tan\alpha$，$z_0=0$，则 A 点的坐标(x_A, y_A, z_A)与 A_0 点的坐标(x_0, y_0, z_0)之间的变换关系为

$$\begin{bmatrix} x_A \\ y_A \\ z_A \end{bmatrix}=\begin{bmatrix} 1 & 0 & 0 \\ 0 & \cos(-\varphi) & -\sin(-\varphi) \\ 0 & \sin(-\varphi) & \cos(-\varphi) \end{bmatrix}\begin{bmatrix} x_0 \\ y_0 \\ z_0 \end{bmatrix}=\begin{bmatrix} x_0 \\ y_0\cos\varphi+z_0\sin\varphi \\ -y_0\sin\varphi+z_0\cos\varphi \end{bmatrix}$$

$$=\begin{bmatrix} -d \\ -d\tan\alpha\cos\varphi \\ d\tan\alpha\sin\varphi \end{bmatrix} \tag{5.90}$$

B_0 点的坐标(x_{B0}, y_{B0}, z_{B0})为 $x_{B0}=c\sin\psi_0$，$y_{B0}=0$，$z_{B0}=c\cos\psi_0$，ψ_0 为一个确定机构形态的结构角，在 z 轴的右边为正，在 z 轴的左边为负，则 B 点的坐标(x_B, y_B, z_B)与 B_0 点的坐标(x_{B0}, y_{B0}, z_{B0})之间的变换关系为

$$\begin{bmatrix} x_B \\ y_B \\ z_B \end{bmatrix}=\begin{bmatrix} \cos(-\psi) & 0 & \sin(-\psi) \\ 0 & 1 & 0 \\ -\sin(-\psi) & 0 & \cos(-\psi) \end{bmatrix}\begin{bmatrix} x_{B0} \\ y_{B0} \\ z_{B0} \end{bmatrix}=\begin{bmatrix} x_{B0}\cos\psi-z_{B0}\sin\psi \\ y_{B0} \\ x_{B0}\sin\psi+z_{B0}\cos\psi \end{bmatrix}$$

$$=\begin{bmatrix} c\sin\psi_0\cos\psi-c\cos\psi_0\sin\psi \\ 0 \\ c\sin\psi_0\sin\psi+c\cos\psi_0\cos\psi \end{bmatrix} \tag{5.91}$$

矢量 $\boldsymbol{V}_{21}$ 与 $\boldsymbol{V}_{23}$ 的点积以及各自的模$|\boldsymbol{V}_{21}|$、$|\boldsymbol{V}_{23}|$分别为

$$\begin{aligned}\boldsymbol{V}_{21}\cdot\boldsymbol{V}_{23}&=x_Ax_B+y_Ay_B+z_Az_B=c\cdot d\,(-\sin\psi_0\cos\psi+\cos\psi_0\sin\psi)+0\\&\quad+c\cdot d\tan\alpha\sin\varphi(\sin\psi_0\sin\psi+\cos\psi_0\cos\psi)\end{aligned} \tag{5.92}$$

$$|\boldsymbol{V}_{21}|=\sqrt{x_A^2+y_A^2+z_A^2}=\sqrt{x_{A0}^2+y_{A0}^2+z_{A0}^2}=d\sqrt{1+\tan^2\alpha} \tag{5.93}$$

$$|\boldsymbol{V}_{23}|=\sqrt{x_B^2+y_B^2+z_B^2}=\sqrt{x_{B0}^2+y_{B0}^2+z_{B0}^2}=c \tag{5.94}$$

由于矢量 $\boldsymbol{V}_{21}$、$\boldsymbol{V}_{23}$ 之间的夹角 θ 为常数，所以，由 $\boldsymbol{V}_{21}\cdot\boldsymbol{V}_{23}=|\boldsymbol{V}_{21}|\times|\boldsymbol{V}_{23}|\cos\theta$，得 ψ 与 φ 之间的函数关系为

$$\begin{aligned}&(\cos\psi_0+\tan\alpha\sin\psi_0\sin\varphi)\sin\psi+(-\sin\psi_0+\tan\alpha\cos\psi_0\sin\varphi)\cos\psi\\&=\sqrt{1+\tan^2\alpha}\cos\theta\end{aligned} \tag{5.95}$$

为了获得结构参数 θ 与 ψ_0，在式(5.95)中，令 $\varphi=0$ 时，$\psi=0$，于是，得结构参数 θ 与 α、ψ_0 的关系为

$$-\sin\psi_0=\sqrt{1+\tan^2\alpha}\cos\theta \tag{5.96}$$

在式(5.95)中，令 $\varphi=\pi$ 时，$\psi=\psi_{b0}$，ψ_{b0} 为摇杆 3 对应于 $\varphi=\pi$ 时的结构角，

于是，得结构角 θ、α、结构角 ψ_{b0}、初始角 ψ_0 的关系为

$$\cos\psi_0 \sin\psi_{b0} - \sin\psi_0 \cos\psi_{b0} = \sqrt{1+\tan^2\alpha}\cos\theta \tag{5.97}$$

由式(5.96)、式(5.97)得初始角 ψ_0 为

$$\cos\psi_0 \sin\psi_{b0} - \sin\psi_0 \cos\psi_{b0} = -\sin\psi_0$$

$$(\cos\psi_{b0} - 1)\sin\psi_0 = \cos\psi_0 \sin\psi_{b0} \tag{5.98}$$

$$\psi_0 = \arctan[\sin\psi_{b0}/(\cos\psi_{b0} - 1)] \tag{5.99}$$

由式(5.96)得结构角 θ 为

$$\theta = \arctan[\sqrt{1+\tan^2\alpha - \sin^2\psi_0}/(-\sin\psi_0)] \tag{5.100}$$

2. 空间Ⅱ型曲柄摇杆机构的传动函数

在式(5.95)中，令 k_1、k_2、k_3 分别为

$$k_1 = \cos\psi_0 + \tan\alpha \sin\psi_0 \sin\varphi$$

$$k_2 = -\sin\psi_0 + \tan\alpha \cos\psi_0 \sin\varphi$$

$$k_3 = -\sqrt{1+\tan^2\alpha}\cos\theta$$

式(5.95)简化为

$$k_1 \sin\psi + k_2 \cos\psi + k_3 = 0 \tag{5.101}$$

再令 $p = \tan(\psi/2)$，式(5.101)进一步转化为关于 p 的二次代数方程为

$$2k_1 p + k_2(1-p^2) + k_3(1+p^2) = 0$$

$$(k_3 - k_2)p^2 + 2k_1 p + k_3 + k_2 = 0 \tag{5.102}$$

摇杆 3 的角位移 ψ 为

$$\psi = 2\arctan[(-k_1 - \sqrt{k_1^2 + k_2^2 - k_3^2})/(k_3 - k_2)] + \psi_x \tag{5.103}$$

ψ_x 为摇杆 3 摆动的参考位置，当摇杆 3 后接 RPR 型Ⅱ级杆组输出时，取 $\psi_x = \psi_0$；当摇杆 3 后接 RPP 型Ⅱ级杆组输出时，ψ_x 或者取 $\varphi = \pi/2$ 时的 $\psi_{a1} = -\psi(\varphi = \pi/2)$，或者取 $\varphi = 3\pi/2$ 时的 $\psi_{a2} = -\psi(\varphi = 3\pi/2)$，以便在 $\varphi = \pi/2$ 或 $\varphi = 3\pi/2$ 位置，移动从动件做直到三阶的停歇。

对式(5.101)求关于 φ 的一阶导数，得从动件 3 的类角速度方程及类角速度 $\omega_{L3} = d\psi/d\varphi$ 分别为

$$k_{11} = \tan\alpha \sin\psi_0 \cos\varphi$$

$$k_{21} = \tan\alpha \cos\psi_0 \cos\varphi$$

$$\omega_{L3} k_1 \cos\psi + k_{11} \sin\psi - \omega_{L3} k_2 \sin\psi + k_{21} \cos\psi = 0 \tag{5.104}$$

$$\omega_{L3} = (k_{11} \sin\psi + k_{21} \cos\psi)/(k_2 \sin\psi - k_1 \cos\psi) \tag{5.105}$$

对式(5.104)求关于 φ 的一阶导数，得从动件 3 的类角加速度方程及类角加

速度 $\alpha_{L3} = d^2\psi/d\varphi^2$ 分别为

$$k_{12} = -\tan\alpha\sin\psi_0\sin\varphi$$

$$k_{22} = -\tan\alpha\cos\psi_0\sin\varphi$$

$$\alpha_{L3}(k_1\cos\psi - k_2\sin\psi) + \omega_{L3}(k_{11}\cos\psi - \omega_{L3}k_1\sin\psi - k_{21}\sin\psi - \omega_{L3}k_2\cos\psi)$$
$$+k_{12}\sin\psi + \omega_{L3}k_{11}\cos\psi + k_{22}\cos\psi - \omega_{L3}k_{21}\sin\psi = 0 \tag{5.106}$$

令 q_1、q_2、q_3 分别为

$$q_1 = -k_1\cos\psi + k_2\sin\psi$$

$$q_2 = k_{11}\cos\psi - \omega_{L3}k_1\sin\psi - k_{21}\sin\psi - \omega_{L3}k_2\cos\psi$$

$$q_3 = k_{12}\sin\psi + \omega_{L3}k_{11}\cos\psi + k_{22}\cos\psi - \omega_{L3}k_{21}\sin\psi$$

$$\alpha_{L3} = (q_2\omega_{L3} + q_3)/q_1 \tag{5.107}$$

对式(5.107)求关于 φ 的一阶导数，得从动件 3 的类角加速度一次变化率方程及类角加速度的一次变化率 $j_{L3} = d^3\psi/d\varphi^3$ 分别为

$$k_{13} = -\tan\alpha\sin\psi_0\cos\varphi$$

$$k_{23} = -\tan\alpha\cos\psi_0\cos\varphi$$

$$q_{11} = -k_{11}\cos\psi + \omega_{L3}k_1\sin\psi + k_{21}\sin\psi + \omega_{L3}k_2\cos\psi$$

$$q_{21} = k_{12}\cos\psi - \omega_{L3}k_{11}\sin\psi - \alpha_{L3}(k_1\sin\psi + k_2\cos\psi)$$
$$-\omega_{L3}(k_{11}\sin\psi + \omega_{L3}k_1\cos\psi + k_{21}\cos\psi - \omega_{L3}k_2\sin\psi)$$
$$-k_{22}\sin\psi - \omega_{L3}k_{21}\cos\psi$$

$$q_{31} = k_{13}\sin\psi + \omega_{L3}k_{12}\cos\psi + \alpha_{L3}(k_{11}\cos\psi - k_{21}\sin\psi)$$
$$+\omega_{L3}(k_{12}\cos\psi - \omega_{L3}k_{11}\sin\psi - k_{22}\sin\psi - \omega_{L3}k_{21}\cos\psi)$$
$$+k_{23}\cos\psi - \omega_{L3}k_{22}\sin\psi$$

$$j_{L3}q_1 + \alpha_{L3}q_{11} = q_{21}\omega_{L3} + q_2\alpha_{L3} + q_{31} \tag{5.108}$$

$$j_{L3} = (q_{21}\omega_{L3} + q_2\alpha_{L3} + q_{31} - \alpha_{L3}q_{11})/q_1 \tag{5.109}$$

3. 空间 II 型曲柄摇杆机构的传动特征

在图 5.33 中，令 ψ_{b0}=π/3 rad= 60°，α=5π/36 rad= 25°，d = 0.160 m，c=0.120 m，$a = d\tan\alpha$ = 0.16tan25°= 0.0746 m。

由式(5.99)得 ψ_0 为

$$\psi_0 = \arctan[\sin\psi_{b0}/(\cos\psi_{b0} - 1)] = \arctan[\sin 60^\circ/(\cos 60^\circ - 1)] = -60^\circ$$

$$\psi_x = \psi_0 = -60^\circ$$

由式(5.100)得 θ 为

$$\theta = \arctan[\sqrt{1+\tan^2\alpha - \sin^2\psi_0}/(-\sin\psi_0)]$$
$$= \arctan(\sqrt{1+\tan^2 25^\circ - \sin^2 60^\circ}/\sin 60^\circ) = 38.2899^\circ$$

$b = c\tan\theta = 0.2\tan 38.2899^\circ = 0.1579$ m

当 $\varphi = \varphi_{a1} = \pi/2$ rad 时，$\omega_{L3} = 0$，$\psi_{a1} = -0.291647248327397$ rad；当 $\varphi = \varphi_{a2} = 3\pi/2$ rad 时，$\omega_{L3} = 0$，$\psi_{a2} = 0.581016640556527$ rad，从动件 3 的摆角 $\psi_b = \psi_{a2} - \psi_{a1} = 5\pi/18$ rad $= 50^\circ$。

空间Ⅱ型曲柄摇杆机构的传动特征如图 5.34 所示。

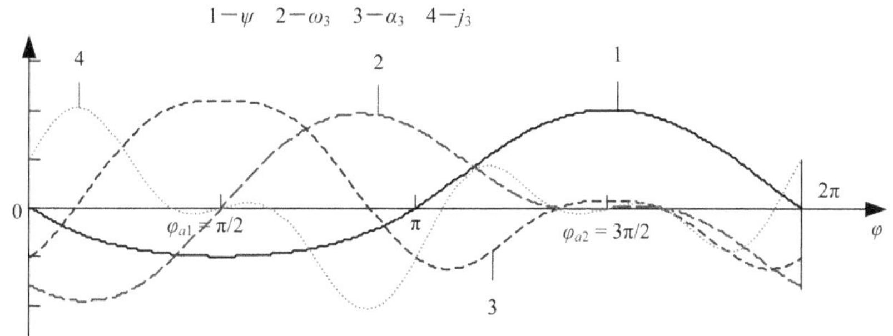

图 5.34　空间Ⅱ型曲柄摇杆机构传动特征

5.5.4　空间Ⅱ型曲柄摇杆从动件直到三阶停歇的空间六杆机构

1. 空间Ⅱ型曲柄摇杆摆杆单端直到三阶停歇的空间六杆机构与传动特征

将图 5.33 所示的空间Ⅱ型曲柄摇杆机构串接 RPR 型的Ⅱ级杆组，得到空间Ⅱ型曲柄摇杆摆杆单端直到三阶停歇的空间六杆机构，如图 5.35 所示。

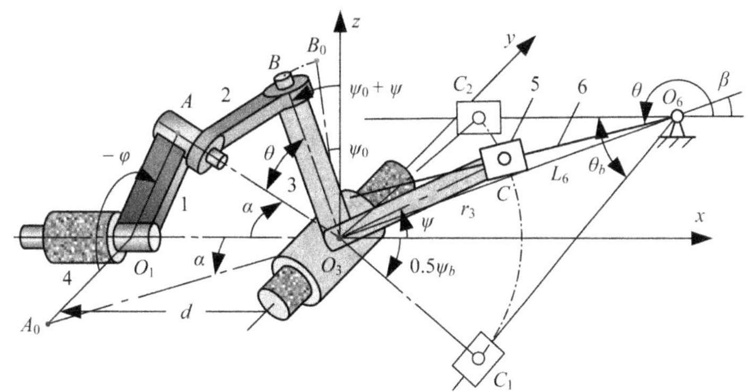

图 5.35　空间Ⅱ型曲柄摇杆摆杆单端直到三阶停歇的空间六杆机构

令 $\psi_{b0} = \pi/3$ rad= 60°，$\psi_b = 2\psi_{YB} = 5\pi/18$ rad= 50°，$\alpha = 5\pi/36$ rad= 25°，$d = 0.160$ m，$c = 0.120$ m，$r_3 = 0.150$ m，摆杆 6 的摆角 $\theta_b = 5\pi/12$ rad= 75°，$\psi_x = \psi_0 = -60^\circ$。

由式(5.12)计算 $L_6 = 0.198$ m。

由式(5.13)计算 $\beta = 0.274948662419625$ rad = 15.754°。

其传动特征如图 5.36 所示，摆杆 6 在 $\varphi = 3\pi/2$ 位置做直到三阶停歇，摇杆 3 的角位移 ψ 从 0 开始，摆角 $\psi_b = 5\pi/18$ rad = 50°。

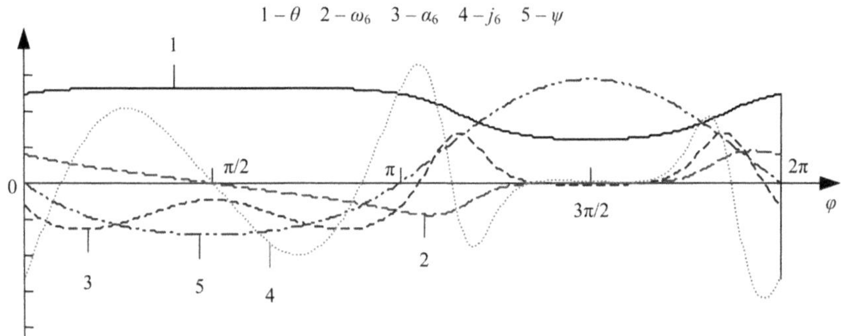

图 5.36　空间Ⅱ型曲柄摇杆摆杆单端直到三阶停歇的空间六杆机构传动特征

2. 空间Ⅱ型曲柄摇杆摆杆双端直到三阶停歇的空间六杆机构与传动特征

将图 5.33 所示的空间Ⅱ型曲柄摇杆机构串接 RPR 型的Ⅱ级杆组，O_6 在 x 轴上，得到空间Ⅱ型曲柄摇杆摆杆双端直到三阶停歇的空间六杆机构，如图 5.37 所示。

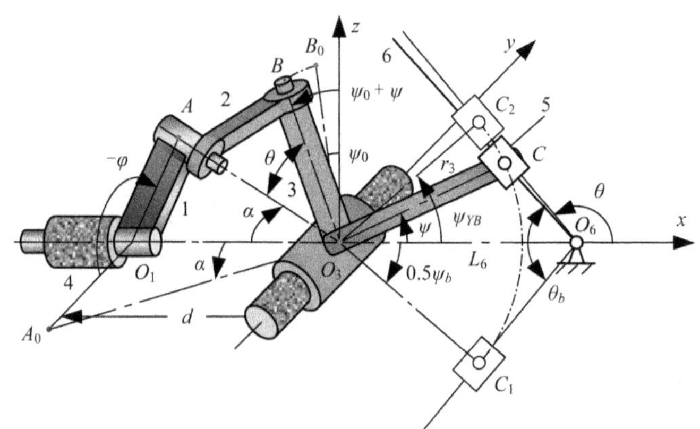

图 5.37　空间Ⅱ型曲柄摇杆摆杆单端直到三阶停歇的空间六杆机构

令 $\psi_{b0} = \pi/3$ rad= 60°，$\psi_b = 2\psi_{YB} = 5\pi/18$ rad= 50°，$\alpha = 5\pi/36$ rad= 25°，$d = 0.160$ m，$c = 0.120$ m，$r_3 = 0.150$ m，摆杆 5 的摆角 $\theta_b = 13\pi/18$ rad= 130°，$\psi_x = \psi_0 = -60°$。

计算得 $L_6 = r_3 / \cos(\psi_{YB}) = 0.15/\cos(5\pi/36) = 0.1655$ m。

其传动特征如图 5.38 所示，摆杆 6 在 $\varphi = \pi/2$ 与 $\varphi = 3\pi/2$ 位置做直到三阶停歇。

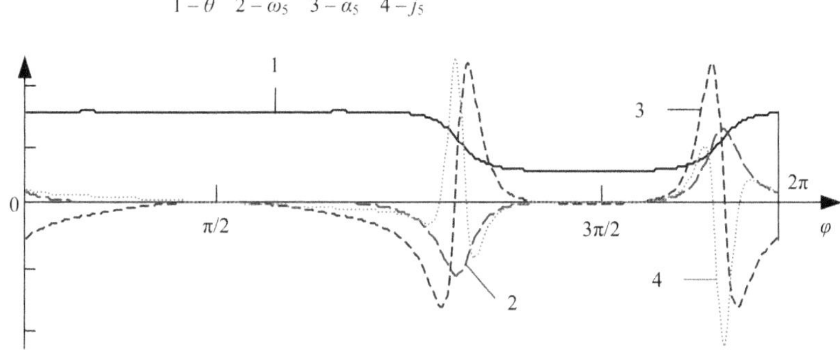

图 5.38　空间Ⅱ型曲柄摇杆摆杆双端直到三阶停歇的空间六杆机构传动特征

3. 空间Ⅱ型曲柄摇杆滑块单端直到三阶停歇的空间六杆机构与传动特征

将图 5.33 所示的空间Ⅱ型曲柄摇杆机构串接图 5.38 所示的后端Ⅱ级杆组，得到空间Ⅱ型曲柄摇杆滑块单端直到三阶停歇的空间六杆机构，如图 5.39 所示。

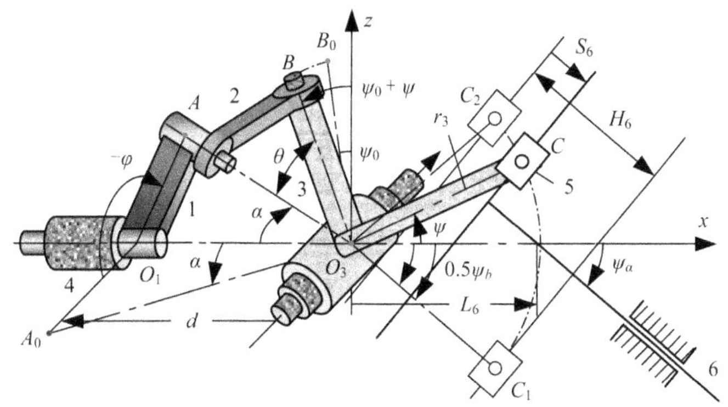

图 5.39　空间Ⅱ型曲柄滑块单端直到三阶停歇的空间六杆机构

令 $\psi_{b0} = \pi/3 = 60°$，$\psi_b = 2\psi_{YB} = 5\pi/18$ rad= 50°，$\alpha = 5\pi/36$ rad= 25°，$d = 0.160$ m，$c = 0.120$ m，从动件 6 的行程 $H_6 = 0.100$ m，取 $\psi_\alpha = \psi_{YB} = 5\pi/36$ rad= 25°，则 $r_3 = H_6 /[1 - \cos(2\psi_\alpha)] = 0.100/[1 - \cos(5\pi/18)] = 0.2799$ m。

当 $\varphi = \varphi_{a2} = 3\pi/2$ rad 时，$\omega_{L3} = 0$，$\psi_x = -\psi_{a2} = -0.581016640556527$ rad，其

传动特征如图 5.40 所示。

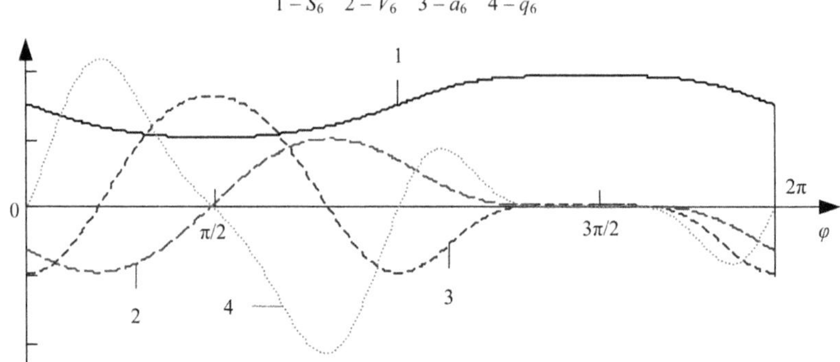

图 5.40　空间Ⅱ型曲柄滑块单端直到三阶停歇的空间六杆机构传动特征

5.5.5　空间Ⅲ型曲柄摇杆机构

1. 空间Ⅲ型曲柄摇杆机构的设计

图 5.41 为空间Ⅲ型曲柄摇杆机构，连杆 2 的两端都为球面副，输入、输出轴线相互垂直，当主动件 1 绕 x 轴匀速转动时，摇杆 3 绕 z 轴做往复摆动。

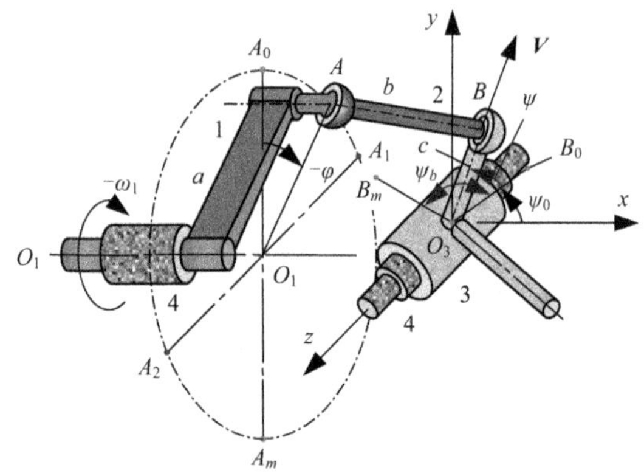

图 5.41　空间Ⅲ型曲柄摇杆机构

空间Ⅲ型曲柄摇杆机构在 xO_3y 平面坐标系的投影如图 5.42 所示，主动件 1 的杆长为 a、球心为 A，A 点到 y 轴的距离为 d_1，输入轴线 O_1O_1 到输出轴转动中心 O_3 的距离为 d_2，连杆 2 的杆长为 b，两端为球面副 A、B，摇杆 3 上 O_3B 的杆长为 c，初始角位置为 ψ_0，相对于 ψ_0 的角位移为 ψ，相对于 x 轴正方向的角位移 $\psi_3 = \psi_0 + \psi$，摆角为 ψ_b，摇杆 3 上 O_3C 的杆长为 r_3、O_3B 与 O_3C 的夹角为 α，$\alpha = \psi_0 + \psi_b/2$，$O_3C$ 的摆角为 ψ_b，O_3C_0 与 x 轴的夹角为 ψ_{YB}，$\psi_{YB} = \psi_b/2$。

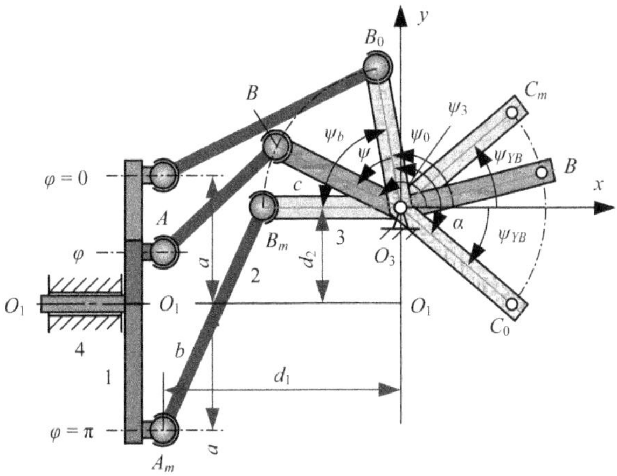

图 5.42　空间Ⅲ型曲柄摇杆机构的投影图

在 xO_3y 坐标系中，当 $\varphi=0$ 时，A 的初始位置为 A_0 点，A_0 点的坐标为 $x_{A0}=-d_1$、$y_{A0}=a-d_2$、$z_{A0}=0$，B 点的初始位置为 B_0 点，B_0 点的坐标为 $x_{B0}=c\cos\psi_0$，$y_{B0}=c\sin\psi_0$，$z_{B0}=0$。

A_0、B_0 之间的长度为 b，约束方程为

$$(x_{B0}-x_{A0})^2+(y_{B0}-y_{A0})^2+(z_{B0}-z_{A0})^2=b^2$$

$$(c\cos\psi_0+d_1)^2+(c\sin\psi_0-a+d_2)^2=b^2$$

$$2cd_1\cos\psi_0-2ac\sin\psi_0+2cd_2\sin\psi_0-2ad_2+a^2-b^2+c^2+d_1^2+d_2^2=0 \tag{5.110}$$

当 $\varphi=\pi$ 时，A 在 A_m 点，B 在 B_m 点，A_m 点的坐标为 $x_{Am}=-d_1$、$y_{Am}=-a-d_2$、$z_{Am}=0$，B_m 点的坐标为 $x_{Bm}=c\cos(\psi_0+\psi_b)$，$y_{Bm}=c\sin(\psi_0+\psi_b)$，$z_{Bm}=0$，$A_m$、$B_m$ 之间的长度为 b，约束方程为

$$(x_{Bm}-x_{Am})^2+(y_{Bm}-y_{Am})^2+(z_{Bm}-z_{Am})^2=b^2$$

$$[c\cos(\psi_0+\psi_b)+d_1]^2+[c\sin(\psi_0+\psi_b)+a+d_2]^2=b^2$$

$$\begin{aligned}&2cd_1\cos(\psi_0+\psi_b)+2ac\sin(\psi_0+\psi_b)+2cd_2\sin(\psi_0+\psi_b)\\&+2ad_2+a^2-b^2+c^2+d_1^2+d_2^2=0\end{aligned} \tag{5.111}$$

为了简化设计计算，令 B_m 点在 x 轴上，得几何约束为

$$(d_1-c)^2+(d_2+a)^2=b^2$$

$$a^2-b^2+c^2+d_1^2+d_2^2=2cd_1-2ad_2 \tag{5.112}$$

设初始角位置 ψ_0、摆角 ψ_b 为已知量，d_1、$d_2=e_1d_1$，$e_1=0.35\sim0.40$，$c=e_2d_1$，

$e_2 = 0.55 \sim 0.65$，由式(5.110)、式(5.111)得 a 为

$$
\begin{aligned}
& cd_1\cos\psi_0 - ac\sin\psi_0 + cd_2\sin\psi_0 - ad_2 \\
&= cd_1\cos(\psi_0+\psi_b) + ac\sin(\psi_0+\psi_b) + cd_2\sin(\psi_0+\psi_b) + ad_2 \\
& [c\sin(\psi_0+\psi_b) + 2d_2 + c\sin\psi_0]a \\
&= cd_1\cos\psi_0 + cd_2\sin\psi_0 - cd_1\cos(\psi_0+\psi_b) - cd_2\sin(\psi_0+\psi_b) \\
& [e_2d_1\sin(\psi_0+\psi_b) + 2e_1d_1 + e_2d_1\sin\psi_0]a \\
&= e_2d_1d_1\cos\psi_0 + e_2d_1e_1d_1\sin\psi_0 - e_2d_1d_1\cos(\psi_0+\psi_b) - e_2d_1e_1d_1\sin(\psi_0+\psi_b)
\end{aligned}
$$

$$
a = \frac{\cos\psi_0 + e_1\sin\psi_0 - \cos(\psi_0+\psi_b) - e_1\sin(\psi_0+\psi_b)}{e_2\sin(\psi_0+\psi_b) + 2e_1 + e_2\sin\psi_0} e_2d_1 \tag{5.113}
$$

令 e_3 为

$$
e_3 = \frac{\cos\psi_0 + e_1\sin\psi_0 - \cos(\psi_0+\psi_b) - e_1\sin(\psi_0+\psi_b)}{e_2\sin(\psi_0+\psi_b) + 2e_1 + e_2\sin\psi_0} e_2
$$

由式(5.112)得 b 为

$$
\begin{aligned}
b^2 &= a^2 + c^2 + d_1^2 + d_2^2 - 2cd_1 + 2ad_2 \\
b^2 &= (e_3d_1)^2 + (e_2d_1)^2 + d_1^2 + (e_1d_1)^2 - 2e_2d_1d_1 + 2e_3d_1e_1d_1
\end{aligned}
$$

$$
b = d_1\sqrt{e_3^2 + e_2^2 + 1 + e_1^2 - 2e_2 + 2e_1e_3} \tag{5.114}
$$

2. 空间Ⅲ型曲柄摇杆机构的传动函数

由式(5.1)的变换关系得 A 点关于自身轴线转动后在 xO_3y 坐标系中的坐标 x_A、y_A、z_A 为

$$
\begin{bmatrix} x_A \\ y_A \\ z_A \end{bmatrix} = \begin{bmatrix} 1 & 0 & 0 \\ 0 & \cos(-\varphi) & -\sin(-\varphi) \\ 0 & \sin(-\varphi) & \cos(-\varphi) \end{bmatrix} \begin{bmatrix} -d_1 \\ a \\ 0 \end{bmatrix} - \begin{bmatrix} 0 \\ d_2 \\ 0 \end{bmatrix} = \begin{bmatrix} -d_1 \\ a\cos\varphi - d_2 \\ -a\sin\varphi \end{bmatrix} \tag{5.115}
$$

B 点的坐标为(x_B，y_B，z_B)，是 B_0 点关于 O_3 点转 ψ 的位置，B 点与 B_0 点的坐标变换关系为

$$
\begin{bmatrix} x_B \\ y_B \\ z_B \end{bmatrix} = \begin{bmatrix} \cos\psi & -\sin\psi & 0 \\ \sin\psi & \cos\psi & 0 \\ 0 & 0 & 1 \end{bmatrix} \begin{bmatrix} c\cos\psi_0 \\ c\sin\psi_0 \\ 0 \end{bmatrix} = \begin{bmatrix} c\cos\psi_0\cos\psi - c\sin\psi_0\sin\psi \\ c\cos\psi_0\sin\psi + c\sin\psi_0\cos\psi \\ 0 \end{bmatrix} \tag{5.116}
$$

A、B 之间的长度为 b，约束方程为

$$
(x_B - x_A)^2 + (y_B - y_A)^2 + (z_B - z_A)^2 = b^2
$$

$$
[c\cos(\psi_0+\psi) + d_1]^2 + [c\sin(\psi_0+\psi) - a\cos\varphi + d_2]^2 + a^2\sin^2\varphi = b^2
$$

$$
\begin{aligned}
& 2cd_1\cos(\psi_0+\psi) - 2ca\cos\varphi\sin(\psi_0+\psi) + 2cd_2\sin(\psi_0+\psi) \\
& -2ad_2\cos\varphi + c^2 + d_1^2 + a^2 + d_2^2 - b^2 = 0
\end{aligned}
$$

$$-2ca\cos\varphi\sin(\psi_0+\psi)+2cd_2\sin(\psi_0+\psi)+2cd_1\cos(\psi_0+\psi)$$
$$-2ad_2\cos\varphi+c^2+d_1^2+a^2+d_2^2-b^2=0$$

令 k_1、k_2、k_3 分别为

$$k_1=-2ca\cos\varphi+2cd_2$$
$$k_2=2cd_1$$
$$k_3=-2ad_2\cos\varphi+c^2+d_1^2+a^2+d_2^2-b^2$$

得 ψ 关于输入角位移 φ 的三角方程为

$$k_1\sin(\psi_0+\psi)+k_2\cos(\psi_0+\psi)+k_3=0 \tag{5.117}$$

令 $n=\tan[(\psi_0+\psi)/2]$， $\sin(\psi_0+\psi)=2n/(1+n^2)$， $\cos(\psi_0+\psi)=(1-n^2)/(1+n^2)$，式(5.117)转化为 $2k_1n+k_2(1-n^2)+k_3(1+n^2)=0$， $(k_3-k_2)n^2+2k_1n+(k_3+k_2)=0$，于是得 n 与 ψ 分别为

$$n=(-k_1-\sqrt{k_1^2+k_2^2-k_3^2})/(k_3-k_2)$$
$$\psi_0+\psi=2\arctan[(-k_1-\sqrt{k_1^2+k_2^2-k_3^2})/(k_3-k_2)]$$
$$\psi=2\arctan[(-k_1-\sqrt{k_1^2+k_2^2-k_3^2})/(k_3-k_2)]-\psi_0 \tag{5.118}$$

摇杆 3 相对于 x 轴正方向的角位移 $\psi_3=\psi+\psi_0$。

对式(5.117)求关于 φ 的一阶导数，得摇杆 3 相对于 ψ_0 的类角速度方程与类角速度 $\omega_{L3}=d\psi_3/d\varphi=d\psi/d\varphi$ 分别为

$$k_{11}=dk_1/d\varphi=2ac\sin\varphi$$
$$k_{31}=dk_3/d\varphi=2ad_2\sin\varphi$$
$$k_1\omega_{L3}\cos(\psi_0+\psi)+k_{11}\sin(\psi_0+\psi)-k_2\omega_{L3}\sin(\psi_0+\psi)+k_{31}=0 \tag{5.119}$$
$$[k_1\cos(\psi_0+\psi)-k_2\sin(\psi_0+\psi)]\omega_{L3}=-k_{11}\sin(\psi_0+\psi)-k_{31}$$
$$\omega_{L3}=[-k_{11}\sin(\psi_0+\psi)-k_{31}]/[k_1\cos(\psi_0+\psi)-k_2\sin(\psi_0+\psi)] \tag{5.120}$$

对式(5.119)求关于 φ 的一阶导数，得摇杆 3 相对于 ψ_0 的类角加速度方程与类角加速度 $\alpha_{L3}=d^2\psi_3/d\varphi^2=d^2\psi/d\varphi^2$ 分别为

$$k_{12}=d^2k_1/d\varphi^2=2ac\cos\varphi$$
$$k_{32}=d^2k_3/d\varphi^2=2ad_2\cos\varphi$$
$$\begin{aligned}&k_1\alpha_{L3}\cos(\psi_0+\psi)+2k_{11}\omega_{L3}\cos(\psi_0+\psi)-k_1\omega_{L3}^2\sin(\psi_0+\psi)\\&+k_{12}\sin(\psi_0+\psi)-k_2\alpha_{L3}\sin(\psi_0+\psi)-k_2\omega_{L3}^2\cos(\psi_0+\psi)+k_{32}=0\end{aligned} \tag{5.121}$$
$$\begin{aligned}[k_1\cos(\psi_0+\psi)-k_2\sin(\psi_0+\psi)]\alpha_{L3}=&\,k_1\omega_{L3}^2\sin(\psi_0+\psi)-2k_{11}\omega_{L3}\cos(\psi_0+\psi)\\&-k_{12}\sin(\psi_0+\psi)+k_2\omega_{L3}^2\cos(\psi_0+\psi)-k_{32}\end{aligned}$$

$$\alpha_{L3}=[k_1\omega_{L3}^2\sin(\psi_0+\psi)-2k_{11}\omega_{L3}\cos(\psi_0+\psi)-k_{12}\sin(\psi_0+\psi)$$
$$+k_2\omega_{L3}^2\cos(\psi_0+\psi)-k_{32}]/[k_1\cos(\psi_0+\psi)-k_2\sin(\psi_0+\psi)] \tag{5.122}$$

令 m_1、m_2、m_3、m_4、m_5 分别为

$$m_1=k_1\cos(\psi_0+\psi)-k_2\sin(\psi_0+\psi)$$
$$m_2=k_1\omega_{L3}^2\sin(\psi_0+\psi)$$
$$m_3=-2k_{11}\omega_{L3}\cos(\psi_0+\psi)$$
$$m_4=-k_{12}\sin(\psi_0+\psi)$$
$$m_5=k_2\omega_{L3}^2\cos(\psi_0+\psi)-k_{32}$$

式(5.122)简化为

$$\alpha_{L3}=(m_2+m_3+m_4+m_5)/m_1 \tag{5.123}$$

对式(5.123)求关于 φ 的一阶导数，得摇杆 3 相对于 ψ_0 的类角加速度一次变化率方程与类角加速度的一次变化率 $\alpha_{L3}=\mathrm{d}^3\psi_3/\mathrm{d}\varphi^3=\mathrm{d}^3\psi/\mathrm{d}\varphi^3$ 分别为

$$k_{13}=\mathrm{d}^3k_1/\mathrm{d}\varphi^3=-2ac\sin\varphi$$
$$k_{33}=\mathrm{d}^3k_3/\mathrm{d}\varphi^3=-2ad_2\sin\varphi$$
$$n_1=\mathrm{d}m_1/\mathrm{d}\psi=k_{11}\cos(\psi_0+\psi)-k_1\omega_{L3}\sin(\psi_0+\psi)-k_2\omega_{L3}\cos(\psi_0+\psi)$$
$$n_2=\mathrm{d}m_2/\mathrm{d}\psi=k_{11}\omega_{L3}^2\sin(\psi_0+\psi)+2k_1\omega_{L3}\alpha_{L3}\sin(\psi_0+\psi)+k_1\omega_{L3}^3\cos(\psi_0+\psi)$$
$$n_3=\mathrm{d}m_3/\mathrm{d}\psi=-2k_{12}\omega_{L3}\cos(\psi_0+\psi)-2k_{11}\alpha_{L3}\cos(\psi_0+\psi)+2k_{11}\omega_{L3}^2\sin(\psi_0+\psi)$$
$$n_4=\mathrm{d}m_4/\mathrm{d}\psi=-k_{13}\sin(\psi_0+\psi)-k_{12}\omega_{L3}\cos(\psi_0+\psi)$$
$$n_5=\mathrm{d}m_5/\mathrm{d}\psi=2k_2\omega_{L3}\alpha_{L3}\cos(\psi_0+\psi)-k_2\omega_{L3}^3\sin(\psi_0+\psi)-k_{33}$$
$$j_{L3}m_1+\alpha_{L3}n_1=n_2+n_3+n_4+n_5 \tag{5.124}$$
$$j_{L3}=(n_2+n_3+n_4+n_5-n_1\alpha_{L3})/[k_1\cos(\psi_0+\psi)-k_2\sin(\psi_0+\psi)] \tag{5.125}$$

3. 空间Ⅲ型曲柄摇杆机构的传动特征

令 $\psi_b=80°$，$\psi_0=100°$，取 $e_1=d_2/d_1=0.38$，$e_2=c/d_1=0.58$，$d_1=0.2$ m，$d_2=e_1d_1=0.38\times0.2=0.076$ m。

$$e_3=\frac{e_2\cos\psi_0+e_2e_1\sin\psi_0-e_2\cos(\psi_0+\psi_b)-e_2e_1\sin(\psi_0+\psi_b)}{e_2\sin(\psi_0+\psi_b)+2e_1+e_2\sin\psi_0}$$
$$=\frac{0.58\cos100°+0.58\times0.38\sin100°+0.58}{2\times0.38+0.58\sin100°}=0.5231$$
$$a=e_3d_1=0.5231\times0.2=0.10462\ \text{m}$$
$$b=d_1\sqrt{e_3^2+e_2^2+1+e_1^2-2e_2+2e_1e_3}$$
$$=0.2\sqrt{0.5231^2+0.58^2+1+0.38^2-2\times0.58+2\times0.38\times0.5231}=0.1992\ \text{m}$$

$$c = e_2 d_1 = 0.58 \times 0.2 = 0.116 \text{ m}$$

当 $\omega_1 = 1$ 时，空间Ⅲ型曲柄摇杆机构的传动特征如图 5.43 所示，$\omega_3(\varphi)$关于 $\varphi = \pi$ 满足 $\omega_3(\pi - \Delta\varphi) = -\omega_3(\pi + \Delta\varphi)$，$0 \leqslant \Delta\varphi \leqslant \pi$。

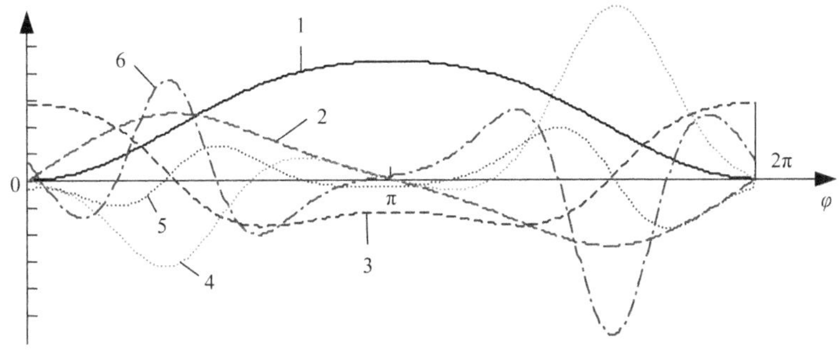

图 5.43　空间Ⅲ型曲柄摇杆机构的传动特征

5.5.6　空间Ⅲ型曲柄摆杆单端直到三阶停歇的空间六杆机构

1. 空间Ⅲ型曲柄摆杆单端直到三阶停歇的空间六杆机构设计

在图 5.41 所示的空间Ⅲ型曲柄摇杆机构的摆杆 3 上串接 RPR 型Ⅱ级杆组，得到空间Ⅲ型曲柄摆杆单端直到三阶停歇的空间六杆机构，如图 5.44 所示。构件 3、4、5、6 组成导杆机构，$L_6 = O_3O_6$ 的设计见式(5.12)，β 的设计见式(5.13)。当 $\varphi = 0$ 时，$\psi_c = \psi = 0$。

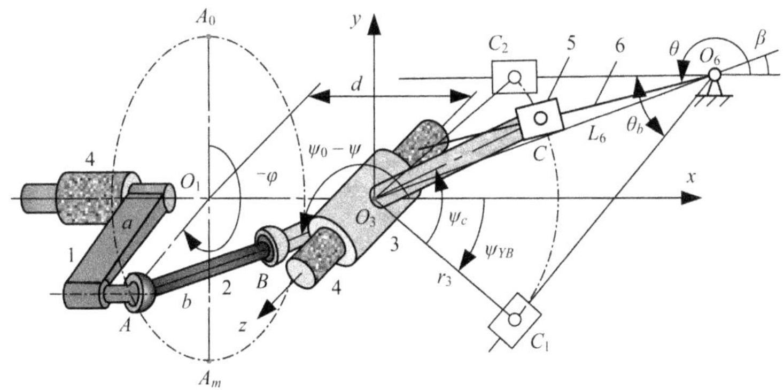

图 5.44　空间Ⅲ型曲柄摆杆单端直到三阶停歇的空间六杆机构

2. 空间Ⅲ型曲柄摆杆单端直到三阶停歇的空间六杆传动函数

在图 5.44 中，空间Ⅲ型曲柄摇杆机构的传动函数见式(5.115) ~ 式(5.125)。

设摆杆 5 的角位移为 θ，O_5B 的长度为 S_5，由杆 3、4、5 和 6 组成的导杆机构的位移方程及其解分别为

$$r_3\cos(\psi-\psi_{YB})+S_5\cos(\theta-\pi)=L_6\cos\beta$$

$$r_3\sin(\psi-\psi_{YB})+S_5\sin(\theta-\pi)=L_6\sin\beta$$

$$\left.\begin{aligned}r_3\cos(\psi-\psi_{YB})-S_5\cos\theta=L_6\cos\beta\\ r_3\sin(\psi-\psi_{YB})-S_5\sin\theta=L_6\sin\beta\end{aligned}\right\}\tag{5.126}$$

$$\theta=\arctan 2\{[r_3\sin(\psi-\psi_{YB})-L_6\sin\beta]/[r_3\cos(\psi-\psi_{YB})-L_6\cos\beta]\}\tag{5.127}$$

$$S_5=\sqrt{[r_3\sin(\psi-\psi_{YB})-L_6\sin\beta]^2+[r_3\cos(\psi-\psi_{YB})-L_6\cos\beta]^2}\tag{5.128}$$

对式(5.126)求关于 ψ 的一阶导数，得类速度方程及其解 $\omega_{L6}=\mathrm{d}\theta/\mathrm{d}\psi$、$V_{L5}=\mathrm{d}S_5/\mathrm{d}\psi$ 分别为

$$\left.\begin{aligned}-r_3\sin(\psi-\psi_{YB})-V_{L5}\cos\theta+S_5\omega_{L6}\sin\theta=0\\ r_3\cos(\psi-\psi_{YB})-V_{L5}\sin\theta-S_5\omega_{L6}\cos\theta=0\end{aligned}\right\}\tag{5.129}$$

$$\omega_{L6}=r_3\cos(\theta-\psi+\psi_{YB})/S_5\tag{5.130}$$

$$V_{L5}=r_3\sin(\theta-\psi+\psi_{YB})\tag{5.131}$$

对式(5.130)、式(5.131)求关于 ψ 的一阶导数，得类角加速度 $\alpha_{L6}=\mathrm{d}^2\theta/\mathrm{d}\psi^2$、类加速度 $a_{L5}=\mathrm{d}^2S_5/\mathrm{d}\psi^2$ 分别为

$$\alpha_{L6}=-[\omega_{L6}V_{L5}+r_3(\omega_{L6}-1)\sin(\theta-\psi+\psi_{YB})]/S_5\tag{5.132}$$

$$a_{L5}=r_3(\omega_{L6}-1)\cos(\theta-\psi+\psi_{YB})\tag{5.133}$$

对式(5.132)、式(5.133)求关于 ψ 的一阶导数，得类角加速度的一次变化率 $j_{L6}=\mathrm{d}^3\theta/\mathrm{d}\psi^3$、类加速度的一次变化率 $q_{L5}=\mathrm{d}^3S_5/\mathrm{d}\psi^3$ 分别为

$$\begin{aligned}j_{L6}=&-[r_3\alpha_{L6}\sin(\theta-\psi+\psi_{YB})+r_3(\omega_{L6}-1)^2\cos(\theta-\psi+\psi_{YB})\\&+2\alpha_{L6}V_{L5}+\omega_{L6}a_{L5}]/S_5\end{aligned}\tag{5.134}$$

$$q_{L5}=r_3\alpha_{L6}\cos(\theta-\psi+\psi_{YB})-r_3(\omega_{L6}-1)^2\sin(\theta-\psi+\psi_{YB})\tag{5.135}$$

3. 空间Ⅲ型曲柄摆杆单端直到三阶停歇的空间六杆传动特征

令 $\psi_b=80°$，$\psi_0=100°$，取 $e_1=0.38$，$e_2=0.58$，$d_1=0.2$ m，$d_2=e_1d_1=0.38\times0.2=0.076$ m。则空间Ⅲ型曲柄摇杆机构的设计参数分别为 $a=0.10462$ m，$b=0.1992$ m，$c=0.116$ m。

令 $\psi_{YB}=\psi_b/2=40°$，$r_3=0.120$ m，摆杆 6 的摆角 $\theta_b=5\pi/12$ rad$=75°$，由式(5.12)、式(5.13)得 L_6 与 β 的设计值分别为 $L_6=0.188$ m，$\beta=0.18047$ rad$=10.34023°$。

该组合机构的摆杆 6 的传动特征如图 5.45 所示，在 $\varphi=0$ 的邻域里具有相对更长的停歇时间。

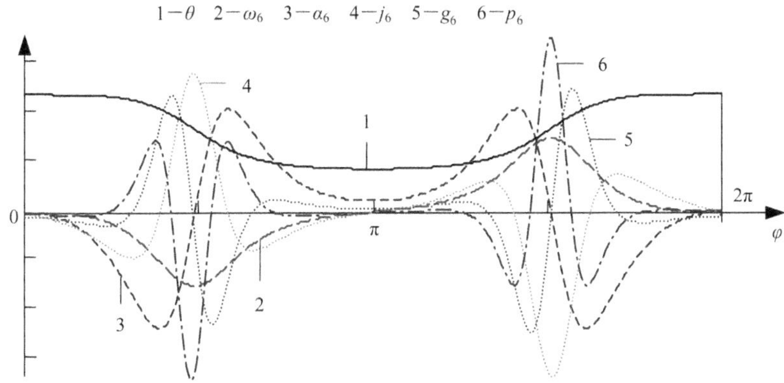

图 5.45　空间Ⅲ型曲柄摆杆单端直到三阶停歇的空间六杆传动特征

5.5.7　空间Ⅲ型曲柄摆杆双端直到三阶停歇的空间六杆机构

1. 空间Ⅲ型曲柄摆杆双端直到三阶停歇的空间六杆机构设计

在图 5.41 所示的空间Ⅲ型曲柄摇杆机构的摇杆 3 上串接 RPR 型Ⅱ级杆组，得到空间Ⅲ型曲柄摆杆双端直到三阶停歇的空间六杆机构，如图 5.46 所示。

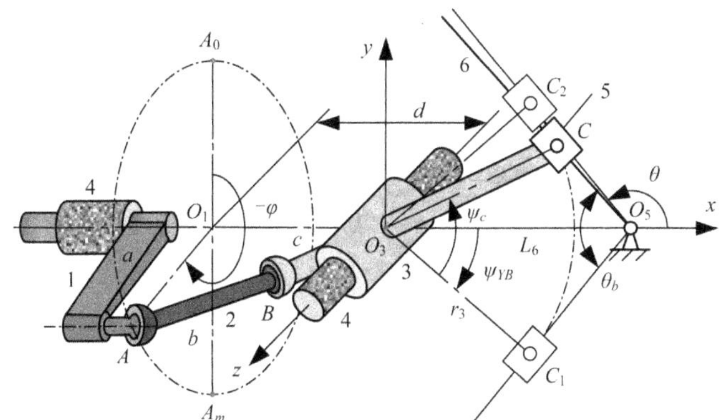

图 5.46　空间Ⅲ型曲柄摆杆双端直到三阶停歇的空间六杆机构

2. 空间Ⅲ型曲柄摆杆双端直到三阶停歇的空间六杆机构传动函数与传动特征

空间Ⅲ型曲柄摇杆机构的传动函数见 5.5.5 节，杆 3、4、5 和 6 组成的导杆机构的传动函数见 5.5.6 节，此时，$\beta = 0$。

令 $\psi_b = 80^\circ$，$\psi_0 = 100^\circ$，取 $e_1 = 0.38$，$e_2 = 0.58$，$d_1 = 0.2$ m，$d_2 = e_1 d_1 = 0.38\times0.2 = 0.076$ m。则空间Ⅲ型曲柄摇杆机构的设计参数分别为 $a = 0.10462$ m，$b = 0.1992$ m，$c = 0.116$ m。

令 $\psi_{YB}=\psi_b/2=40^\circ$，$r_3=0.160\ \text{m}$，$L_6=r_3/\cos\psi_{YB}=0.160/\cos40^\circ=0.208865\ \text{m}$，摆杆 5 的摆角 $\theta_b=5\pi/9\ \text{rad}=100^\circ$。

于是，该组合机构的摆杆 6 的传动特征如图 5.47 所示，在 $\varphi=0$、$\varphi=\pi$ 的邻域里具有相对更长的停歇时间。

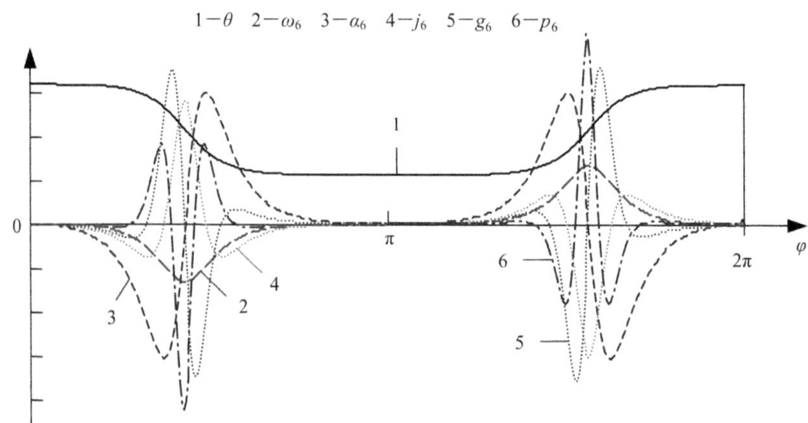

图 5.47　空间Ⅲ型曲柄摆杆双端直到三阶停歇的空间六杆机构传动特征

5.5.8　空间Ⅲ型曲柄摆杆滑块单端直到三阶停歇的空间六杆机构

1. 空间Ⅲ型曲柄摆杆滑块单端直到三阶停歇的空间六杆机构设计

在图 5.41 所示的空间Ⅲ型曲柄摇杆机构的摆杆上串接 RPP 型Ⅱ级杆组，得到空间Ⅲ型曲柄摆杆滑块单端直到三阶停歇的空间六杆机构，如图 5.48 所示。设构件 3 上 O_3C 的长度为 r_3，滑块 6 的倾角 $\psi_\alpha=\psi_{YB}=\psi_b/2$，输出构件 6 的行程 $H_6=r_3[1-\cos(2\psi_\alpha)]$。

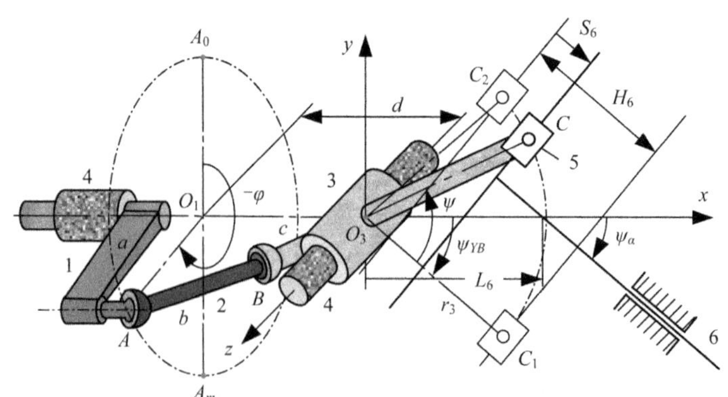

图 5.48　空间Ⅲ型曲柄摆杆滑块单端直到三阶停歇的空间六杆机构

2. 空间Ⅲ型曲柄摆杆滑块单端直到三阶停歇的空间六杆机构传动函数

空间Ⅲ型曲柄摇杆机构的传动函数见 5.5.5 节。杆 3、4、5 和 6 组成余弦机构，滑块 6 的位移 S_6 为

$$S_6 = r_3 \cos\psi \tag{5.136}$$

滑块 6 的类速度 $V_{L6} = dS_6/d\psi$、类加速度 $a_{L6} = d^2S_6/d\psi^2$ 与类加速度的一次变化率 $q_{L6} = d^3S_6/d\psi^3$ 分别为

$$V_{L6} = -r_3 \sin\psi \tag{5.137}$$

$$a_{L6} = -r_3 \cos\psi \tag{5.138}$$

$$q_{L6} = r_3 \sin\psi \tag{5.139}$$

3. 空间Ⅲ型曲柄摆杆滑块单端直到三阶停歇的空间六杆机构传动特征

令 $\psi_b = 80°$，$\psi_0 = 100°$，取 $e_1 = 0.38$，$e_2 = 0.58$，$d_1 = 0.2$ m，$d_2 = e_1d_1 = 0.38×0.2 = 0.076$ m。则空间Ⅲ型曲柄摇杆机构的设计参数分别为 $a = 0.10462$ m，$b = 0.1992$ m，$c = 0.116$ m。

设 $H_6 = 0.240$ m，取 $\psi_\alpha = \psi_{YB} = \psi_b/2 = 40°$，则 $r_3 = H_6/[1 - \cos(2\psi_\alpha)] = 0.240/(1 - \cos80°) = 0.290$ m。

于是，该组合机构的滑块 6 的传动特征如图 5.49 所示，在 $\varphi = 0$ 的位置达到三阶停歇。

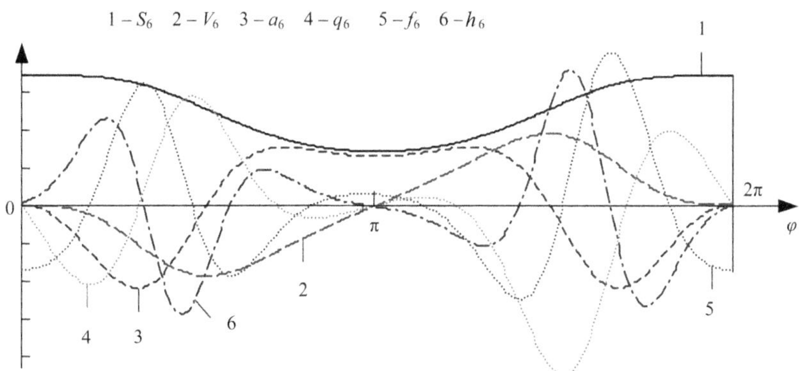

图 5.49　空间Ⅲ型曲柄滑块单端直到三阶停歇的空间六杆机构传动特征

5.5.9　空间Ⅳ型曲柄摇杆机构

1. 空间Ⅳ型曲柄摇杆机构的设计

图 5.50 为空间Ⅳ型曲柄摇杆机构，连杆 2 的两端都为球面副，输入、输出轴线垂直交错。在 xO_3y 平面坐标系中，输入轴线上 O_1 点的坐标为$(-d_1, -d_2)$，

输入轴线以 O_1 点关于 z 轴转 α_z 角，当主动件 1 绕固定轴线匀速转动时，摇杆 3 绕 z 轴做往复摆动。

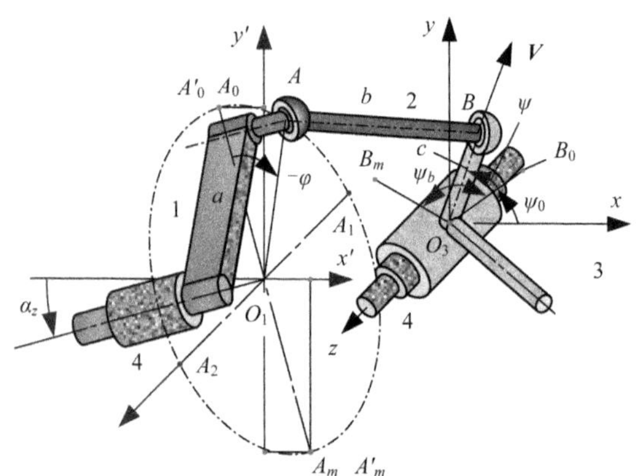

图 5.50　空间Ⅳ型曲柄摇杆机构

主动件 1 的杆长为 a，连杆 2 的杆长为 b，两端为球面副 A、B，摇杆 3 的杆长为 c，初始角位置为 ψ_0，相对于 ψ_0 的角位移为 ψ，相对于 x 轴正方向的角位移 $\psi_3=\psi_0+\psi$，摆角为 ψ_b。

在 xO_3y 坐标系中，当 $\varphi=0$ 时，A 的初始位置为 A_0 点，A_0 点的坐标为 $x_{A0}=-d_1-a\sin\alpha_z$、$y_{A0}=a\cos\alpha_z-d_2$、$z_{A0}=0$，$B$ 点的初始位置为 B_0 点，B_0 点的坐标为 $x_{B0}=c\cos\psi_0$，$y_{B0}=c\sin\psi_0$，$z_{B0}=0$，如图 5.51 所示。

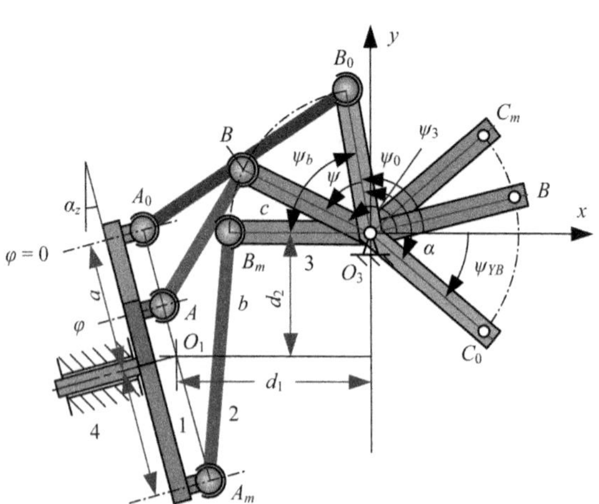

图 5.51　空间Ⅳ型曲柄摇杆机构的投影图

A_0、B_0 之间的长度为 b，约束方程为

$$(x_{B0}-x_{A0})^2+(y_{B0}-y_{A0})^2+(z_{B0}-z_{A0})^2=b^2$$

$$(c\cos\psi_0+d_1+a\sin\alpha_z)^2+(c\sin\psi_0-a\cos\alpha_z+d_2)^2=b^2$$

$$\begin{aligned}&2cd_1\cos\psi_0+2ac\sin\alpha_z\cos\psi_0+2ad_1\sin\alpha_z\\&-2ac\cos\alpha_z\sin\psi_0+2cd_2\sin\psi_0-2ad_2\cos\alpha_z\\&+a^2-b^2+c^2+d_1^2+d_2^2=0\end{aligned}\tag{5.140}$$

当 $\varphi=\pi$ 时，A 在 A_m 点，B 在 B_m 点，A_m 点的坐标为 $x_{Am}=-d_1+a\sin\alpha_z$、$y_{Am}=-a\cos\alpha_z-d_2$、$z_{Am}=0$，$B_m$ 点的坐标为 $x_{Bm}=c\cos(\psi_0+\psi_b)$，$y_{Bm}=c\sin(\psi_0+\psi_b)$，$z_{Bm}=0$，$A_m$、$B_m$ 之间的长度为 b，约束方程为

$$(x_{Bm}-x_{Am})^2+(y_{Bm}-y_{Am})^2+(z_{Bm}-z_{Am})^2=b^2$$

$$[c\cos(\psi_0+\psi_b)+d_1-a\sin\alpha_z]^2+[c\sin(\psi_0+\psi_b)+a\cos\alpha_z+d_2]^2=b^2$$

$$\begin{aligned}&2cd_1\cos(\psi_0+\psi_b)-2ac\sin\alpha_z\cos(\psi_0+\psi_b)-2ad_1\sin\alpha_z\\&+2ac\cos\alpha_z\sin(\psi_0+\psi_b)+2cd_2\sin(\psi_0+\psi_b)+2ad_2\cos\alpha_z\\&+a^2-b^2+c^2+d_1^2+d_2^2=0\end{aligned}\tag{5.141}$$

为了简化设计计算，令 B_m 点在 x 轴上，得几何约束为

$$(d_1-a\sin\alpha_z-c)^2+(d_2+a\cos\alpha_z)^2=b^2$$

$$-2ad_1\sin\alpha_z-2cd_1+2ac\sin\alpha_z+2ad_2\cos\alpha_z+a^2-b^2+c^2+d_1^2+d_2^2=0$$

$$a^2-b^2+c^2+d_1^2+d_2^2=2ad_1\sin\alpha_z+2cd_1-2ac\sin\alpha_z-2ad_2\cos\alpha_z\tag{5.142}$$

设初始角位置 ψ_0、摆角 ψ_b、d_1 为已知量，$d_2=e_1d_1$，$e_1=0.35\sim0.40$，$c=e_2d_1$，$e_2=0.55\sim0.65$，由式(5.140)、式(5.141)得 a 为

$$\begin{aligned}&2cd_1\cos\psi_0+2ac\sin\alpha_z\cos\psi_0+2ad_1\sin\alpha_z\\&-2ac\cos\alpha_z\sin\psi_0+2cd_2\sin\psi_0-2ad_2\cos\alpha_z\\&=2cd_1\cos(\psi_0+\psi_b)-2ac\sin\alpha_z\cos(\psi_0+\psi_b)-2ad_1\sin\alpha_z\\&\quad+2ac\cos\alpha_z\sin(\psi_0+\psi_b)+2cd_2\sin(\psi_0+\psi_b)+2ad_2\cos\alpha_z\end{aligned}$$

$$\begin{aligned}&[c\sin\alpha_z\cos\psi_0+d_1\sin\alpha_z-c\cos\alpha_z\sin\psi_0-d_2\cos\alpha_z\\&\quad+c\sin\alpha_z\cos(\psi_0+\psi_b)+d_1\sin\alpha_z-c\cos\alpha_z\sin(\psi_0+\psi_b)-d_2\cos\alpha_z]a\\&=[-d_1\cos\psi_0-d_2\sin\psi_0+d_1\cos(\psi_0+\psi_b)+d_2\sin(\psi_0+\psi_b)]c\end{aligned}$$

$$\begin{aligned}&[c\sin(\alpha_z-\psi_0)+c\sin(\alpha_z-\psi_0-\psi_b)+2d_1\sin\alpha_z-2d_2\cos\alpha_z]a\\&=[-d_1\cos\psi_0-d_2\sin\psi_0+d_1\cos(\psi_0+\psi_b)+d_2\sin(\psi_0+\psi_b)]c\end{aligned}$$

$$\begin{aligned}&[e_2d_1\sin(\alpha_z-\psi_0)+e_2d_1\sin(\alpha_z-\psi_0-\psi_b)+2d_1\sin\alpha_z-2e_1d_1\cos\alpha_z]a\\&=[-d_1\cos\psi_0-e_1d_1\sin\psi_0+d_1\cos(\psi_0+\psi_b)+e_1d_1\sin(\psi_0+\psi_b)]c\end{aligned}$$

令 e_3 为

$$e_3=\frac{-\cos\psi_0-e_1\sin\psi_0+\cos(\psi_0+\psi_b)+e_1\sin(\psi_0+\psi_b)}{e_2\sin(\alpha_z-\psi_0)+e_2\sin(\alpha_z-\psi_0-\psi_b)+2\sin\alpha_z-2e_1\cos\alpha_z}$$

$$a=e_3e_2d_1 \tag{5.143}$$

由式(5.142)得 b 为

$$b=\sqrt{a^2+(c-d_1)^2+d_2^2-2ad_1\sin\alpha_z+2ac\sin\alpha_z+2ad_2\cos\alpha_z} \tag{5.144}$$

$d_2=e_1d_1$，$c=e_2d_1$。

2. 空间Ⅳ型曲柄摇杆机构的传动函数

在 $x'O_1y'$坐标系中，当 $\varphi=0$ 时，A 的初始位置为 A'_0 点，A'_0 点的坐标为 $x'_{A0}=-a\sin\alpha_z$、$y'_{A0}=a\cos\alpha_z$、$z'_{A0}=0$，A 点的坐标为(x'_A，y'_A，z'_A)，A 点与 A'_0 点的坐标变换 $\boldsymbol{R}$ 为

$$\boldsymbol{R}=\begin{bmatrix}\cos\alpha_z & -\sin\alpha_z & 0\\ \sin\alpha_z & \cos\alpha_z & 0\\ 0 & 0 & 1\end{bmatrix}\begin{bmatrix}1 & 0 & 0\\ 0 & \cos(-\varphi) & -\sin(-\varphi)\\ 0 & \sin(-\varphi) & \cos(-\varphi)\end{bmatrix}\begin{bmatrix}\cos(-\alpha_z) & -\sin(-\alpha_z) & 0\\ \sin(-\alpha_z) & \cos(-\alpha_z) & 0\\ 0 & 0 & 1\end{bmatrix}$$

$$\boldsymbol{R}=\begin{bmatrix}\cos\alpha_z & -\sin\alpha_z\cos\varphi & -\sin\alpha_z\sin\varphi\\ \sin\alpha_z & \cos\alpha_z\cos\varphi & \cos\alpha_z\sin\varphi\\ 0 & -\sin\varphi & \cos\varphi\end{bmatrix}\begin{bmatrix}\cos\alpha_z & \sin\alpha_z & 0\\ -\sin\alpha_z & \cos\alpha_z & 0\\ 0 & 0 & 1\end{bmatrix}$$

$$\boldsymbol{R}=\begin{bmatrix}\cos^2\alpha_z+\sin^2\alpha_z\cos\varphi & \sin\alpha_z\cos\alpha_z(1-\cos\varphi) & -\sin\alpha_z\sin\varphi\\ \sin\alpha_z\cos\alpha_z(1-\cos\varphi) & \sin^2\alpha_z+\cos^2\alpha_z\cos\varphi & \cos\alpha_z\sin\varphi\\ \sin\alpha_z\sin\varphi & -\cos\alpha_z\sin\varphi & \cos\varphi\end{bmatrix} \tag{5.145}$$

A 点坐标(x'_A，y'_A，z'_A)的表达式为

$$\begin{bmatrix}x'_A\\ y'_A\\ z'_A\end{bmatrix}=\begin{bmatrix}\cos^2\alpha_z+\sin^2\alpha_z\cos\varphi & \sin\alpha_z\cos\alpha_z(1-\cos\varphi) & -\sin\alpha_z\sin\varphi\\ \sin\alpha_z\cos\alpha_z(1-\cos\varphi) & \sin^2\alpha_z+\cos^2\alpha_z\cos\varphi & \cos\alpha_z\sin\varphi\\ \sin\alpha_z\sin\varphi & -\cos\alpha_z\sin\varphi & \cos\varphi\end{bmatrix}\begin{bmatrix}x'_{A0}\\ y'_{A0}\\ z'_{A0}\end{bmatrix} \tag{5.146}$$

在 xO_3y 坐标系中，A 的坐标(x_A，y，z_A)为

$$\begin{bmatrix}x_A\\ y_A\\ z_A\end{bmatrix}=\begin{bmatrix}x'_A\\ y'_A\\ z'_A\end{bmatrix}+\begin{bmatrix}-d_1\\ -d_2\\ 0\end{bmatrix} \tag{5.147}$$

$$x_A = -a(\cos^2\alpha_z + \sin^2\alpha_z\cos\varphi)\sin\alpha_z + a\sin\alpha_z\cos^2\alpha_z(1-\cos\varphi) - d_1$$
$$y_A = -a\sin^2\alpha_z\cos\alpha_z(1-\cos\varphi) + a(\sin^2\alpha_z + \cos^2\alpha_z\cos\varphi)\cos\alpha_z - d_2$$
$$z_A = -a\sin^2\alpha_z\sin\varphi - a\cos^2\alpha_z\sin\varphi$$

$$x_A = -a\sin^3\alpha_z\cos\varphi - a\sin\alpha_z\cos^2\alpha_z\cos\varphi - d_1$$
$$y_A = a\sin^2\alpha_z\cos\alpha_z\cos\varphi + a\cos^3\alpha_z\cos\varphi - d_2$$
$$z_A = -a\sin\varphi$$

$$\left.\begin{aligned} x_A &= -a\sin\alpha_z\cos\varphi - d_1 \\ y_A &= a\cos\alpha_z\cos\varphi - d_2 \\ z_A &= -a\sin\varphi \end{aligned}\right\} \tag{5.148}$$

在 xO_3y 坐标系中，B 点的坐标 $(x_B,\ y_B,\ z_B)$为

$$\left.\begin{aligned} x_B &= c\cos(\psi_0+\psi) \\ y_B &= c\sin(\psi_0+\psi) \\ z_B &= 0 \end{aligned}\right\} \tag{5.149}$$

A、B 之间的长度为 b，约束方程为

$$(x_B - x_A)^2 + (y_B - y_A)^2 + (z_B - z_A)^2 = b^2$$

$$[c\cos(\psi_0+\psi) + a\sin\alpha_z\cos\varphi + d_1]^2 + [c\sin(\psi_0+\psi) - a\cos\alpha_z\cos\varphi + d_2]^2$$
$$+a^2\sin^2\varphi = b^2$$

$$2ac\sin\alpha_z\cos\varphi\cos(\psi_0+\psi) + 2cd_1\cos(\psi_0+\psi) + 2ad_1\sin\alpha_z\cos\varphi$$
$$-2ac\cos\alpha_z\cos\varphi\sin(\psi_0+\psi) + 2cd_2\sin(\psi_0+\psi) - 2ad_2\cos\alpha_z\cos\varphi$$
$$+c^2 + d_1^2 + a^2 + d_2^2 - b^2 = 0$$

令 k_1、k_2、k_3 分别为

$$k_1 = 2cd_2 - 2ac\cos\alpha_z\cos\varphi$$
$$k_2 = 2cd_1 + 2ac\sin\alpha_z\cos\varphi$$
$$k_3 = 2ad_1\sin\alpha_z\cos\varphi - 2ad_2\cos\alpha_z\cos\varphi + c^2 + d_1^2 + a^2 + d_2^2 - b^2$$

得 ψ 关于输入角位移 φ 的三角方程为

$$k_1\sin(\psi_0+\psi) + k_2\cos(\psi_0+\psi) + k_3 = 0 \tag{5.150}$$

$$\psi_0 + \psi = 2\arctan[(-k_1 - \sqrt{k_1^2 + k_2^2 - k_3^2})/(k_3 - k_2)]$$

$$\psi = 2\arctan[(-k_1 - \sqrt{k_1^2 + k_2^2 - k_3^2})/(k_3 - k_2)] - \psi_0 \tag{5.151}$$

对式(5.150)求关于 φ 的一阶导数，得摇杆 3 相对于 ψ_0 的类角速度方程与类角速度 $\omega_{L3} = \mathrm{d}\psi_3/\mathrm{d}\varphi = \mathrm{d}\psi/\mathrm{d}\varphi$ 分别为

$$k_{11} = \mathrm{d}k_1/\mathrm{d}\varphi = 2ac\cos\alpha_z\sin\varphi$$

$$k_{21} = \mathrm{d}k_2 / \mathrm{d}\varphi = -2ac\sin\alpha_z \sin\varphi$$

$$k_{31} = \mathrm{d}k_3 / \mathrm{d}\varphi = -2ad_1 \sin\alpha_z \sin\varphi + 2ad_2 \cos\alpha_z \sin\varphi$$

$$\begin{aligned} & k_1\omega_{L3}\cos(\psi_0+\psi) + k_{11}\sin(\psi_0+\psi) - k_2\omega_{L3}\sin(\psi_0+\psi) \\ & +k_{21}\cos(\psi_0+\psi) + k_{31} = 0 \end{aligned} \tag{5.152}$$

$$\begin{aligned} & [k_1\cos(\psi_0+\psi) - k_2\sin(\psi_0+\psi)]\omega_{L3} = -k_{11}\sin(\psi_0+\psi) \\ & -k_{21}\cos(\psi_0+\psi) - k_{31} \end{aligned}$$

$$\omega_{L3} = \frac{-k_{11}\sin(\psi_0+\psi) - k_{21}\cos(\psi_0+\psi) - k_{31}}{k_1\cos(\psi_0+\psi) - k_2\sin(\psi_0+\psi)} \tag{5.153}$$

对式(5.152)求关于 φ 的一阶导数，得摇杆 3 相对于 ψ_0 的类角加速度方程与类角加速度 $\alpha_{L3} = \mathrm{d}^2\psi_3 / \mathrm{d}\varphi^2 = \mathrm{d}^2\psi / \mathrm{d}\varphi^2$ 分别为

$$k_{12} = \mathrm{d}^2 k_1 / \mathrm{d}\varphi^2 = 2ac\cos\alpha_z \cos\varphi$$

$$k_{22} = \mathrm{d}^2 k_2 / \mathrm{d}\varphi^2 = -2ac\sin\alpha_z \cos\varphi$$

$$k_{32} = \mathrm{d}^2 k_3 / \mathrm{d}\varphi^2 = -2ad_1 \sin\alpha_z \cos\varphi + 2ad_2 \cos\alpha_z \cos\varphi$$

$$\begin{aligned} & k_1\alpha_{L3}\cos(\psi_0+\psi) + 2k_{11}\omega_{L3}\cos(\psi_0+\psi) - k_1\omega_{L3}^2\sin(\psi_0+\psi) \\ & +k_{12}\sin(\psi_0+\psi) - k_{21}\omega_{L3}\sin(\psi_0+\psi) - k_2\alpha_{L3}\sin(\psi_0+\psi) \\ & -k_2\omega_{L3}^2\cos(\psi_0+\psi) + k_{22}\cos(\psi_0+\psi) - k_{21}\omega_{L3}\sin(\psi_0+\psi) + k_{32} = 0 \end{aligned}$$

$$\begin{aligned} & [-k_1\cos(\psi_0+\psi) + k_2\sin(\psi_0+\psi)]\alpha_{L3} \\ & = 2k_{11}\omega_{L3}\cos(\psi_0+\psi) - k_1\omega_{L3}^2\sin(\psi_0+\psi) + k_{12}\sin(\psi_0+\psi) - k_{21}\omega_{L3}\sin(\psi_0+\psi) \\ & - k_2\omega_{L3}^2\cos(\psi_0+\psi) + k_{22}\cos(\psi_0+\psi) - k_{21}\omega_{L3}\sin(\psi_0+\psi) + k_{32} \end{aligned}$$

$$\begin{aligned} \alpha_{L3} = & [-2k_{11}\omega_{L3}\cos(\psi_0+\psi) + k_1\omega_{L3}^2\sin(\psi_0+\psi) - k_{12}\sin(\psi_0+\psi) \\ & + 2k_{21}\omega_{L3}\sin(\psi_0+\psi) + k_2\omega_{L3}^2\cos(\psi_0+\psi) - k_{22}\cos(\psi_0+\psi) - k_{32}] / \\ & [k_1\cos(\psi_0+\psi) - k_2\sin(\psi_0+\psi)] \end{aligned} \tag{5.154}$$

令 m_1、m_2、m_3、m_4、m_5 分别为

$$\begin{aligned} & m_1 = k_1\cos(\psi_0+\psi) - k_2\sin(\psi_0+\psi) \\ & m_2 = k_1\omega_{L3}^2\sin(\psi_0+\psi) \\ & m_3 = -2k_{11}\omega_{L3}\cos(\psi_0+\psi) + 2k_{21}\omega_{L3}\sin(\psi_0+\psi) \\ & m_4 = -k_{12}\sin(\psi_0+\psi) - k_{22}\cos(\psi_0+\psi) \\ & m_5 = k_2\omega_{L3}^2\cos(\psi_0+\psi) - k_{32} \end{aligned}$$

式(5.154)简化为

$$\alpha_{L3} = (m_2 + m_3 + m_4 + m_5) / m_1 \tag{5.155}$$

对式(5.155)求关于 φ 的一阶导数，得摇杆 3 相对于 ψ_0 的类角加速度一次变

化率方程与类角加速度的一次变化率 $\alpha_{L3} = d^3\psi / d\varphi^3 = d^3\psi_3 / d\varphi^3$ 分别为

$$k_{13} = d^3k_1 / d\varphi^3 = -2ac\cos\alpha_z \sin\varphi$$

$$k_{23} = d^3k_2 / d\varphi^3 = 2ac\sin\alpha_z \sin\varphi$$

$$k_{33} = d^3k_3 / d\varphi^3 = 2ad_1\sin\alpha_z \sin\varphi - 2ad_2\cos\alpha_z \sin\varphi$$

$$n_1 = dm_1 / d\psi = k_{11}\cos(\psi_0+\psi) - k_1\omega_{L3}\sin(\psi_0+\psi) - k_{21}\sin(\psi_0+\psi) - k_2\omega_{L3}\cos(\psi_0+\psi)$$

$$n_2 = dm_2 / d\psi = k_{11}\omega_{L3}^2\sin(\psi_0+\psi) + 2k_1\omega_{L3}\alpha_{L3}\sin(\psi_0+\psi) + k_1\omega_{L3}^3\cos(\psi_0+\psi)$$

$$n_3 = dm_3 / d\psi = -2k_{12}\omega_{L3}\cos(\psi_0+\psi) - 2k_{11}\alpha_{L3}\cos(\psi_0+\psi) + 2k_{11}\omega_{L3}^2\sin(\psi_0+\psi) + 2k_{22}\omega_{L3}\sin(\psi_0+\psi) + 2k_{21}\alpha_{L3}\sin(\psi_0+\psi) + 2k_{21}\omega_{L3}^2\cos(\psi_0+\psi)$$

$$n_4 = dm_4 / d\psi = -k_{13}\sin(\psi_0+\psi) - k_{12}\omega_{L3}\cos(\psi_0+\psi) - k_{23}\cos(\psi_0+\psi) + k_{22}\omega_{L3}\sin(\psi_0+\psi)$$

$$n_5 = dm_5 / d\psi = 2k_2\omega_{L3}\alpha_{L3}\cos(\psi_0+\psi) - k_2\omega_{L3}^3\sin(\psi_0+\psi) + k_{21}\omega_{L3}^2\cos(\psi_0+\psi) - k_{33}$$

$$j_{L3}m_1 + \alpha_{L3}n_1 = n_2 + n_3 + n_4 + n_5 \tag{5.156}$$

$$j_{L3} = (n_2 + n_3 + n_4 + n_5 - n_1\alpha_{L3}) / m_1 \tag{5.157}$$

3. 空间Ⅳ型曲柄摇杆机构的传动特征

(1) 令 $\psi_b = 80°$，$\psi_0 = 100°$，$\alpha_z = 15°$，$d_1 = 0.2$ m，$e_1 = d_2/d_1 = 0.60 \sim 0.65$，$d_2 = e_1d_1 = 0.62 \times 0.2 = 0.124$ m，$e_2 = c/d_1 = 0.70 \sim 0.75$，$c = e_2d_1 = 0.72\times 0.2 = 0.144$ m。

由式(5.143)得 a 为

$$e_3 = \frac{-\cos100° - 0.62\sin100° - 1}{-0.72\sin85° - 0.72\sin165° + 2\sin15° - 2\times0.62\cos15°} = 0.9073$$

$$a = e_3 c = e_3 e_2 d_1 = 0.9073 \times 0.72\times 0.2 = 0.13065 \text{ m}$$

由式(5.144)得 b 为

$$b = [0.13065^2 + (0.144-0.2)^2 + 0.124^2 - 2\times0.13065\times0.2\sin15° + 2\times0.13065\times0.144\sin15° + 2\times0.13065\times0.124\cos15°]^{0.5} = 0.25118 \text{ m}$$

当 $\omega_1 = 1$ 时，空间Ⅲ型曲柄摇杆机构的传动特征如图 5.52 所示，$\omega_3(\varphi)$关于 $\varphi = \pi$ 不满足 $\omega_3(\pi - \Delta\varphi) = -\omega_3(\pi + \Delta\varphi)$，$0 \leqslant \Delta\varphi \leqslant \pi$。

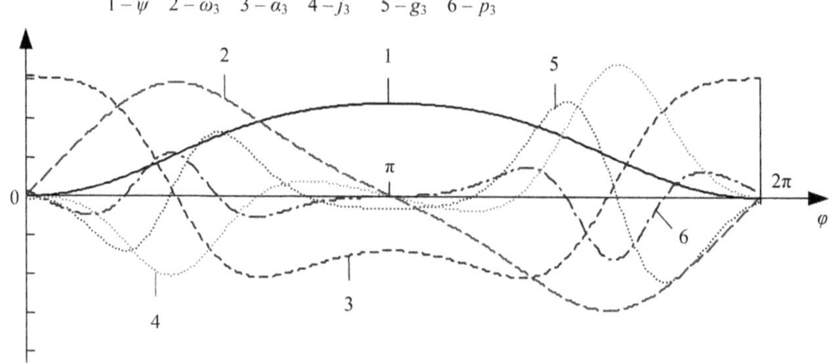

图 5.52　$\alpha_z = 15^{\circ}$时空间Ⅲ型曲柄摇杆机构传动特征

(2) 令 $\psi_b = 80^{\circ}$，$\psi_0 = 100^{\circ}$，$\alpha_z = 25^{\circ}$，$d_1 = 0.2$ m，$e_1 = d_2/d_1 = 0.60 \sim 0.65$，$d_2 = e_1 d_1 = 0.62 \times 0.2 = 0.124$ m，$e_2 = c/d_1 = 0.70 \sim 0.75$，$c = e_2 d_1 = 0.72 \times 0.2 = 0.144$ m，由式(5.143)得 $a = 0.161865$ m，由式(5.144)得 $b = 0.270948$ m。

当 $\omega_1 = 1$ 时，空间Ⅲ型曲柄摇杆机构的传动特征如图 5.53 所示，$\omega_3(\varphi)$关于 $\varphi = \pi$ 不满足 $\omega_3(\pi - \Delta\varphi) = -\omega_3(\pi + \Delta\varphi)$，$0 \leqslant \Delta\varphi \leqslant \pi$。

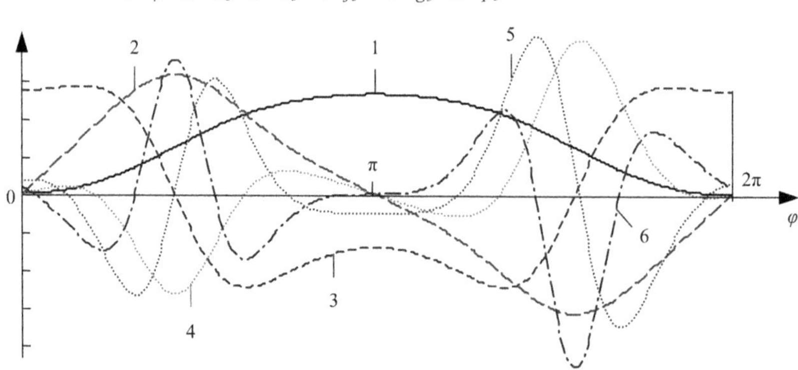

图 5.53　$\alpha_z = 25^{\circ}$时空间Ⅲ型曲柄摇杆机构传动特征

5.5.10　空间Ⅳ型曲柄摆杆单端直到三阶停歇的空间六杆机构

1. 空间Ⅳ型曲柄摆杆单端直到三阶停歇的空间六杆机构设计

在图 5.50 所示的空间Ⅳ型曲柄摇杆机构的摆杆 3 上串接 RPR 型Ⅱ级杆组，得到空间Ⅳ型曲柄摆杆单端直到三阶停歇的空间六杆机构，如图 5.54 所示。构件 3、4、5、6 组成导杆机构，$L_6 = O_3O_6$ 的设计见式(5.12)，β 的设计见式(5.13)。当 $\varphi = 0$ 时，$\psi_c = \psi = 0$。

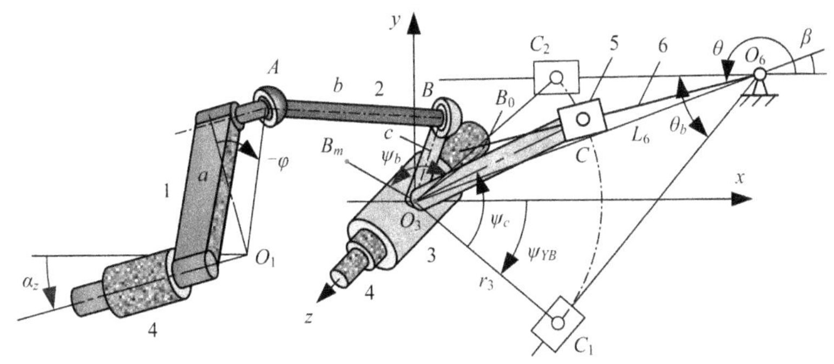

图 5.54　空间Ⅳ型曲柄摆杆单端直到三阶停歇的空间六杆机构

2. 空间Ⅳ型曲柄摆杆单端直到三阶停歇的空间六杆机构传动函数

令 $\psi_b = 80°$，$\psi_0 = 100°$，$\alpha_z = 15°$，$d_1 = 0.2$ m，$e_1 = d_2/d_1 = 0.60 \sim 0.65$，$d_2 = e_1 d_1 = 0.62 \times 0.2 = 0.124$ m，$e_2 = c/d_1 = 0.70 \sim 0.75$，$c = e_2 d_1 = 0.72 \times 0.2 = 0.144$ m。$a = 0.13065$ m，$b = 0.25118$ m。

令 $\psi_{YB} = \psi_b/2 = 40°$，$r_3 = 0.120$ m，摆杆 6 的摆角 $\theta_b = 5\pi/12$ rad$= 75°$，由式(5.12)、式(5.13)得 L_6 与 β 的设计值分别为 $L_6 = 0.188$ m，$\beta = 0.18047$ rad $= 10.34023°$。

空间Ⅳ型曲柄摆杆单端直到三阶停歇的空间六杆机构传动特征如图 5.55 所示，在 $\varphi = 0$ 的位置达到三阶停歇。

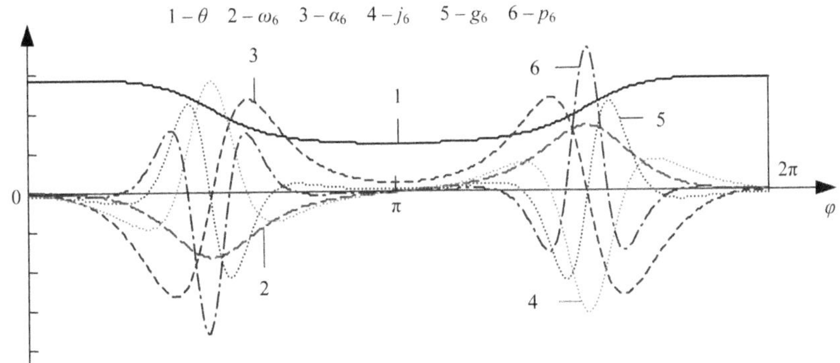

图 5.55　空间Ⅳ型曲柄摆杆单端直到三阶停歇的空间六杆机构传动特征

5.5.11　空间Ⅳ型曲柄摆杆双端直到三阶停歇的空间六杆机构

1. 空间Ⅳ型曲柄摆杆双端直到三阶停歇的空间六杆机构设计

在图 5.50 所示的空间Ⅳ型曲柄摇杆机构的摆杆上串接 RPR 型Ⅱ级杆组，得到空间Ⅳ型曲柄摆杆双端直到三阶停歇的空间六杆机构，如图 5.56 所示。

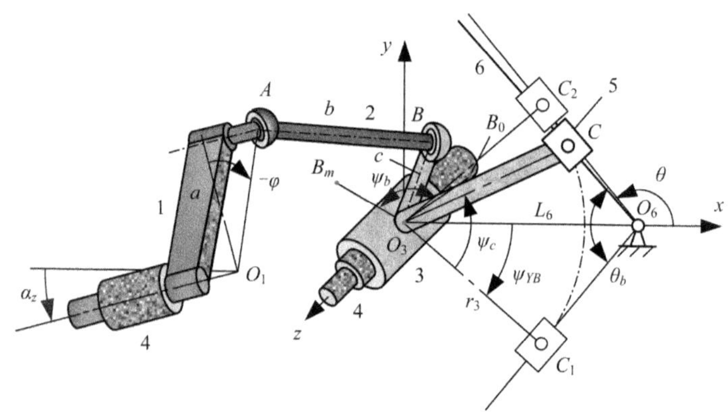

图 5.56　空间Ⅳ型曲柄摆杆双端直到三阶停歇的空间六杆机构

2. 空间Ⅳ型曲柄摆杆双端直到三阶停歇的空间六杆机构传动函数

令 $\psi_b = 80°$，$\psi_0 = 100°$，$\alpha_z = 15°$，$d_1 = 0.2$ m，$e_1 = d_2/d_1 = 0.60 \sim 0.65$，$d_2 = e_1 d_1 = 0.62 \times 0.2 = 0.124$ m，$e_2 = c/d_1 = 0.70 \sim 0.75$，$c = e_2 d_1 = 0.72 \times 0.2 = 0.144$ m。$a = 0.13065$ m，$b = 0.25118$ m。

令 $\psi_{YB} = \psi_b/2 = 40°$，$r_3 = 0.160$ m，$L_6 = r_3/\cos\psi_{YB} = 0.160/\cos 40° = 0.208865$ m，摆杆 5 的摆角 $\theta_b = 5\pi/9$ rad= 100°。

于是，该组合机构的摆杆 6 的传动特征如图 5.57 所示，在 $\varphi = 0$、$\varphi = \pi$ 的邻域里具有相对更长的停歇时间。

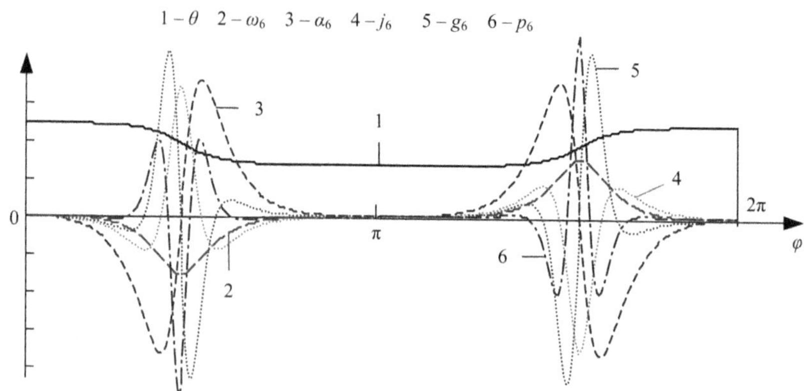

图 5.57　空间Ⅳ型曲柄摆杆双端直到三阶停歇的空间六杆机构传动特征

5.5.12　空间Ⅳ型曲柄摆杆滑块单端直到三阶停歇的空间六杆机构

1. 空间Ⅳ型曲柄摆杆滑块单端直到三阶停歇的空间六杆机构设计

在图 5.50 所示的空间Ⅳ型曲柄摇杆机构的摆杆上串接 RPP 型Ⅱ级杆组，得到空间Ⅳ型曲柄滑块单端直到三阶停歇的空间六杆机构，如图 5.58 所示。设构件 3 上 O_3C 的长度为 r_3，滑块 6 的倾角 $\psi_\alpha = \psi_{YB} = \psi_b/2$，输出构件 6 的行程 $H_6 = r_3[1-\cos(2\psi_\alpha)]$。

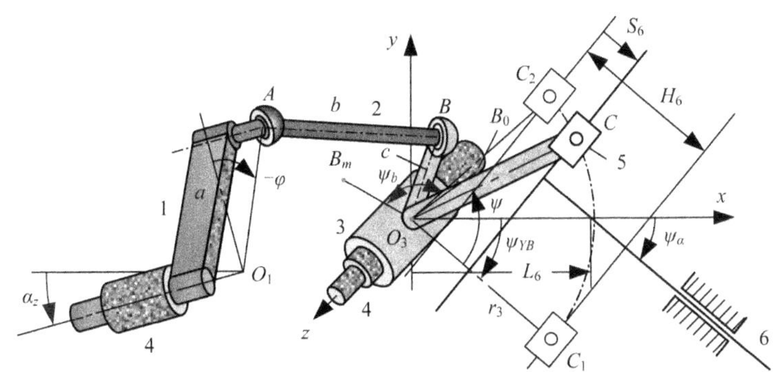

图 5.58　空间Ⅳ型曲柄摆杆滑块单端直到三阶停歇的空间六杆机构

2. 空间Ⅳ型曲柄摆杆滑块单端直到三阶停歇的空间六杆机构传动函数

令 $\psi_b = 80^\circ$，$\psi_0 = 100^\circ$，$\alpha_z = 15^\circ$，$d_1 = 0.2$ m，$e_1 = d_2/d_1 = 0.60 \sim 0.65$，$d_2 = e_1 d_1 = 0.62 \times 0.2 = 0.124$ m，$e_2 = c/d_1 = 0.70 \sim 0.75$，$c = e_2 d_1 = 0.72 \times 0.2 = 0.144$ m。$a = 0.13065$ m，$b = 0.25118$ m。

设 $H_6 = 0.200$ m，取 $\psi_\alpha = \psi_{YB} = \psi_b/2 = 40^\circ$，则 $r_3 = H_6/[1-\cos(2\psi_\alpha)] = 0.200/(1-\cos 80^\circ) = 0.242$ m。

于是，该组合机构的滑块 6 的传动特征如图 5.59 所示，在 $\varphi = 0$ 的位置达到三阶停歇。

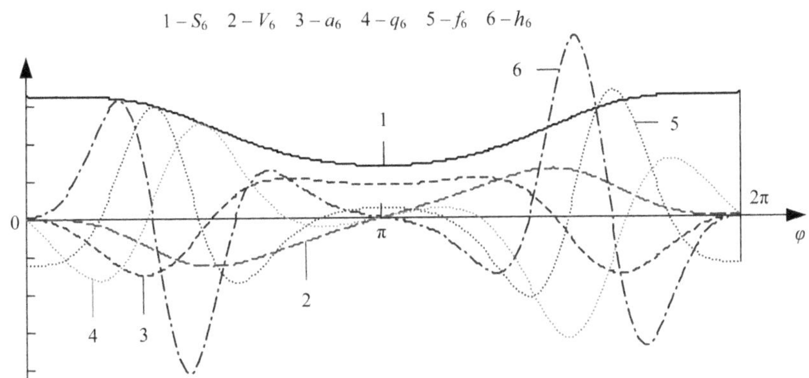

图 5.59　空间Ⅳ型曲柄摆杆滑块单端直到三阶停歇的空间六杆机构传动特征

参 考 文 献

[1] 白师贤等. 高等机构学. 上海: 上海科学技术出版社, 1988：20 ~ 88.

[2] 曹清林，沈世德. 对称轨迹机构. 北京: 机械工业出版社, 2003：109 ~ 119.

[3] 韩建友. 高等机构学. 北京: 机械工业出版社, 2004：32 ~ 64.

[4] 刘葆旗, 黄荣. 四杆直线导向的设计与轨迹图谱. 北京: 北京理工大学出版社, 1992：34 ~ 59.

[5] 楼鸿棣, 邹慧君. 高等机械原理. 北京: 高等教育出版社, 1990：39 ~ 45.

[6] 吕庸厚. 组合机构设计. 上海: 上海科学技术出版社, 1996：295 ~ 345.

[7] 石则昌, 陆永年, 陈立周. 连杆机构. 北京: 机械工业出版社, 1989：116 ~ 220.

[8] 孙可宗, 周有强. 机构学教程. 北京: 高等教育出版社, 1990：387 ~ 409.

[9] 王洪欣, 戴宁. 机械原理课程上机与设计. 南京: 东南大学出版社, 2007：118 ~ 146.

[10] 王洪欣, 冯雪君. 机械原理. 3 版. 南京: 东南大学出版社, 2011：74 ~ 80.

[11] Al-Sabeeh A K. Double crank external Geneva mechanism. ASME, Journal of Mechanical Design, 1993, 115: 666~670.

[12] Ananthasuresh G K, Kramer S N. Kinematic synthesis and analysis of the rack and pinion multipurpose mechanism. ASME, Journal of Mechanical Design, 1992, 114: 428~432.

[13] Townsend M A. A one-step non-iterative solution algorithm for mechanisms- Ⅱ. Application and closed-form solutions for planar mechanisms. Mechanism and Machine Theory, 1974, 19: 169~180.

[14] Wang H X, Li A J, Duan X. Visualized study and teaching of mechanism. Proceedings 7th China-Japan Joing Conference on Graphics Education, 2005, 71~74.

[15] Wang H X, Dai N. Graphics characteristics study and teaching on mechanism. 12th International Conference on Geometry and Graphics, 2006, E37.

[16] Wang H X, Dai N. A mathematical principle and application on design of planar six-bar mechanism with unto three-ordered intermission at limit position(s). Applied Mechanics and Materials, 2010, 38: 9~13.

[17] Wang H X, Dai E H. Analytic design on driven member of spatial five-bar mechanism doing unto three-ordered intermission on limit positions. Advanced Materials Research, 2014, 1056: 182~185.

[18] Zheng L, Angeles J. Least-square optimization of planar and spherical four-bar function generator under mobility constraints. ASME, Journal of Mechanical Design, 1992, 114: 569~573.

[19] 李景雷. 平面六杆双间歇机构近似函数综合理论与方法的研究. 大连：大连理工大学硕士学位论文，2005.

[20] 王洪欣，李爱军. 一类组合机构在极限位置作直到三阶停歇的设计原理. 机械设计，2004，21(6)：10 ~ 12.

[21] 王洪欣，段雄. 行星轮点轨迹的图形特征与应用研究. 机械, 2005，32(7)：24 ~ 25.

[22] 王洪欣，段雄，李爱军. 曲柄齿条摆杆双极位三阶停歇七杆机构的设计. 机械设计与研究, 2005，21(4)：16 ~ 18.

[23] 王洪欣. 一种摆杆极位五阶停歇机构的设计. 机械设计, 2006，23(1)：47 ~ 49.

[24] 王洪欣，段雄. 曲柄齿条滑块极位三阶停歇的七杆机构设计. 机械传动, 2006，30(1)：37 ~ 39.

[25] 王洪欣. 实现直到三阶停歇串联组合机构的一种设计数学原理及其应用. 机械设计, 2011，28(1):53 ~ 55.

[26] 王洪欣，戴恩辉. 从动件在极限位置作直到三阶停歇的平面六杆机构设计与虚拟实验. 实验室研究与探索, 2013, 32(11)：49 ~ 52.

[27] 周洪，姜伟，申屠，高雄. 一种实现长时间单侧停歇组合机构的尺寸分析与设计. 浙江工业大学学报，1996, 24(2)：104 ~ 107.

[28] 周校民，王忠，郭瑞杰，杨启坤. 一类利用摆线曲柄实现精确停歇的机构综合方法. 机械科学与技术, 2012, 31(10)：1676 ~ 1682.

[29] 李晏，冉恒奎，陈辛波. 通过微小杆长差实现间歇运动的连杆机构特性分析. 机械传动, 2007, 31(6)：81 ~ 82.

[30] 王晖，杨慧香，潘英剑，徐明泉. 双曲柄停歇机构的探索与应用. 长春工业大学学报(自然科学版)，2005, 26(4)：301 ~ 303.

[31] 吕慧瑛. 六杆停歇机构的优化设计. 苏州丝绸工学院学报, 2001, 21(4)：301 ~ 303.

名 词 索 引

（中英文对照）

P

Q

S

T

W

X

Y

Z